ART 国家示范性高等职业院校
艺术设计专业精品教材

高职高专艺术设计类"十二五"规划教材

Photoshop CS5中文版
平面设计标准实训教程

P hotoshop CS5
Z HONGWENBAN
P INGMIAN SHEJI
B IAOZHUN SHIXUN
J IAOCHENG

主　编　凡　鸿　郑书敏　潘　俊
副主编　余　杨　卢向往　马荣华

U0350133

华中科技大学出版社
http://www.hustp.com
中国·武汉

内 容 简 介

　　本书分为三个部分:绪论、基础篇和实战篇。绪论主要介绍 Photoshop CS5 软件的发展、位图、矢量图、分辨率和图像格式;基础篇主要介绍 Photoshop 的基本功能及其常用工具,并对路径、通道、蒙版、滤镜、文本等重点和难点内容进行了系统讲解;实战篇是基础篇内容的应用,都以平面设计中的案例来体现。与市场上的同类图书相比,本书具有内容全面、讲解深入、示例精美、结构合理、信息量大等特点。

　　本书可供各类培训学校作为 Photoshop 培训课程的教材使用,也可供平面设计人员及高等院校相关专业的学生自学参考。

图书在版编目(CIP)数据

Photoshop CS5 中文版平面设计标准实训教程/凡鸿　郑书敏　潘俊　主编.—武汉:华中科技大学出版社,2013.3(2021.1重印)
ISBN 978-7-5609-8678-4

Ⅰ.P…　Ⅱ.①凡…　②郑…　③潘…　　Ⅲ.平面设计-图像处理软件-高等职业教育-教材
Ⅳ.TP391.41

中国版本图书馆 CIP 数据核字(2013)第 018843 号

Photoshop CS5 中文版平面设计标准实训教程　　　　　　　凡鸿　郑书敏　潘俊　主编

策划编辑:曾　光　彭中军
责任编辑:彭中军
封面设计:龙文装帧
责任校对:祝　菲
责任监印:徐　露
出版发行:华中科技大学出版社(中国·武汉)　　　　电话:(027)81321913
　　　　　武汉市东湖新技术开发区华工科技园　　　　邮编:430223
录　　排:武汉正风天下文化发展有限公司
印　　刷:广东虎彩云印刷有限公司
开　　本:880mm×1230mm　1/16
印　　张:21.25
字　　数:718 千字
版　　次:2021 年 1 月第 1 版第 4 次印刷
定　　价:59.00 元

目录
MULU

Photoshop CS5中文版平面设计标准实训教程

第一篇
绪 论

PHOTOSHOP CS5 ZHONG

PWENBAN
INGMIANSHEJI
BIAOZHUN SHIXUN JIAOCHENG

◄ ◄ ◄ ◄

◄ ◄ ◄ ◄

对设计来说,Photoshop 是必备的"利器"。它在平面设计、网页设计、插画设计、界面设计、数码照片和图像修复、动画和 CG 设计,以及效果图后期制作中的应用广泛。

第一节 软件简介

Photoshop 是 Adobe 公司旗下的图像处理软件。其中,Photoshop CS5 标准版适合摄影师及印刷设计人员使用。Photoshop CS5 扩展版除了包含标准版的功能外还添加了用于创建和编辑 3D 和基于动画的内容的工具。下面介绍 Photoshop CS5 标准版的一些新增功能特性。

(1) 轻松完成复杂选择:轻击鼠标就可以选择一个图像中的特定区域。轻松选择毛发等细微的图像元素;消除选区边缘周围的背景色;使用新的细化工具自动改变选区边缘并改进蒙版。

(2) 内容感知型填充:删除任何图像细节或对象,能让人体验内容感知型填充神奇地完成填充工作。这一突破性的技术与光照、色调及噪声相结合,使删除的内容看上去似乎本来就不存在。

(3) 操控变形:对任何图像元素进行精确的重新定位,创建视觉上更具吸引力的照片。例如,轻松伸直一个弯曲角度不舒服的手臂。

(4) GPU 加速功能:充分利用针对日常工具、支持 GPU 的增强。使用三分法则进行网格裁剪;使用单击擦洗功能缩放;对可视化更出色的颜色及屏幕拾色器进行采样。

(5) 出众的绘图效果:借助混色器画笔(提供画布混色)和毛刷笔尖(可以创建逼真、带纹理的笔触),将照片轻松转变为绘图或创建独特的艺术效果。

(6) 自动镜头校正:镜头扭曲、色差和晕影自动校正可以节省时间。Photoshop CS5 使用图像文件的 EXIF 数据,根据使用的相机和镜头类型进行精确调整。

(7) 简化的创作审阅:使用 Adobe CS Review(新的 Adobe CS Live 在线服务的一部分)发起更安全的审阅,并且不必离开 Photoshop。审阅者可以从他们的浏览器将注释添加到图像中,屏幕上会自动显示这些注释。CS Live 服务的免费使用期有限。

(8) 更简单的用户界面管理:使用可折叠的工作区切换器,在喜欢的用户界面配置之间实现快速导航和选择。实时工作区会自动记录用户界面更改,当切换到其他程序再切换回来时面板将保持在原位。

(9) 出众的 HDR 成像:借助前所未有的速度、控制和准确度创建写实的或超现实的 HDR 图像。借助自动消除叠影及对色调映射和调整更好的控制,可以获得更好的效果,甚至可以令单次曝光的照片获得 HDR 的外观。

(10) 更出色的媒体管理:借助更灵活的分批重命名功能轻松管理媒体,使用 Photoshop 可自定义的 Adobe Mini Bridge 面板在工作环境中访问资源。

(11) 最新的原始图像处理:使用 Adobe Photoshop Camera Raw 6 增效工具无损消除图像噪声,同时保留颜色和细节;增加粒状,使数字照片看上去更自然;执行裁剪后暗角时控制度更高。

(12) 高效的工作流程:由于 Photoshop 用户请求的大量功能和增强,可以提高工作效率和创意。自动伸直图像,从屏幕上的拾色器拾取颜色,同时调节许多图层的不透明度。

(13) 更出色的跨平台性能:充分利用跨平台的 64 位支持,加快日常成像任务的处理速度并将大型图像的处理速度提高十倍之多。

(14) 出众的黑白转换:试各种黑白外观。使用集成的 Lab B & W Action 交互转换彩色图像;更轻松、更快地创建绚丽的 HDR 黑白图像;尝试各种新预设。

(15) 更强大的打印选项:借助更容易导航的自动化、脚本和打印对话框,在更短的时间内实现出色的打印效果。

Photoshop CS5 标准版通过更直观的用户体验、更大的编辑自由度及大幅提高的工作效率,使用户能更轻松地使用其无与伦比的强大功能。Photoshop CS5 新增的 Mini Bridge 浏览器、全新的画笔系统、智能的修改工具、增强的内容识别填色功能和图像变形功能等。

第二节　位图图像和矢量图形

0.2.1　位图

1. 位图的特点

位图（Bitmap）图像，亦称为点阵图像或绘制图像，是由称为像素（图片元素）的单个点组成的。当放大位图时，可以看见赖以构成整个图像的无数单个方块。扩大位图尺寸的效果是增多单个像素，从而使线条和形状显得参差不齐。由于每一个像素都是单独染色的，可以通过以每次一个像素的频率操作选择区域而产生近似相片的逼真效果，诸如加深阴影和加重颜色。缩小位图尺寸也会使原图变形，因为此举是通过减少像素来使整个图像变小的。图像如图 0-0-1 所示，处理后的图像如图 0-0-2 所示。

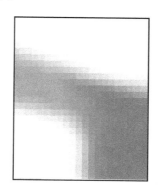

图 0-0-1　图像　　　　　　　　　　图 0-0-2　处理后的图像

2. 位图的文件格式

位图的文件类型很多，如＊.bmp、＊.pcx、＊.gif、＊.jpg、＊.tif；Photoshop 的＊.pcd；Kodak Photo CD 的＊.psd；Corel Photo paint 的＊.cpt 等。同样的图形，保存成以上几种文件时文件的字节数会有一些差别，尤其是 jpg 格式图像的大小只有同样的 bmp 格式图像的 1/35～1/20。这是因为其点矩阵经过了复杂的压缩算法的缘故。

0.2.2　矢量图

1. 矢量图概念及矢量图的特性

矢量图（Vector）图像，也称面向对象的图像或绘图图像。其在数学上定义为一系列由线连接的点。矢量文件中的图形元素称为对象。每个对象都是一个自成一体的实体，它具有颜色、形状、轮廓、大小和屏幕位置等属性。既然每个对象都是一个自成一体的实体，就可以在维持它原有清晰度和弯曲度的同时，多次移动和改变它的属性，而不会影响图例中的其他对象。

矢量图形与分辨率无关，可以在不影响清晰度的情况下将它缩放到任意大小和以任意分辨率在输出设备上打印出来。因此，矢量图形是文字（尤其是小字）和线条图形（比如徽标）的最佳选择。

2. 矢量图的文件格式

矢量图形格式也很多，如 Adobe Illustrator 的＊.AI、＊.EPS 和 SVG、AutoCAD 的＊.dwg 和 dxf；Corel DRAW 的＊.cdr；windows 标准图元文件＊.wmf 和增强型图元文件＊.emf 等。当须要打开这种图形文件时，程序根据每个元素的代数式计算这个元素的图形，并显示出来。编辑这样的图形的软件也称矢量图形编辑器，如 AutoCAD、CorelDraw、Illustrator、Freehand 等。

第三节　图像大小和分辨率

0.3.1　像素大小

位图图像的高度和宽度的像素数量。图像在屏幕上显示时的大小取决于图像的像素大小及显示器的大小和设置。

0.3.2　图像分辨率

图像中每单位打印长度上显示的像素数目,通常用像素/英寸(ppi)(1 英寸 $= 2.54 \times 10^{-2}$ m)表示。在 Photoshop 中,可以更改图像的分辨率。在 Photoshop 中,图像分辨率和像素大小是相互依赖的。图像中细节的数量取决于像素大小,而图像分辨率控制打印像素的空间大小。无须更改图像中的实际像素数据便可修改图像的分辨率,须要更改的只是图像的打印大小。但是,如果想保持相同的输出尺寸,则更改图像的分辨率须要更改像素总量。

0.3.3　文件大小

图像的数字大小,度量单位是千字节(K)、兆字节(MB)或吉(千兆)字节(GB)。文件大小与图像的像素大小成正比。图像中包含的像素越多,在给定的打印尺寸上显示的细节也就越丰富,但需要的磁盘存储空间也会增多,而且编辑和打印的速度可能会更慢。

影响文件大小的另一个因素是文件格式。由于 GIF、JPEG 和 PNG 文件格式所使用的压缩方法不同,因此,即使像素大小相同,文件大小也会明显不同。同样,图像中的颜色位深度和图层及通道的数目也会影响文件大小。

第四节　图　像　格　式

图像格式即图像文件存放在记忆卡上的格式,通常有 JPEG、TIFF、RAW 等。由于数码相机拍下的图像文件很大,储存容量却有限,因此图像通常都会经过压缩再存储。

(1) PSD 格式:Adobe 公司的图像处理软件 Photoshop 的专用格式,即:Photoshop Document(PSD)。在 Photoshop 所支持的各种图像格式中,PSD 的存取速度比其他格式快很多,功能也很强大。

(2) BMP 格式:Windows 操作系统中的标准图像文件格式,能够被多种 Windows 应用程序所支持。随着 Windows 操作系统的流行与丰富的 Windows 应用程序的开发,Bitmap(BMP)位图格式被广泛应用。这种格式的特点是包含的图像信息较丰富,几乎不进行压缩,但由此导致了它占用磁盘空间过大的问题。所以,目前 BMP 在单机上比较流行。

(3) GIF 格式:图形交换格式的缩写(Graphics Interchange Format,GIF)。GIF 格式的特点是压缩比高,磁盘空间占用较少,所以这种图像格式迅速得到了广泛的应用。

(4) EPS 格式:PC 机用户较少见的一种格式,而苹果 Mac 机的用户则用得较多。(Encapsulated PostScript,EPS)是用 PostScript 语言描述的一种 ASCII 码文件格式,主要用于排版、打印等输出工作。

(5) JPEG 图像格式:Joint Photograhic Experts Group(JPG)。它利用一种失真式的图像压缩方式将图像压缩在很小的储存空间中,其压缩比率通常在 40:1～10:1 之间。这样可以使图像占用较小的空间,所以很适合应用在网页的图像中。JPEG 格式的图像主要压缩的是高频信息,对色彩的信息保留较好,因此也普遍应用于需要连续色调的图像中。

(6) PDF 格式:Portable Document Format(PDF)文件格式是 Adobe 公司开发的电子文件格式。这种文件

格式与操作系统平台无关,也就是说,PDF 文件不管是在 Windows、Unix,还是在苹果公司的 Mac OS 操作系统中都是通用的。PDF 文件使用了工业标准的压缩算法,通常比 PostScript 文件小,易于传输与存储。它还是页独立的,一个 PDF 文件包含一个或多个"页",可以单独处理各页,特别适合多处理器系统的工作。

(7) RAW 图像格式:一种无损压缩格式,它的数据是没有经过相机处理的原文件,因此它的大小要比 TIFF 格式略小。所以,上传到计算机之后,要用图像软件的 Twain 界面直接导入成 TIFF 格式才能处理。

(8) PICT 格式:在应用程序之间传递图像的中间文件格式,应用于 Mac OS 图形和页面排版应用程序中。PICT 支持具有单个 Alpha 通道的 RGB 图像,以及没有 Alpha 通道的索引颜色、灰度和位图模式的图像。PICT 格式在压缩包含大块纯色区域的图像时特别有效。对于包含大块黑色和白色区域的 Alpha 通道,这种压缩的效果好。

(9) Pixar 格式:专为高端图形应用程序设计的格式。Pixar 格式支持具有单个 Alpha 通道的 RGB 和灰色图像。

(10) PNG 格式:一种新兴的网络图像格式,是目前保证最不失真的格式。Protable Network Graphics (PNG)汲取了 GIF 和 JPG 两者的优点,存储形式丰富,兼有 GIF 和 JPG 的色彩模式;它的另一个特点能把图像文件压缩到极限以利于网络传输,但又能保留所有与图像品质有关的信息,因为 PNG 是采用无损压缩方式来减少文件的大小,这一点与牺牲图像品质以换取高压缩率的 JPG 有所不同。

(11) Scitex 格式:用于 Scitex 计算机上的高端图像处理。Scitex CT 格式支持 CMYK、RGB 和灰度图像,但不支持 Alpha 通道。以该格式存储的 CMYK 图像文件通常都非常大。

(12) TGA 格式:由美国 Truevision 公司为其显示卡开发的一种图像文件格式,已被国际上的图形、图像工业所接受。Tagged Graphics(TGA)的结构比较简单,属于一种图形、图像数据的通用格式,在多媒体领域有着很大影响,是计算机生成图像向电视转换的一种首选格式。

(13) TIFF 格式:Mac 中广泛使用的图像格式,它由 Aldus 和微软联合开发,最初是出于跨平台存储扫描图像的需要而设计的。Tag Image File Format(TIFF)的特点是图像格式复杂、存储信息多。正因为它存储的图像细微层次的信息非常多,图像的质量也得以提高,故而非常有利于原稿的复制。

第二篇
基础篇

PHOTOSHOP CS5 ZHONG

PWENBAN
PINGMIANSHEJI
BIAOZHUN SHIXUN JIAOCHENG

◀ ◀ ◀ ◀

◀ ◀ ◀ ◀

第一章

Photoshop CS5 基础 《《《

■ **本章内容**

了解 Photoshop CS5 的操作界面,学习图像的查看与导航,学习使用辅助工具,了解如何测量距离、角度和面积,学习自定义快捷键,了解 Photoshop 的帮助功能。

本章具体介绍 Photoshop CS5 桌面的工作环境;Photoshop CS5 的基本操作;Photoshop CS5 的自动化任务、浮动窗口、预置及 Photoshop CS5 的新增功能。通过对本章的学习,读者可以熟悉 Photoshop CS5 的工作环境及一些基本操作,进而通过学习新增功能的使用,快速掌握 Photoshop CS5。

第一节 操 作 界 面

Photoshop CS5 的界面包括屏幕顶部的标题栏、菜单栏、选项栏、图像窗口及大量的工具和浮动窗口。工具和浮动窗口用来编辑图像和添加图素,比如蒙版、图层和通道。如果安装了增效模块软件,还可以将指令和滤镜添加到菜单中。读者打开一个图像后就可以看到如图 2-1-1 所示的 Photoshop CS5 的界面。

图 **2-1-1** **Photoshop CS5 的界面**

■**标题栏**:显示软件的名称 Photoshop、启动 Bridge、启动 Mini Bridge、基本功能等。

■**菜单栏**:菜单栏包含主菜单。Photoshop CS5 的主菜单包括:文件、编辑、图像、图层、选择、滤镜、分析、3D、视图、窗口、帮助。屏幕上呈现灰色的选项表示此选项的功能当前无法使用。

■**选项栏**:Photoshop CS5 选项栏显示了当前可用工具的多项属性,单击选项栏左边的灰色条状可以任意拖动。

■**工具栏**:Photoshop CS5 的工具箱为用户提供了 70 多种工具,工具按其功能分组。

■**图像窗口**:显示 Photoshop 中打开的图像的窗口。在标题栏中显示文件的名称、文件格式、缩放比例及

◀ ◀ ◀ ◀ ▶ **8** ·········· [ART]

颜色模式。

■面板栏:将常用的面板转换为标签形态。单击面板栏上的标签,面板将以弹出的形式显示在画面上。

■浮动窗口:Photoshop CS5 提供了多种浮动窗口。单击浮动窗口右上角的关闭框可将其关闭。若想改变浮动窗口的位置,可以单击窗口的上方,然后拖动就可以了。

■状态栏:状态栏提供了当前所使用的工具和图像运行的解释。

1.1.1 工具箱

Photoshop CS5 的操作界面包含了用于创建和编辑图像、图稿、页面元素等的工具和一些按钮(见图 2-1-2)。按照使用功能可以将它们分为 7 组:选择工具、裁剪和切片工具、修饰工具,绘画工具、绘图和文字工具、注释度量和导航工具,以及其他的控制按钮(见图 2-1-3)。

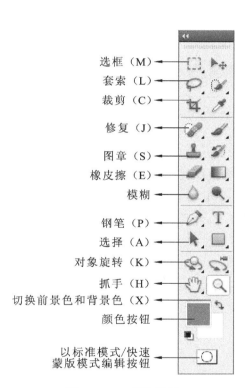

图 2-1-2　工具和按钮

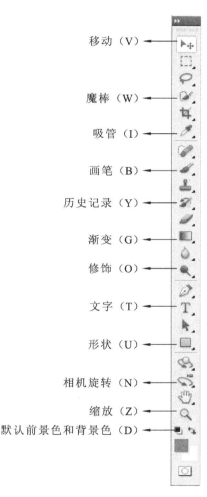

图 2-1-3　控制按钮

(1)单击工具箱顶部的双箭头,可切换工具箱为单排或双排显示。

(2)启动 Photoshop 时,工具箱位于窗口的左侧。将光标移至工具箱顶部的标题栏中,单击并拖动鼠标,可以移动工具箱。

(3)单击工具箱中的一个工具即可选择该工具,右下角带有三角形标志的则表示存在隐藏的工具,在这样的工具上按住鼠标可以显示隐藏的工具,移动光标至某一工具上,放开鼠标可选择该工具。

1.1.2 工具选项栏

工具选项栏用来设置工具的选项,选择不同的工具时,工具选项栏中的选项内容也会随之改变。如图 2-1-4 所示为选择仿制印章工具时选项栏显示的内容。

图 2-1-4 选择仿制印章工具时选项栏显示的内容

（1）工具选项栏中的有些设置对于许多工具都是通用的,但有些设置却专用于某个工具,学习时大家应该注意。

（2）执行"窗口"→"选项"命令,可以显示或隐藏工具选项栏。

（3）单击鼠标拖动工具选项栏左侧的移动条,可以移动它的位置。

1.1.3 菜单栏

Photoshop CS5 的菜单有 11 个项目,如图 2-1-5 所示。每个菜单内都包含一系列的命令,这些命令按照不同的功能用分隔线进行分隔。

图 2-1-5 11 个项目

1. 打开菜单

单击一个菜单的名称就可以打开此菜单,带有黑三角的菜单命令还包含下拉菜单,如图 2-1-6 所示。

图 2-1-6 带有黑三角的菜单命令

2. 执行命令

选择菜单中的一个命令即可执行该命令。有些命令附有快捷键,按下快捷键可快速执行命令。例如,"选择"→"全部"命令的快捷键为"Ctrl＋A",则按下该快捷键可执行"全部"命令。有些命令只有字母,要通过快捷方式执行这样的命令,可按"Alt＋主菜单的字母",打开主菜单,再按下这一命令的字母即可执行该命令。例如,按下"Alt＋I＋Y"组合键可执行"图像"→"应用图像"命令。

3. 快捷菜单

在图像窗口的空白处或某一对象上单击鼠标右键可显示快捷菜单。在面板上单击右键也可以显示快捷菜单,通过快捷菜单可快速执行相应的命令。

1.1.4 状态栏

状态栏位于图像窗口的底部,它可以显示图像的视图比例、文档的大小、当前使用的工具等信息。单击状态栏中的三角符号按钮,可以打开如图 2-1-7 所示的下拉菜单。在下拉菜单中可以选择状态栏中显示的内容。

图 2-1-7 下拉菜单

1.1.5 面板

面板用来设置颜色,工具参数,以及执行编辑命令等操作。Photoshop 中有"图层"、"画笔"、"样式"、"动作"等多个面板。在默认情况下,面板被分为两组,其中一组为展开状态,另一组为折叠状态,如图 2-1-8 所示。具体可根据需要随时打开、关闭或自由组合面板。

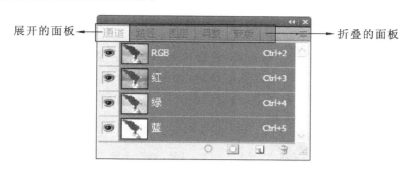

图 2-1-8 折叠状态

第二节 图像的查看与导航

在编辑图像的过程中,须要经常放大或缩小视图的显示比例,以便更好地观察和处理图像。Photoshop 提供了缩放工具、导航器面板和各种缩放命令,可以根据需要选择其中的一项,或者多种方法结合使用。

1.2.1 缩放工具及命令

如果想改变图像的视图大小,在工具箱上选择缩放工具 🔍,将光标移至画面中,光标会显示为 ⊕。单击鼠标可以整体放大图像的显示比例。如果想要查看某一范围内的图像,可单击并拖动鼠标,拖出一个矩形框,放开鼠标后,矩形框内的图像将放大至整个窗口。按住 Alt 键,光标会显示为 ⊖,单击鼠标可缩小图像的显示比例。

选择缩放工具后,缩放工具的选项栏中包含了该工具的各项控制选项,如图 2-1-9 示。

图 2-1-9 各项控制选项

在 Photoshop 菜单中执行"视图"→"放大/缩小"命令也可以完成以上的缩放操作。同样,单击鼠标右键用常用快捷键也可以执行相同的操作,如图 2-1-10 和图 2-1-11 所示。

图 2-1-10 视图

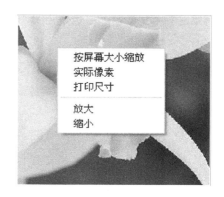

图 2-1-11 选项

1.2.2 抓手工具

在编辑图像的过程中,如果图像较大,或者由于放大图像的显示比例而不能在画面中完整显示图像,可以

用抓手工具 🖐 来移动画面,以便查看图像的不同区域。选择抓手工具以后,在画面中单击并移动鼠标即可移动画面。

1.2.3 图像导航器

在"导航器"面板中可以缩放图像,也可以移动画面。在须要按照一定的缩放比例工作时,如果画面中无法完整显示图像,可通过"导航器"面板查看图像。执行"窗口"→"导航器"命令,可以打开"导航器"面板,如图2-1-12 示。

图 2-1-12 "导航器"面板

第三节 工 作 区 域

在编辑图像时,有时须要同时打开多个图像文件,或者经常会用到几个面板和菜单命令,因此,就须要了解如何管理图像窗口和创建自定义的工作区域。

1.3.1 排列窗口中的图像文件

如果打开了多个图像文件,可执行"窗口"→"排列"下拉菜单中的命令,控制多个文件窗口的排列方式,如图 2-1-13 示。

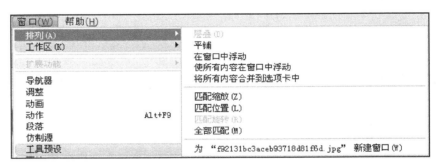

图 2-1-13 排列方式

1.3.2 自定义工作区域

在 Photoshop 中,可以根据喜好和使用习惯自定义工作区域,例如,只在工作区显示几个常用的面板,并且将面板放置在指定的位置,或者以彩色显示菜单命令中的某些命令。执行"窗口"→"工作区",在下拉菜单中包含工作区的设置命令,如图 2-1-14 示。

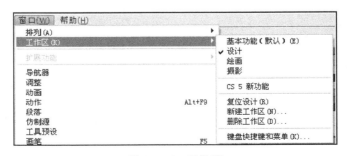

图 2-1-14 工作区

1.3.3 自定义菜单

在使用"工作区"下拉菜单中的预设工作区时,不仅窗口中的面板可以变化,而且相应的菜单命令也可以进行自定义预设。

执行"窗口"→"工作区"→"键盘快捷键和菜单"命令,打开"键盘快捷键和菜单"对话框,如图 2-1-15 所示。

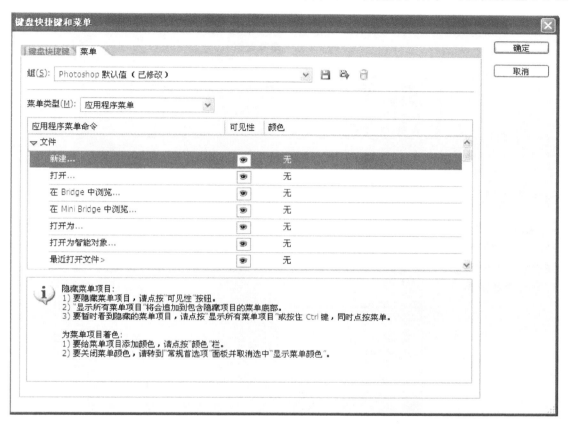

图 2-1-15 "键盘快捷键和菜单"对话框

选择"菜单",在"菜单类型"下拉列表中选择一种菜单类型,比如"应用程序菜单",展开某个菜单,选择一种命令,比如"文件"→"新建",如图 2-1-16 所示。

图 2-1-16 "新建"命令

单击"新建"命令后面的 ● 图标,可以对"新建"命令在"文件"菜单中可见性的切换;单击"无"字按钮,可以对"新建"命令显示的颜色进行设定。比如选择蓝色如图 2-1-17 所示,则单击"文件"菜单,可以看到"新建"命令以蓝色显示,如图 2-1-18 所示。

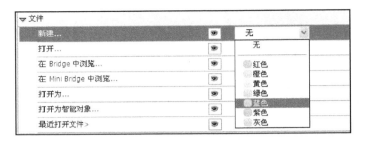

图 2-1-17 选择蓝色

图 2-1-18 "新建"命令以蓝色显示

1.3.4 显示额外内容

在 Photoshop 中,图层边缘、选区边缘、目标路径、网格、参考线、切片、注释等都是额外内容,它们是不会被打印出来的,但却能帮助选择、定位或编辑图像。如果要显示额外内容,应首先选择"视图"→"显示额外内容"命令,然后在"视图"→"显示"下拉菜单中选择某个额外内容,如图 2-1-19 所示。选择某一命令,则该命令显示,再次选择则该命令被隐藏。

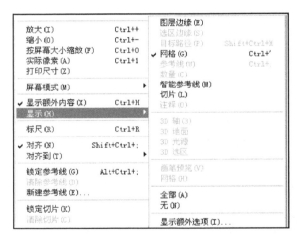

图 2-1-19 显示

第四节 辅 助 工 具

标尺、参考线、网格、标尺工具和注释工具等都属于辅助工具,它们不能用来编辑图像,但却可以帮助更好地完成编辑操作。

1.4.1 标尺

标尺可以帮助确定图像或元素的位置。显示标尺后,标尺会出现在窗口的顶部和左侧。移动光标时,标尺内的标记会显示光标的精确位置。修改标尺原点位置,可以从图像上的特定点开始进行测量。

执行"视图"→"标尺"命令,或者按下"Ctrl＋R"组合键显示标尺。在默认状态下,标尺的原点位于窗口的左上角,即左上角标尺上的(0,0)坐标点,如图 2-1-20 所示。

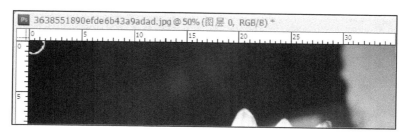

图 2-1-20　坐标点

1.4.2　参考线

　　显示标尺后,将光标移至水平标尺上,单击并向下拖动鼠标,可拖曳出水平参考线。使用同样方法在垂直标尺上拖曳出垂直参考线,如图 2-1-21 和图 2-1-22 所示。

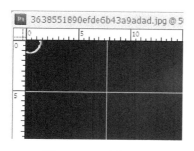

图 2-1-21　垂直标尺

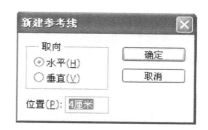

图 2-1-22　新建参考线

1.4.3　智能参考线

　　智能参考线是一种智能化的参考线,它仅在需要时才出现。在进行移动操作时使用智能参考线可以对齐形状、切片和选区。执行"视图"→"显示"→"智能参考线"命令可以启用智能参考线。

1.4.4　网格

　　网格对于对称布置对象非常有用。打开一个图像,执行"视图"→"显示"→"网格"命令可以在画面中显示网格,如图 2-1-23 所示。显示网格后,可执行"视图"→"对齐到"→"网格"命令,启用网格的对齐功能,此后在进行创建选区和移动图像等操作时,对象会自动对齐到网格上。

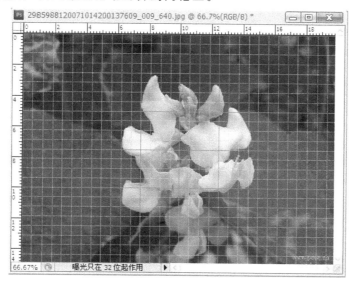

图 2-1-23　显示网格

1.4.5　文字注释

打开一个图片文件,选择附注工具 📄,在工具选项栏中设置作者的名称、注释的大小和注释的颜色,如图2-1-24 所示。在画面中单击,可以打开注释的对话框,在对话框内可输入注释的内容。

图 2-1-24　文字注释

1.4.6　导入注释

执行"文件"→"导入"→"注释"命令,可以打开"载入"对话框。在对话框中选择包含注释的 PDF 或 FDF 文件,然后单击"载入"按钮,可以将注释导入到当前文件中。注释将显示在它们存储在源文档中的位置。

1.4.7　对齐功能

对齐功能有助于精确地放置选区、裁剪选框、切片、形状和路径。如果要启用对齐功能,应首先选择"视图"→"对齐"命令,然后在"视图"→"对齐到"下拉菜单中选择一个对齐项目,如图 2-1-25 所示。勾选某一命令即可启用该对齐功能,取消勾选则取消对齐功能。

图 2-1-25　对齐项目

1.4.8　计数工具

在图像编辑中可以使用计数工具对图像中的对象计数。要对对象手动计数,请使用计数工具单击图像,Photoshop 将跟踪单击次数。计数数目会显示在项目上和"计数工具"选项栏中。计数数目会在存储文件时存储。Photoshop 也可以自动对图像中的多个选定区域计数,并将结果记录在"测量记录"面板中。

第五节　标尺测量

使用 Photoshop 中的测量功能,可以测量用标尺工具或选择工具定义的任何区域,包括用套索工具、快速选择工具或魔棒工具选定的不规则区域;也可以计算高度、宽度、面积和周长,或者跟踪一个或多个图像的测量。测量数据将记录在"测量记录"面板中,可以自定"测量记录"列,将列内的数据排序,并将记录中的数据导出到 CSV(逗号分隔值)文件中。

标尺工具可以测量两点间的距离、角度、坐标和修正图像的倾斜度,这些信息会显示在该工具的工具选项栏和"信息"面板中。

选择标尺工具 📏 ,或者执行"分析"→"标尺工具"命令,显示该工具选项栏,如图 2-1-26 所示。执行"窗口"→"信息"命令,打开标尺工具的"信息"面板,如图 2-1-27 所示。

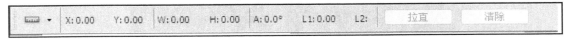

图 2-1-26　项目选项栏

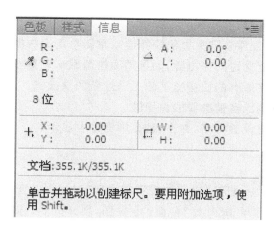

图 2-1-27 "信息"面板

（1）X/Y：起始位置点的纵横坐标。

（2）W/H：在 X 和 Y 轴上移动的水平和垂直距离。

（3）A：相对于轴测量的角度。

（4）L1/L2：测量线的实际长度。

（5）拉直：可以水平拉直测量的边线，使整个图像旋转。

（6）清除：可以清除图像中的测量线条。

第六节　自定义快捷键

使用快捷键可以快速选择某一工具，或者执行菜单中的命令，这为编辑操作带来了极大的方便。Photoshop 提供了预设的快捷键，但它也支持自定义快捷键。

1.6.1　自定义菜单命令快捷键

执行"编辑"→"菜单"命令，打开"键盘快捷键和菜单"对话框。在"快捷键应用于"下拉列表中选择"应用程序菜单"，在"应用程序菜单命令"选项内单击"文件"前面的 ▷ 按钮，展开列表，选择"新建"命令，单击"快捷键"对应下的默认快捷键，可以自定义编辑，如图 2-1-28 所示。这样，在被自定义的菜单命令后面就会出现新的快捷键，按下快捷键就会执行该命令了（其他菜单命令快捷键自定义编辑相同）。

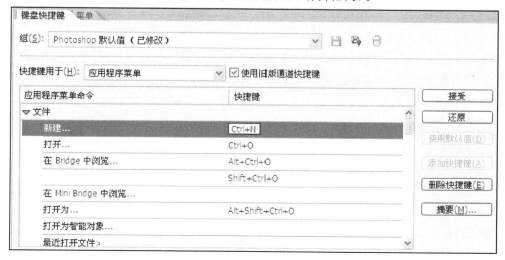

图 2-1-28 自定义编辑

（1）接受：按下按钮，新的快捷键代替原来的快捷键。

（2）还原/重做：按下按钮可以还原自定义过的快捷键或重新自定义快捷键。

（3）使用默认值：相对于重新定义过的快捷键，如果须要使用默认设置按此键。

（4）添加快捷键：按此键可以在原有的快捷键基础上添加新的快捷键。

（5）删除快捷键：按此键可以删除当前选择的快捷键。

（6）摘要：可以将当前的快捷键设置导出，并在 Web 浏览器中显示。

1.6.2 自定义面板菜单

执行"编辑"→"键盘快捷键"命令，打开"键盘快捷键和菜单"对话框。在"快捷键用于"下拉列表中选择"面板菜单"。在"面板菜单命令"选项内单击"动作"前面的▶按钮，展开列表，选择"按钮模式"命令，单击"快捷键"对应下的空白位置，可以自定义编辑，如图 2-1-29 所示。这样，在被自定义的菜单命令后面就会出现新的快捷键，按下快捷键就会执行该命令了（其他菜单命令快捷键自定义编辑相同）。

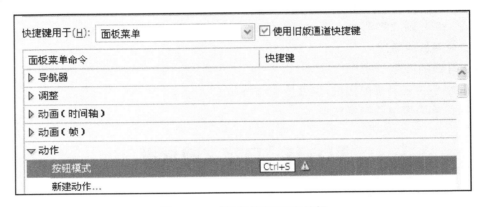

图 2-1-29 "快捷键"自定义编辑

1.6.3 自定义工具快捷键

执行"编辑"→"键盘快捷键"命令，打开"键盘快捷键和菜单"对话框。在"快捷键用于"下拉列表中选择"工具"。在"工具箱命令"列表中选择"移动工具"，单击"快捷键"对应下的默认快捷键，可以自定义编辑，如图 2-1-30 所示。这样，在被自定义的工具后面就会出现新的快捷键，按下快捷键就会执行该命令了（其他工具快捷键自定义编辑相同）。

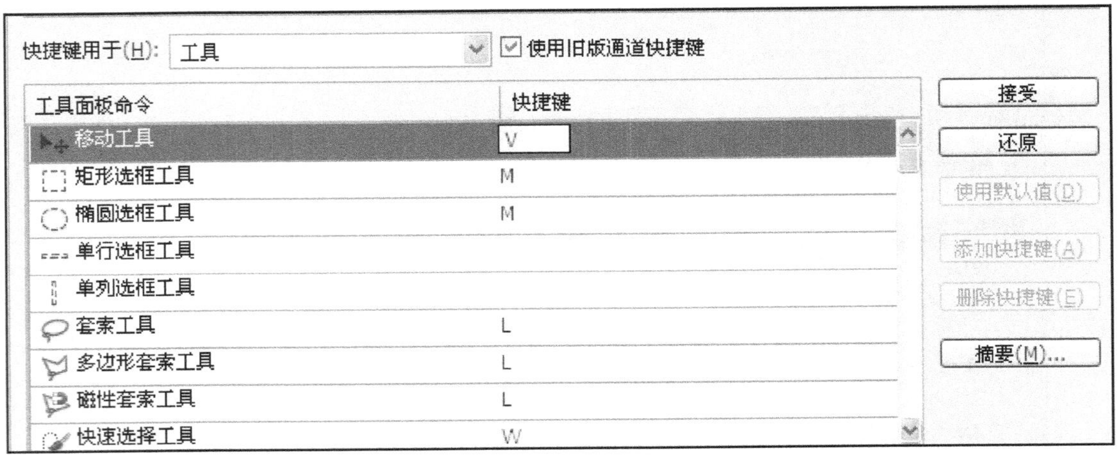

图 2-1-30 默认快捷键自定义编辑

修改快捷键以后,如果想恢复系统默认的快捷键,可在"键盘快捷键和菜单"对话框下"组"选项下拉列表中选择"Photoshop 默认值",然后点击"确定"按钮关闭对话框即可。

第七节　清理内存

在处理图像时,Photoshop 须要保存大量的中间数据,这会造成计算机的速度变慢。执行"编辑"→"清理"下拉菜单中的命令,可以释放由"还原"命令、"历史记录"面板或剪贴板占用的内存,以加快系统的处理速度,如图 2-1-31 所示。清理后,项目的名称会显示为灰色,如图 2-1-32 所示。

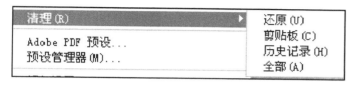

图 2-1-31　清理

图 2-1-32　项目的名称显示为灰色

第二章

文件的操作方法 <<<<

本章内容

学习创建空白文档,了解打开文件的各种方法,学习置入 EPS 和 AI 格式的文件,掌握文件的保存方法,了解各种文件格式的特征,了解 Adobe Bridge 的操作方法。

第一节　新建图像文件

新建图像命令,可以设置图像的大小、分辨率、背景色等。

执行"文件"→"新建"命令或按下"Ctrl＋N"组合键,打开"新建"对话框如图 2-2-1 所示。在对话框中设置文件的名称、尺寸、分辨率、颜色模式和背景内容等选项,单击"确定"按钮,即可新建一个空白图像文件。

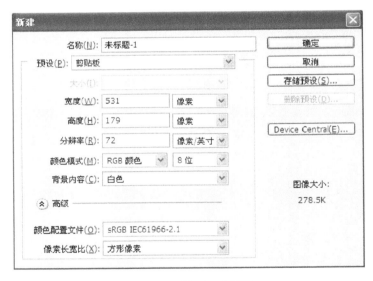

图 2-2-1 "新建"对话框

（1）名称:可输入新建文件的名称,也可以使用默认的文件名称"未标题-1"。

（2）预设:在该选项下拉列表中可以选择系统预设的文件尺寸,如图 2-2-2 和图 2-2-3 所示。

（3）宽度/高度:可输入新建文件的宽度和高度。

（4）分辨率:可输入文件的分辨率。

（5）颜色模式:在该选项的下拉列表中可以选择文件的颜色模式,包括"位图"、"灰度"、"RGB 颜色"、"CMYK 颜色"和"Lab 颜色"。

（6）背景内容:在该选项的下拉列表中可以选择文件背景的内容,包括"白色"、"背景色"和"透明"。

（7）高级:单击⊗按钮,可以显示或关闭扩展的对话框,对话框内包含了"颜色配置文件"和"像素长宽比"两个选项。

图 2-2-2 系统预设

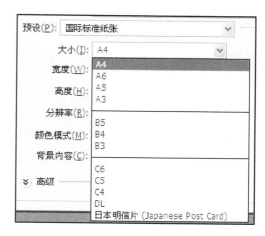

图 2-2-3 文件尺寸

（8）存储预设：单击该按钮，可以打开"新建文档预设"对话框，如图 2-2-4 所示。在对话框中可以选择将当前设置的文件大小、分辨率，颜色模式等创建为一个预设。

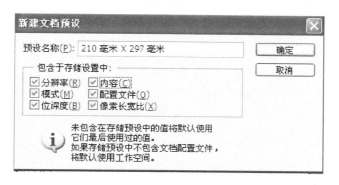

图 2-2-4 "新建文档预设"对话框

（9）删除预设：选择自定义的预设，单击"删除预设"按钮可将其删除，系统提供的设置不能删除。

（10）Device Central：单击该按钮，可运行 Device Central。在 Device Central 中可以创建具有为特定设备设置的像素大小的新文档。

（11）图像大小：显示以当前尺寸和分辨率新建文件时文件的大小。

第二节 打开图像文件

在 Photoshop 中编辑一个已有的图像前，先要将其打开。打开文件的方法有很多种，可以执行命令打开，也可以用 Adobe Bridge 打开，或者使用快捷方式打开。

2.2.1 用"打开"命令打开文件

执行"文件"→"打开"命令或按"Ctrl＋O"组合键，可以打开"打开"对话框。在对话框中可以选择一个文件，或者按住 Ctrl 键单击以选择多个文件。单击"打开"按钮，或者双击文件即可将其打开。

2.2.2 在 Bridge 中浏览

执行"文件"→"在 Bridge 中浏览"命令或按"Ctrl＋Alt＋O"组合键，打开 Bridge 窗口。在该窗口中用户可以系统地管理并快速查找图片资源。

2.2.3　在 Mini Bridge 浏览

执行"文件"→"在 Mini Bridge 浏览"命令,打开该命令面板,通过该面板可以在 Photoshop CS5 工作界面中轻松完成对图像的查找与打开。

2.2.4　用"打开为"命令打开文件

执行"文件"→"打开为"命令可以打开"打开为"对话框,其与"打开"命令对话框差不多。在对话框中可以选择文件,将其打开。与"打开"命令不同,使用"打开为"命令打开文件时,必须指定文件的格式。

2.2.5　打开为智能对象

执行"文件"→"打开为智能对象"命令,可以打开"打开为智能对象"对话框,其与"打开"命令对话框相似。选择一个文件将其打开后,打开的文件将自动转换为智能对象。

2.2.6　打开最近打开的文件

如果要打开最近使用的文件,可执行"文件"→"最近打开的文件"命令,打开下拉菜单。在下拉菜单中显示了最近在 Photoshop 中打开的文件,单击某一文件即可将其打开。

2.2.7　用快捷方式打开文件

在没有运行 Photoshop 时,将一个图像文件拖至 Photoshop 应用程序图标上 PS,可运行 Photoshop,并打开该文件。如果运行了 Photoshop,可在 Windows 资源管理器中找到需要打开的文件,将文件拖至 Photoshop 窗口内,即可将其打开。

第三节　关闭图像文件

对图像的编辑操作完成后,一般要关闭该文件。关闭文件的方法有以下几种。

2.3.1　关闭文件

执行"文件"→"关闭"("Ctrl＋W"组合键)命令可以关闭当前的图像文件。如果对图像进行了修改,会弹出对话框,如图 2-2-5 所示。如果当前图像是个新建的文件,单击"是"按钮,可以在打开的"存储为"对话框中将文件保存。单击"否"按钮可关闭文件,但不保存对文件的修改。单击"取消"按钮,则关闭该对话框,并取消关闭操作。如果当前文件是打开的一个已有的文件,单击"是"可保存对文件作出的修改。

图 2-2-5　关闭文件

2.3.2　关闭全部文件

执行"文件"→"关闭全部"命令("Ctrl＋Alt＋W"组合键),可以关闭在 Photoshop 中打开的所有文件。

2.3.3 关闭并转到 Bridge

执行"文件"→"关闭并转到 Bridge"命令("Ctrl＋Shift＋W"组合键)，可以关闭当前的文件，然后打开 Bridge。

第四节 保 存 文 件

新建文件或对文件进行了处理后，须要及时将文件保存，以免因断电或死机等造成劳动成果付之东流。

2.4.1 存储

如果对一个打开的图像文件进行了编辑，可执行"文件"→"存储"命令("Ctrl＋S"组合键)，保存对当前图像做出的修改。如果在编辑图像时新建了图层或通道，则执行该命令时将打开"存储为"对话框，在对话框中可以指定一个可以保存图层或通道的格式，将文件另存。

2.4.2 存储为

执行"文件"→"存储为"命令("Ctrl＋Shift＋S"组合键)，可以将当前图像文件保存为另外的名称和其他格式，或者将其存储在其他位置。如果不想保存对当前图像作出的修改，可以通过该命令创建源文件的副本，再将源文件关闭即可，如图 2-2-6 所示。

图 2-2-6 "存储为"对话框

（1）保存在：用来选择当前图像的保存位置。

（2）文件名：用来输入要保存的文件名。

（3）格式：在该选项的下拉列表中选择图像的保存格式。

（4）作为副本：勾选该项后，可以保存一个副本文件，当前文件仍为打开的状态。副本文件与源文件保存在同一位置。

（5）Alpha 通道：如果图像中包含 Alpha 通道，该选项为可选状态。勾选该项，可以保存 Alpha 通道，取消勾选则删除 Alpha 通道。

（6）图层：如果图像中包含多个图层，该选项为可选状态。勾选该项后，可保存图层，取消勾选则会合并所有图层。

（7）注释：如果图像中也含注释，该选项为可选状态，勾选该项可保存注释。

（8）专色：如果图像中包含专色通道，该选项为可选状态，勾选该项可保存专色通道。

（9）使用校样设置：如果将文件的保存格式设置为 EPS 或 PDF 格式，该选项为可选状态，勾选该项可保存打印用的校样设置。

（10）ICC 配置文件：勾选该项可保存嵌入在文档中的 ICC 配置文件。

（11）缩览图：勾选该项可以为保存的图像创建缩览图。此后打开该图像时，可在"打开"对话框中预览图像。

（12）使用小写扩展名：勾选该项，可将文件的扩展名设置为小写。

2.4.3　签入

执行"文件"→"签入"命令保存文件时，允许存储文件的不同版本及各版本的注释。该命令可用于 Versioa Cue 工作区管理的图像。如果使用的是来自 Adobe Version Cue 项目的文件，则文档标题栏会提供有关文件状态的其他信息。

2.4.4　存储为 Web 和设备所用格式

执行"文件"→"存储为 Web 和设备所用格式"命令（"Alt＋Shift＋Ctrl＋S"组合键），打开"存储为 Web 和设备所用格式"面板，在该面板中，可以将图像进行优化、压缩或调整颜色之后加以保存。可以比较要应用于 Web 上的图像与源图像的画质及容量大小，以便获得最佳效果，如图 2-2-7 所示。

图 2-2-7　图像效果

在使用"存储"或"存储为"等命令保存图像时，可以在打开的对话框中选择文件的保存格式，如图 2-2-8 所示。Photoshop 支持 PSD、JPEG、TIFF、GIF、EPS 等多种格式，每一种格式都有各自的特点。可以根据文件的使用目的，选择合适的保存格式。

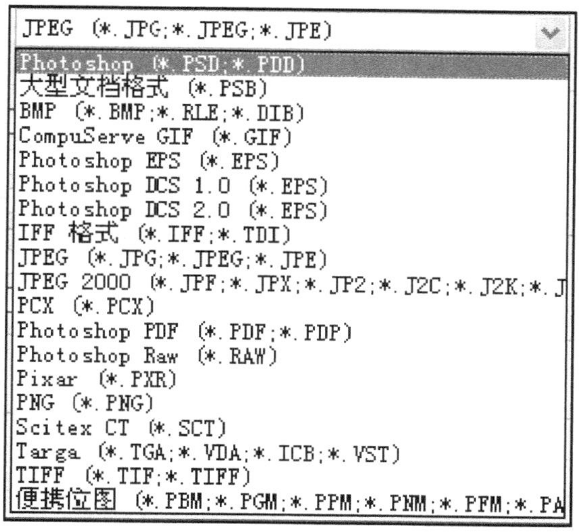

图 2-2-8　保存格式

第五节　置入文件

执行"文件"菜单中的"置入"命令可以将照片、图片，或者 EPS、PDF、Adobe IIIustrator、AI 等矢量格式的文件作为智能对象置入 Photoshop 文件中。

第六节　导入／导出

在 Photoshop 中，可以在图像中导入视频图层、注释和 WIA 支持等内容。"文件"→"导入"下拉菜单中包含着各种导入文件的命令，如图 2-2-9 所示。

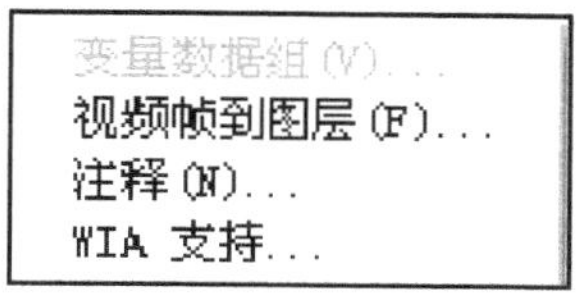

图 2-2-9　导入文件的命令

第七节　文件简介

执行"文件"→"文件简介"命令（"Alt＋Shift＋Ctrl＋I"组合键），可以打开"文件简介"对话框，在该对话框里，用户可以确认文件的信息或保存一些附加信息。在该对话框中主要显示标题、作者、版权、制作人的 URL 等一般信息。如果是用数码相机拍摄的照片，还会显示相机的种类、拍摄日期、快门速度、ISO Speed Ratings 等信息。

第八节　退出程序

执行"文件"→"退出"命令（"Ctrl＋Q"组合键），可关闭 Photoshop。如果有文件没有保存，将弹出对话框，询问用户是否保存文件。

第三章

图像的基本编辑方法 ◀◀◀

本章内容

　　掌握图像的恢复与还原操作方法,学习使用"历史记录"面板进行还原操作,了解非线性历史记录,掌握图像的变换与变形操作方法,了解裁剪图像的不同方法,了解像素与分辨率的关系,学习调整图像和画布的大小,学习使用"渐隐"命令修改编辑效果。

第一节　恢复与还原

　　在编辑图像的过程中,如果某一步的操作出现了失误,或者对创建的效果不满意,就须要还原或恢复图像。

3.1.1　还原与重做

　　执行"编辑"→"还原"命令("Ctrl＋Z"组合键),可以撤销对图像的最后一次操作,将图像还原到上一步的编辑状态中。

3.1.2　前进一步与后退一步

　　"还原"命令只能还原一步操作,而执行"文件"→"后退一步"命令则可以连续还原。连续执行该命令,或者连续按下"Alt＋Ctrl＋Z"组合键,便可以逐步撤销操作。

　　执行"后退一步"命令进行还原操作后,可执行"文件"→"前进一步"命令恢复被撤销的操作。连续执行该命令,或者连续按下"Shift＋Ctrl＋Z"组合键可逐步恢复被撤销的操作。

3.1.3　恢复文件

　　执行"文件"→"恢复"命令(F12),可以将文件恢复为最近一次保存的状态。

第二节　渐 隐 命 令

　　"渐隐"命令主要用于降低颜色调整命令或滤镜效果的强度。在使用画笔、滤镜,进行了填充或颜色调整,添加了图层效果等进行操作后,"编辑"菜单中的"渐隐"命令为可用状态。执行该命令,可以修改该次操作的透明度和混合模式,如图 2-3-1 所示。

图 2-3-1　渐隐

第三节 拷贝与粘贴

拷贝与粘贴是应用程序中最普通的命令,它们用来完成复制和粘贴任务。

3.3.1 剪切

执行"编辑"→"剪切"命令("Ctrl+X"组合键),可以将当前选择的图像内容从画面剪切掉,再将其保存到剪贴板中。"剪切"的内容必须是选区内容,如果是普通图层,剪切后的区域将透明显示,如果是背景图层,剪切后的区域将以背景颜色显示,如图 2-3-2 和图 2-3-3 所示。

图 2-3-2　显示 1

图 2-3-3　显示 2

3.3.2 拷贝

执行"编辑"→"拷贝"命令("Ctrl+C"组合键),可以将当前选择的图像复制到剪贴板,画面的内容不变。画面虽然没有变化,但应用"粘贴"("Ctrl+V"组合键)命令,能够粘贴选区内的图像。

3.3.3 合并拷贝

如果当前文件包含多个图层,则执行"编辑"→"合并拷贝"命令("Ctrl+Shift+C"组合键),可以将所有可见的图层复制并合并到剪贴板中。

3.3.4 粘贴

将图像复制或剪切至剪贴板后,执行"编辑"→"粘贴"命令,可将剪贴板中"拷贝"和"合并拷贝"的图像粘贴到当前文件中。

3.3.5 选择性粘贴

执行"编辑"→"选择性粘贴"命令,弹出下拉菜单,在该菜单中包括"原位粘贴"、"贴入"和"外部粘贴"三个命令。

(1)原位粘贴:将拷贝的图像粘贴至当前文件中。

(2)贴入:将拷贝的图像粘贴至指定的选区中。

(3)外部粘贴:将拷贝的图像粘贴至当前图像中指定选区以外的范围,并创建图层蒙版。

3.3.6 清除

执行"编辑"→"清除"命令可以清除选区内的图像。如果清除的是"背景"图层上的图像,被清除的区域将填充背景色,如果清除的是"背景"图层以外的其他的图层时,将删除选区内的图像,选区内显示为透明效果。

第四节　图像的变换和变形操作

3.4.1　内容识别缩放

　　"内容识别比例"命令是从 Photoshop CS4 版本新增的命令。该命令可在不更改重要可视内容（如人物、建筑、动物等）的情况下调整图像大小。常规缩放在调整图像大小时会统一影响所有像素，而内容识别缩放主要影响没有重要可视内容的区域中的像素。内容识别缩放可以放大或缩小图像以改善合成效果、适合版面或更改方向。如果要在调整图像大小时使用一些常规缩放，则可以指定内容识别缩放与常规缩放的比例。

　　内容识别缩放适用于处理图层和选区。图像可以是 RGB、CMYK、Lab 和灰度颜色模式及所有位深度。内容识别缩放不适用于处理调整图层、图层蒙版、各个通道、智能对象、3D 图层、视频图层、图层组，或者同时处理多个图层。

　　用选框工具框选选区，执行"编辑"→"内容识别比例"命令（"Alt＋Ctrl＋Shift＋C"组合键），然后设置命令选项栏，如图 2-3-4 所示。

<p align="center">图 2-3-4　设置命令选项栏</p>

　　(1) 参考点位置：单击参考点定位符上的方块以指定缩放图像时要围绕的固定点。默认情况下，该参考点位于图像的中心。

　　(2) 使用参考点相对定位：单击该按钮以指定相对于当前参考点位置的新参考点位置。

　　(3) 参考点位置：将参考点放置于特定位置。输入 X 轴和 Y 轴像素大小。

　　(4) 比例：指定图像按原始大小的百分之多少进行缩放。输入宽度（W）和高度（H）的百分比。如果需要，请单击"保持长宽比"按钮。

　　(5) 数量：指内容识别缩放与常规缩放的比例。通过在文本框中键入值或单击箭头和移动滑块来指定内容识别缩放的百分比。

　　(6) 保护：选取指定要保护的区域的 Alpha 通道。

　　(7) 保护肤色：试图保留含肤色的区域。

　　执行命令后，拖动外框上的手柄以缩放图像。拖动角手柄时按住 Shift 键可按比例缩放。当放置在手柄上方时，指针将变为双向箭头。如图 2-3-5 所示为原始图像，如图 2-3-6 所示为普通缩放效果，如图 2-3-7 所示为内容识别缩放效果。

<p>　　图 2-3-5　原始图像　　　　　图 2-3-6　普通缩放效果　　　图 2-3-7　内容识别缩放效果</p>

3.4.2 操控变形

操控变形功能提供了一种可视的网格,借助该网格,可以随意地扭曲特定图像区域的同时保持其他区域不变。应用范围小至精细的图像修饰,大至总体的变换。

除了图像图层、形状图层和文本图层之外,还可以向图层蒙版和矢量蒙版应用操控变形。要以非破坏性的方式扭曲图像,请使用智能对象。

在"图层"面板中,选择要变换的图层或蒙版,执行"编辑"→"操控变形"命令,设置命令选项栏,如图 2-3-8 所示。

图 2-3-8 设置命令选项栏

(1)模式:确定网格的整体弹性。

(2)浓度:确定网格点的间距。较多的网格点可以提高精度,但需要较多的处理时间;较少的网关点则反之。

(3)扩展:扩展或收缩网格的外边缘。

(4)显示网格:取消选中可以只显示调整图钉,从而显示更清晰的变换预览。

(5)"图钉深度"按钮 :要显示与其他网格区域重叠的网格区域,请单击选项栏中的该按钮。

(6)旋转:旋转分为"自动"和"固定"两选项。"自动"选项可以直接用鼠标按住图钉进行旋转;"固定"选项则是在参数栏里直接输入角度参数,按下回车键便可旋转图像。

执行"操控变形"命令后,在选项栏上勾选"显示网格"选项。在图像上形成了网状的控制线。在图像上点击鼠标可以创建图钉,通过调节图钉可以对图像进行细致的变换与旋转。如图 2-3-9 所示为原图,图 2-3-10 所示为变形图,图 2-3-11 所示为效果图。

图 2-3-9 原图

图 2-3-10 变形图

图 2-3-11 效果图

3.4.3 自由变换

执行"编辑"→"自由变换"命令("Ctrl＋T"组合键),在须要编辑的图像上会显示定界框,按下相应的按键,然后拖动定界框的控制点可以对图像进行任意的变换,包括旋转、缩放等。在定界框内单击右键,可以显示下拉菜单。

3.4.4 变换

执行"编辑"→"变换"命令,可以打开下拉菜单,其中包含对图像进行变换的各种命令。通过这些命令可以对选区内的图像、图层、路径和矢量形状进行变换操作,例如旋转、缩放、扭曲等。

第五节 裁剪图像

在对数码照片或扫描的图像进行处理时,经常会裁剪图像,以保留需要的部分,删除不需要的部分。使用裁剪工具、"裁剪"命令和"裁切"命令都可以裁剪图像。

3.5.1 裁剪工具

使用裁剪工具 ⊄ 可以裁剪图像,重新定义画布的大小。选择该工具后,在画面单击并拖动鼠标拖出个矩形框,矩形框内的图像为保留内容,矩形框外的图像为裁剪的内容,按下回车键后,可裁剪矩形框外的图像,如图2-3-12、图 2-3-13 所示。

图 2-3-12 矩形框   图 2-3-13 裁剪后的图像

3.5.2 裁剪工具选项栏

按下工具栏上的裁剪工具,在工具选项栏上就显示了裁剪工具选项栏信息,如图 2-3-14 所示。

图 2-3-14 选项栏信息

(1)宽度/高度/分辨率:可输入裁剪后的图像的宽度高度和分辨率值。输入数值后,在图像中创建裁剪区域时,裁剪后的图像的尺寸由输入的数值决定,与裁剪区域的大小没有关系。

(2)前面的图像:单击该按钮,可以在前面的数值栏中显示当前图像的大小和分辨率,如果打开了两个文件,则会显示另一个图像的大小和分辨率。

（3）清除：在"宽度"、"高度"和"分辨率"选项中输入数值后，Photoshop 会将其保留下来。单击"清除"按钮，可以删除这些数值，使选项恢复为默认的状态。

3.5.3 创建裁剪区域后的工具选项栏

选择裁剪工具后，在画面单击并拖动鼠标拖曳出一个矩形框，工具选项栏将显为另外一些选项，如图 2-3-15 所示。

图 2-3-15 工具选项栏

（1）裁剪区域：如果图像包含多个图层，或者不包含"背景"图层，则该选项为可选状态。如果选择"删除"，被裁剪的区域将从图像中删除掉；如果选择"隐藏"，则被裁剪的区域将被隐藏，执行"图像"→"显示全部"命令可以将隐藏部分重新显示出来，另外，使用移动工具移动图像，也可以显示隐藏的部分。

（2）裁剪参考线叠加：单击右侧的下拉按钮，可以对参考线进行"无"、"三等分"和"网格"设置。

（3）屏蔽：用来设置在裁剪过程中，裁剪框以外的图像显示方式。勾选该项后裁剪框以外的图像区域将被"颜色"选项内设置的颜色屏蔽，如图 2-3-16 所示；取消勾选，则显示全部图像。

（4）颜色：单击右侧的颜色预览图，可以打开"拾色器"对话框，设置裁剪框以外的图像颜色。

（5）不透明度：用来设置屏蔽裁剪框以外的图像区域颜色的不透明度。

图 2-3-16 颜色屏蔽

（6）透视：选该项后，可以调整裁剪定界框的控制点，裁剪以后，可以对图像应用透视变换。

3.5.4 裁切命令

1. 裁剪

"裁剪"命令可以用来完成裁剪工具在图像上形成裁剪定界框后执行裁剪结果，相当于按下回车键的效果。

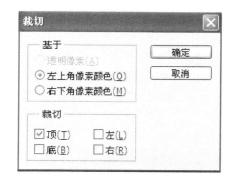

图 2-3-17 "裁切"对话框

选择裁剪工具后，在画面单击并拖动鼠标拖出个矩形框，执行"图像"→"裁剪"命令，即可完成裁剪编辑。

2. 裁切

执行"图像"→"裁切"命令，打开"裁切"对话框，如图 2-3-17 所示。以下为"裁切"命令各个选项的含义。

■透明像素：可删除图像边缘的透明区域，留下包含非透明像素的最小图像。

■左上角像素颜色：从图像中删除左上角像素颜色的区域。

■右下角像素颜色：从图像中删除右下角像素颜色的区域。

■顶/底/左/右：选择可能会删除的区域位置。

第六节 历 史 记 录

在 Photoshop 中的每一步操作，都会被记录在"历史记录"面板中。通过"历史记录"面板可以将图像恢复到操作过程中的某一步状态，也可以再次回到当前的操作状态。在面板中还可以将当前处理结果创建为快照，或者创建一个新的文件。

3.6.1 历史记录面板

执行"窗口"→"历史记录"命令，可以打开"历史记录"面板，如图 2-3-18 所示。

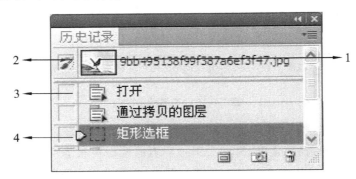

图 2-3-18 "历史记录"面板

（1）预览框：可以预览操作中的图像，双击此项可以更改快照的名称。

（2）设置历史记录画笔的源：在使用历史记录画笔时，该图标所在的位置将作为历史画笔的源图像。

（3）历史记录状态：被记录的操作命令。

（4）历史状态滑块：处于当前的操作中的步骤，通过拖动滑块，可以更改操作的步骤。

（5）从当前状态创建新文档：单击该按钮，可以基于当前操作步骤中图像的状态创建一个新的文件。

（6）创建新快照：单击该按钮，可以基于当前的图像状态创建快照。

（7）删除当前状态：在面板中选择某个操作步骤后，单击该按钮可将该步骤及后面的步骤删除。

3.6.2 历史记录面板菜单

单击历史记录面板右上角的 ▾☰ 按钮，可以打开下拉菜单，如图 2-3-19 所示。

（1）前进一步/后退一步：执行这两个命令（"Ctrl＋Shift＋Z"组合键或"Ctrl＋Alt＋Z"组合键），从当前的步骤中向前进一步或向后退一步。

（2）新建快照：执行该命令，可以将当前的图像保存为快照。

（3）删除：执行该命令，可以将当前的历史步骤或快照删除。

（4）清除历史记录：执行该命令，可将当前选定的历史记录之外的其他操作步骤全部清除。

（5）新建文档：执行该命令，可将画面中显示的图片复制之后，用其创建一个新的图像窗口。

（6）历史记录选项：该命令是保存历史记录面板中的记载方式。执行该命令，会显示"历史记录选项"对话框，如图 2-3-20 所示。

图 2-3-19 下拉菜单

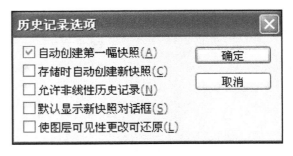

图 2-3-20 "历史记录选项"对话框

■自动创建第一幅快照:勾选该项,在打开一个图像文件或复制并新建一个图片窗口的时候,会自动对打开的图片或当前选定步骤下的图片再进行快照处理。

■存储时自动创建新快照:勾选该项,打开图片或保存图片的时候,会自动创建快照。

■允许非线性历史记录:勾选该项,删除历史记录时,会仅从全部步骤中删除选定步骤。如果不勾选,则会将选定步骤后的所有操作全部删除。

■默认显示新快照对话框:勾选该项,单击历史记录面板下端的"创建新快照"[ ]按钮,会弹出"新建快照"对话框。可在"自"下拉列表中选择建立快照的方法,如图 2-3-21 所示。"名称"项是输入快照的名称;"自"项用来选择创建的快照内容:选择"全文档",可创建图像在当前状态下所有图层的快照;选择"合并的图层",可创建合并图像在当前状态下所有图层的快照;选择"当前图层",则只创建当前选择的图层的快照。

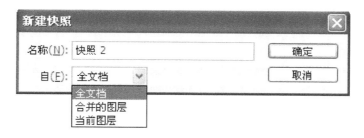

图 2-3-21 "新建快照"对话框

■使图层可见性更改可还原:默认情况下,不会将显示或隐藏图层记录为历史步骤,因而无法将其还原。选择此选项可在历史步骤中包括图层可见性更改。

(7) 关闭/关闭选项卡组:执行其中任一个命令即可关闭历史记录面板。

3.6.3 创建快照

由于"历史记录"面板保存的操作步骤比较有限(默认为 20 步),而使用绘画工具、合成图像或进行其他操作时,可能要有很多步骤。如果通过创建快照来记录不同阶段的图像状态,即使发生错误,也可以很容易地通过快照进行恢复。

在"历史记录"面板中选择需要创建为快照的状态,然后单击创建新快照按钮[ ],即可创建快照。如果选择了创建快照的状态后,执行"历史记录"面板菜单中的"新建快照"命令,则可以在打开的"新建"快照对话框中设置选项创建快照。

3.6.4 创建非线性历史记录

执行"历史记录"面板菜单中的"历史记录选项"命令,可以打开"历史记录选项"对话框,勾选"允许非线性历史记录选项",可将历史记录设置为非线性状态。

第七节 修改图像的大小

前面已经了解了像素、分辨率及它们的关系。现在在原来的基础上修改图像的大小。

新建了一个文件或打开了一个图像文件后,可以执行"图像"→"图像大小"命令("Alt＋Ctr＋I"组合键)对图像的打印尺寸和分辨率作出调整,如图 2-3-22 所示。

(1) 像素大小:显示了图像的像素大小,可以设置"宽度"和"高度"的像素数量,要输入当前尺寸的百分比值,可选择"百分比"作为度量单位。修改像素以后,图像的新文件大小会出现在"图像大小"对话框的顶部,而旧文件的大小在括号内显示。

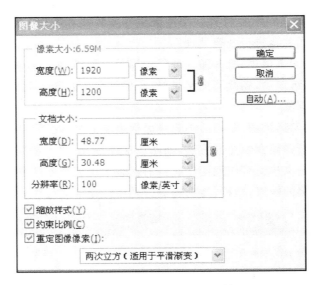

图 2-3-22 "图像大小"对话框

（2）文档大小：用来设置图像的打印尺寸和分辨率。如果单独修改其中的一项，例如打印尺寸，并且要按照比例调整图像中的像素总量，则应勾选"重定图像像素"选项，然后再选择差值方法。

（3）缩放样式：如果图像中包含添加了样式的图层，则勾选该项后，可以在修改图像大小的同时缩放样式效果。只有选择了"约束比例"时，才能使用此选项。

（4）约束比例：勾选该项后，在改变"像素大小"和"图像大小"时，可保持宽度和高度的比例。

（5）重定图像像素：如果只更改打印尺寸或只更改分辨率，并且要按比例调整图像中的像素总量，可勾选该项。如果要更改打印尺寸和分辨率而又不更改图像中的像素总量，则取消该选项的勾选。

（6）差值方法：修改图像的像素大小在 Photoshop 中被称为"重新取样"。当缩减像素取样时，将从图像中删除一些信息；当向上重新取样时，将添加新的像素。在"图像大小"对话框最下面的列表内可以选择一种插值方法来确定添加或删除像素的方式，包括"邻近"、"两次线性"等，默认为"两次立方"。

（7）自动：单击该按钮可以打开"自动分辨率"对话框。如果要使用半调网屏打印图像，则合适的图像分辨率范围取决于输出设备的网频。输入挂网的线数，Photoshop 可以根据输出设备的网频来确定建议用的图像分辨率。

第八节　修改画布

画布是指整个文档的工作区域。在处理图像时，可以根据需要增大或减小画布，还可以旋转画布。

3.8.1　修改画布的大小

"画布大小"命令可以修改画布的大小。当增加画布大小时，可在图像周围添加空白区域；当减小面布大小时，则裁剪图像。打开一个图像文件，执行"图像"→"画布大小"命令（"Alt＋Ctrl＋C"组合键），可以打开"画布大小"对话框，如图 2-3-23 所示。

3.8.2　旋转画布

"图像"→"旋转画布"下拉菜单中包含着旋转画布的命令，执行这些命令可以旋转或翻转整个图像。

在下拉菜单中，除了"任意角度"命令之外，其他的命令与"编辑"→"变换"中的相同命令功能相同。

■任意角度：执行"图像"→"旋转画布"→"任意角度"命令，可以打开"旋转画布"对话框，在对话框中设置画布的旋转角度可以按照指定的角度旋转画布。

图 2-3-23 "画布大小"对话框

第九节 复 制 图 像

如果要复制当前的图像文件,可执行"图像"→"复制"命令,打开"复制图像"对话框,如图 2-3-24 所示。在"为"选项内输入复制后的图像的名称。如果当前图像包含多个图层,"仅复制合并的图层"选项为可选状态,勾选该项,复制后的图像将自动合并图层。选项设置完成后,单击"确定"按钮即可复制当前的文件。

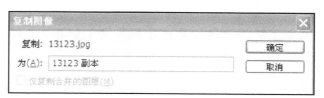

图 2-3-24 "复制图像"对话框

第四章

选 择 编 辑 ‹‹‹‹

本章内容

了解不同类型对象的选择方法,掌握选区的基本编辑方法,学习使用各种选择工具,学习使用"色彩范围"命令选取对象,学习使用快速蒙版编辑选区,学习使用"抽出"滤镜选取对象,学习使用"调整边缘"命令修改选区。

第一节　选择的目的

选择是图像处理的首要工作,通过选区可以将编辑操作和滤镜效果的有效区域限定在选区内,选区外的图像就不会受到影响了。如果没有选区,则操作将对整个图像产生影响。

第二节　不同选择方法的运用

Photoshop 提供了大量的选择工具、选择命令和选择方法,它们都有各自的特点,适合选择某一类型的对象。下面介绍 Photoshop 主要的选择工具、选择命令和选择方法都有哪些特点。

4.2.1　形状的选择方法

在选择矩形、多边形、正圆形和椭圆形等基本几何形状的对象时,可以使用工具箱中的选框工具来进行选取。不规则图像的选择和大面积背景的选择可以使用套索和魔棒选择工具,如图 2-4-1、图 2-4-2 所示。

图 2-4-1　套索

图 2-4-2　魔棒选择工具

4.2.2　路径的选择方法

Photoshop 中的钢笔工具是矢量工具,使用它可以绘制光滑的路径。如果对象边缘光滑,并且呈现不规则形状,可以使用钢笔工具来选取,如图 2-4-3 所示。

图 2-4-3 使用钢笔工具选取

4.2.3 色调的选择方法

图像的色调分为暗调、中间调和高光。魔棒工具、"色彩范围"命令、混合颜色带和磁性套索工具都可以基于色调之间的差异创建选区。如果须要选择的对象与背景之间色调差异明显,可以使用以上工具来选取。

4.2.4 快速蒙版的选择方法

快速蒙版是一种特殊的选区的编辑方法,在快速蒙版状态下可以像处理图像那样使用各种绘图工具和滤镜来编辑选区。

4.2.5 通道的选择方法

在选择像毛发等细节丰富的对象,玻璃、烟雾、婚纱等透明对象,以及被风吹动的旗帜,高速行驶的汽车等边缘模糊的对象时,以上方法都不能完全奏效。这些对象通常都须要借助通道才能选择。

4.2.6 其他命令的选择方法

除了以上的选择工具和选择命令外,Photoshop 还提供了一些有针对性地选择命令。例如:执行"选择"→"所有图层"命令("Ctrl＋A"组合键),可以选择当前文件的所有图层;选择了图层后,可以执行"选择"→"取消选择图层"命令,取消对当前图层的选择。

如果当前选择了一个类型的图层,想要选择所有与它类型相同的图层,可执行"选择"→"相似图层"命令。

第三节 选 区 操 作

在学习选择工具和选择命令前,首先来了解一些选区的基本操作方法,包括创建选区前须要设定的内容,以及创建选区后进行的简单操作。

4.3.1 全选与反选

执行"选择"→"全部"命令("Ctrl＋A"组合键),可以选择当前文档边界内的全部图像,如图 2-4-4 所示。

如果在图像中创建部分选区后,须要选择当前选区以外的所有部分,可执行"选择"→"反向"命令("Shift＋Ctrl＋I"组合键)即可。

4.3.2 取消选择与重新选择

创建选区后,执行"选择"→"取消选择"命令("Ctrl＋D"组合

图 2-4-4 选择全部图像

键),可以取消选择。如果想恢复被取消的选区,可执行"选择"→"重新选择"命令("Shift+Ctrl+D"组合键)。

4.3.3 移动选区内的图像

使用移动工具 ▸₊ 可以移动选区和图层。如果当前创建了选区,使用移动工具可以移动选区内的图像,如果没有创建选区,则可以移动当前选择的图层。点击移动工具,则在操作界面上方工具选项栏显示移动工具选项栏,如图 2-4-5 所示。

图 2-4-5　移动工具选项栏

(1)自动选择:如果当前文件中包含多个图层,勾选该项,然后在下拉列表中选择"图层",使用移动工具在画面单击时,可自动选择工具下包含像素的最顶层的图层;如果当前文件中包含图层组,勾选该项,然后在下拉列表中选择"组",使用移动工具在画面单击时,可自动选择工具下包含像素的最顶层的图层所在的图层组。

图 2-4-6　旋转和缩放

(2)显示变换控件:勾选该项后,在选择对象时,对象周围会出现定界框,可拖动定界框下的控制点对图像进行旋转和缩放等操作,如图 2-4-6 所示。

(3)对齐图层:如果选择了两个或两个以上的图层,可单击对齐图层选项中的按钮将图层对齐。对齐的功能包括"顶对齐"按钮、"垂直居中对齐"按钮、"底对齐"按钮、"左对齐"按钮、"水平居中对齐"按钮和"右对齐"按钮。

(4)分布图层:如果选择了三个或三个以上的图层,可单击分布图层选项中按钮分布图层。分布功能包括:"按顶分布"按钮、"垂直居中分布"按钮、"按底分布"按钮、"按左分布"按钮、"水平居中分布"按钮和"按右分布"按钮。

4.3.4 选区的运算

如果图像中包含选区,则使用选择工具创建新选区时,可以通过两个选区间的运算得到需要的选区。选择一种制定选区工具,在工具选项栏中会出现如图 2-4-7 所示的按钮。

(1)新选区 ▢:按下按钮后,可以在图像上创建个新选区。

(2)添加到选区 ▢:按下该按钮后,可在原有选区的基础上添加新的选区,如图 2-4-8 所示。

图 2-4-7　按钮

图 2-4-8　添加新的选区

(3)从选区减去 ▢:按下该按钮后,从原有选区中减去当前创建的选区,如图 2-4-9 所示。

(4)与选区交叉 ▢:按下该按钮后,新建选区时只保留原有选区与当前创建的选区相交的部分,如图 2-4-10 所示。

如果当前的图像中包含选区,使用选框工具继续创建选区时,按住 Shift 键可以在当前选区上添加选区,相当于按下"添加到选区"按钮 ▢;按住 Alt 键可以在当前选区中减去绘制的选区,相当于按下"从选区减去"按钮

图 2-4-9　减去当前创建的选区　　　　　　图 2-4-10　相交部分

；按住"Shift＋Alt"组合键可以得到与当前选区相交的选区,相当于按下"与选区交叉"按钮 。

第四节　基本选择工具

4.4.1　选框工具

　　选框工具是 Photoshop 中最基本的选择工具,这些工具包括"矩形选框工具" 、"椭圆选框工具" 、"单行选框工具" 和"单列选框工具" ,它们用来创建规则形状的选区。

　　在创建选区时,如果按住 Alt 键拖动鼠标,可以从单击点为中,向外创建选区;按住 Shift 键拖动鼠标,可以创建正方形或正圆形选区;如果同时按住 Alt＋Shift 键,则可以从中心向外创建正方形或正圆形选区。

　　(1)矩形选框工具:矩形选框工具通过鼠标的拖动指定矩形的图像区域。选择矩形选框工具,将光标移至画面中,单击并向右下角拖动鼠标,放开鼠标可以创建矩形选区,同时操作界面上方出现矩形选框工具栏选项,如图 2-4-11 所示。

图 2-4-11　矩形选框工具栏

　　■羽化:用来设置选区的羽化值,该值越高,羽化的范围越大。

　　■样式:用来设置选区的创建方法。选择"正常"时,可以通过拖动鼠标创建需要的选区,选区的大小和形状不受限制;选择"固定比例"后,可在该选项右侧的"宽度"和"高度"数值栏输入数值,创建固定比例选区;选择"固定大小"后,可在"宽度"和"高度"数值栏输入选区的宽度与高度值,使用矩形选框工具时,只须在画面中单击便可创建固定大小的选区。

　　■高度与宽度互换 :单击该按钮,可以切换"宽度"与"高度"数值栏中的数值。

　　■调整边缘:单击该按钮,可以打开"调整边缘"对话框,在对话框中可以对选区进行平滑、羽化等处理。该按钮的功能特点将在后面的"编辑选区"节详解。

　　(2)椭圆选框工具:选择椭圆选框工具,在画面中单击并拖劫鼠标,创建一个椭圆选区,同时操作界面上方出现椭圆选框工具栏选项。椭圆选框工具的选项与矩形选框工具的选项相同,但该工具可以使用"消除锯齿"功能,如图 2-4-12 所示。

图 2-4-12　"消除锯齿"功能

　　■消除锯齿:由于像素是图像的最小元素,并且是正方形,在创建圆形、多边形等不规则选区时便容易产生锯齿。勾选该项后,Photoshop 会在选区边缘 1 个像素宽的范围内添加与周围的图像相近的颜色,使选区看上去光滑。

如果选区大小不合适,可按住 Shift 键或 Alt 键进行增减选区的处理,如果创建的选区位置不正确,可以用方向键移动(此功能其他选择工具通用)。

(3)单行/单列选框工具:选择单行选框工具,在画面单击鼠标,可以创建高度为一个像素的选区;选择单列选框工具,在画面单击鼠标,可以创建宽度为一个像素的选区(在放开鼠标前拖动可移动选区),如图 2-4-13 和图 2-4-14 所示。

图 2-4-13　选区 1　　　　　　　　　　　　　图 2-4-14　选区 2

如果想同时创建多个单行或单列选区,或者同时创建单行、单列选区可按住 Shift 键在画面单击鼠标即可。

按下"Alt+Delete"组合键,在选区内填充前景色,按下"Ctrl+Delete"组合键,在选区内填充背景色,按下"Ctrl+D"组合键取消选择(此功能其他选择工具通用)。

4.4.2　套索工具

套索工具是用户利用鼠标自由指定选区的工具,在选区的起始点点击鼠标左键,并自由拖动鼠标随意移动到起始点,即可完成区域选择。套索工具包括"套索工具"、"多边形套索工具"和"磁性套索工具"。

(1)套索工具:选择套索工具,根据鼠标的移动可以随意选择选框区域。

(2)多边形套索工具:多边形套索工具则利用直线形式选择图片区域,一般有效利用于对多边形图片的选择中。

(3)磁性套索工具:磁性套索工具具有自动识别对象边缘的功能,如果对象的边缘较为清晰,与背景对比明显,使用该工具可以快速选择对象。

选择磁性套索工具,同时显示磁性套索工具的工具选项栏,如图 2-4-15 所示。

图 2-4-15　磁性套索工具的工具选项栏

■宽度:设置工具能检测到图像边缘的宽度。该值越大,检测的范围就越广,该值越低,检测的边缘越精确。

■对比度:用来设置工具感应图像边缘的灵敏程度。较高的数值只检测与它们的环境对比鲜明的边缘;较低的数值则检测低对比度边缘。如果图像的边缘对比清晰,可以将该值设置得高一些,如果边缘不是特别清晰,则该值应设置得低一些。

■频率:在使用磁性套索工具创建选区的过程中,会生成许多锚点,"频率"决定了锚点的数量。该值越大,生成锚点越多,捕捉到的边界越准确,但是过多的锚点会造成选区的边缘不够光滑。

■使用绘图板压力以更改钢笔宽度按钮:如果计算机配置有数位板,可以按下该按钮,Photoshop 会根据压力笔的压力自动调整工具的检测范围。

4.4.3　魔棒工具

使用魔棒工具可以快速选择色彩变化不大、并且颜色相近的区域。Photoshop 中包含两种魔棒工具，一种是"快速选择工具" ![icon]，另外一种是"魔棒工具" ![icon]。

（1）快速选择工具：快速选择工具能够利用可调整的圆形画笔笔尖快速"绘制"选区。在拖动鼠标时，选区会向外扩展并自动查找和跟随图像中定义的边缘。选择快速选择工具同时打开快速选择工具选项栏，如图 2-4-16 所示。

图 2-4-16　快速选择工具选项栏

■选区的创建方式：按下"新选区" ![icon] 按钮后，可创建一个新的选区；按下"添加到选区" ![icon] 按钮后，可在原选区的基础上添加绘制的选区；按下"从选区减去" ![icon] 按钮后，可在原选区的基础上减去当前绘制的选区。

■画笔：可更改画笔笔尖的大小。在绘制选区的过程中，按下右方括号键"]"，可增大快速选择工具画笔笔尖的大小；按下左方括号键"["，可减小快速选择工具画笔笔尖的大小。

■对所有图层取样：可基于所有图层创建一个选区。

■自动增强：可减少选区边界的粗糙度和块效应。"自动增强"自动将选区向图像边缘进一步流动并应用一些边缘调整，也可以通过在"调整边缘"对话框中使用"平滑"、"对比度"和"半径"选项手动应用这些边缘调整。

（2）魔棒工具：选择魔棒工具，将光标移至图像的背景上，单击鼠标创建选区。如果图像的色调变化较大，则单击的位置不同，选取的范围也会有所不同。按住 Shift 键在图像区域单击，可以增加选区的范围，按住 Alt 键在图像区域单击，可以减小选区的范围。

选择魔棒工具，同时打开魔棒工具选项栏。魔棒工具的工具选项栏中包含了决定工具性能的"容差"、"消除锯齿"、"连续"和"对所有图层取样"等重要选项，如图 2-4-17 所示。

图 2-4-17　重要选项

■容差：用来设置工具选择的颜色范围。该值较低时，只会选择与鼠标单击点像素非常相似的少数几种颜色；该值越高，选择的颜色范围就越广。

■连续：勾选该项时，只选择颜色连接的区域，取消该项的勾选，则选择整个图像中与鼠标单击点颜色相近的所有区域，包括没有连接的区域。

■对所有图层取样：勾选该项时，可以选择所有可见图层上颜色相近的区域；取消勾选则仅选择当前图层上颜色相近的区域。

第五节　色 彩 范 围

"色彩范围"可以在整个图像中选择指定范围内的图像，它与魔棒工具的选择原理相似，但该命令提供了更多的设置选项。

打开一个图像文件，执行"选择"→"色彩范围"命令，可以打开"色彩范围"对话框，如图 2-4-18 所示。在对话框中可以预览到选区，白色代表了被选择的区域，黑色代表未被选择的区域，灰色代表被部分选择的区域。

（1）选择：用来设置选区的创建依据。选择"取样颜色"时，使用对话框中的吸管工具，拾取的颜色为依据创

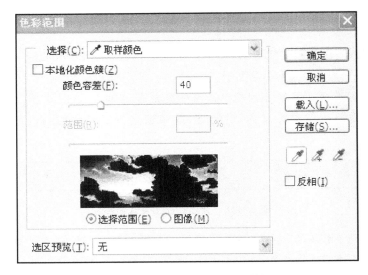

图 2-4-18 "色彩范围"对话框

建选区;选择"红色"、"黄色"或其他颜色,可以选择图像中特定的颜色,创建选区;选择"高光"、"中间调"和"阴影"时,可以选择图像中特定的色调,创建选区。

(2)颜色容差:用来控制颜色的选择范围,该值越大,包含的颜色范围就越广。

(3)选择范围:如果勾选"选择范围",在预览区域的图像中,白色代表了被选择的区域,黑色代表未被选择的区域,灰色为被部分选择的区域。

(4)图像:如果勾选"图像",则预览区内将显示彩色的图像。

(5)选区预览:用来选择在图像窗口预览选区的方式。选择"无",表示不在窗口显示选区的预览效果;选择"灰度",可以按照选区在灰度通道中的外观来显示选区;选择"黑色杂边",未被选择的区域上将覆盖一层黑色;选择"白色杂边",未被选择的区域上将覆盖一层白色;选择"快速蒙版",可以使用当前的快速蒙版设置显示选区,此时,未被选择的区域将覆盖一层宝石红色。

(6)载入:单击"载入"按钮,可以载入存储的选区预设文件。

(7)存储:单击"存储"按钮,可以将当前的设置保存。

(8)吸管工具:对话框中提供了三个吸管工具,使用它们在图像上或对话框的预览区中单击可以设置选区。使用普通吸管工具 ✐,可以将单击点的取样颜色设置为选区;使用添加到取样工具 ✐,可以将单击点的取样颜色添加到选区中;使用从取样中减去工具 ✐,可以将单击点的取样颜色从选区中减去。

(9)相反:勾选该项,可以反转选区,相当于创建了选区后,执行"反向"命令。

第六节 快速蒙版

快速蒙版是一种非常灵活的创建选区和编辑选区的工作方式。在快速蒙版状态下,可以使用绘画工具和滤镜编辑选区,也可以使用选框工具和套索工具修改选区。

快速蒙版允许通过半透明的蒙版区域对图像的部分区域保护,没有蒙版的区域则不受保护。设置快速蒙版后,可以用黑色、白色或其他颜色扩大、缩小或绘制非保护区,或者创建保护区和非保护区。当退出快速蒙版时,非保护区会转换为选区。

(1)建立快速蒙版模式:双击工具箱中的"以快速蒙版模式编辑" ⬭ 按钮或者执行"选择"→"在快速蒙版模式下编辑"命令,可以使当前图像切换到"快速蒙版"模式。这时在图像的标题栏里显示"快速蒙版"字样,并且在通道面板中自动生成一个快速蒙版通道层,如图 2-4-19 所示。

图 2-4-19　快速蒙版通道层

（2）设置保护和非保护区：执行通道面板菜单中的"快速蒙版选项"命令，打开对话框，如图 2-4-20 和图 2-4-21 所示。

图 2-4-20　快速蒙版选项

图 2-4-21　所选区域

■被蒙版区域：勾选该项，填充被保护区域颜色。

■所选区域：勾选该项，填充未被保护区域颜色。

■颜色：点击颜色缩览图，可在拾色器中编辑填充的颜色。

■不透明度：不透明度：用来设置蒙版颜色的不透明度，范围均 0%～100%。蒙版的不透明度越高，被蒙版覆盖的图像的显示程度就越低。

如果用画笔工具，可以通过涂抹来增加或减小蒙版的区域。当前景色为黑色时，涂抹为增加蒙版区域，如果为白色，涂抹为减小蒙版区域。当前景色设置为彩色时，"设置前景色"显示为灰色，涂抹效果介于黑白之间，形成选区以后也就是羽化效果。

第七节　编辑选区

4.7.1　调整边缘

"调整边缘"命令可以提高选区边缘的品质并允许对照不同的背景查看选区，以实现轻松编辑选区的目的。执行"选择"→"调整边缘"命令，就可以打开"调整边缘"对话框，如图 2-4-22 所示。

（1）视图模式：单击"视图"缩览图，展开模式面板，选择需要的视图模式，如图 2-4-23 所示。

（2）显示半径/显示原稿：勾选"显示半径"项，可显示修改后的边缘；勾选"显示原稿"项，则显示选区内图像；两者皆勾选则显示选区图像。

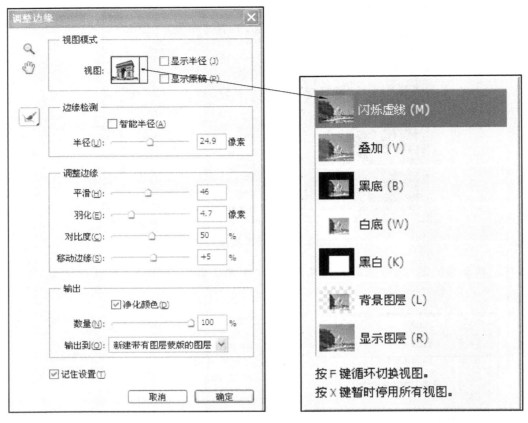

图 2-4-22 "调整边缘"对话框   图 2-4-23 视图模式

（3）调整半径工具按钮 ：可以对选区边缘进行半径调整。

（4）涂抹调整工具按钮 ：对修改过半径的边缘进行涂抹可以恢复原始边缘。

（5）边缘检测：通过滑块或参数可以修改边缘半径或智能半径。

（6）调整边缘：可以调整选区边缘的平滑度、羽化、对比度及选区的范围。

（7）输出：设置净化颜色和选区输出模式。

4.7.2 修改选区

创建了选区后，有时须要对选区进行编辑，才能使选区符合要求。"选择"→"修改"下拉菜单中的命令可以对当前的选区进行扩展、收缩等编辑操作，如图 2-4-24 所示。

图 2-4-24 修改选区

4.7.3 扩大选取与选取相似

如果创建了选区，则执行"选择"→"扩大选取"命令和"选择"→"选取相似"命令时，Photoshop 会查找并选择那些与当前选区中的像素颜色和色调相近的像素，从而扩大选择区域。选区的扩大范围以魔棒工具选项栏中的"容差"值为基准，"容差"值越高，选区扩展的范围就越大。

在扩大选区时,"扩大选取"命令可以将选区扩大到与当前选区相邻的具有相似像素的区域,而"选取相似"命令可以将选区扩大到整个图像中位于容差范围内的像素,包括没有相邻的像素。

4.7.4　变换选区

创建了选区后,执行"选择"→"变换选区"命令,可以单独对选区进行旋转缩放等变换操作,选区内的图像不会受到影响。如果执行"编辑"菜单中的"变换"命令进行操作,则选区连同选区内的图像都会发生变换。

4.7.5　存储选区

执行"选择"→"存储选区"命令,可以将制作的选区保存到 Alpha 通道中,以后须要使用该选区时,可执行"载入选区"命令将选区载入。

4.7.6　载入选区

存储选区后,执行"选择"→"载入选区"命令,可以将选区载入到图像中。

第五章

矢量工具与路径 <<<

■本章内容■

　　了解位图和矢量图的特征,了解形状图层、路径和填充像素,学习用钢笔工具和形状工具创建路径,学习编辑锚点和路径,创建自定义形状,掌握路径运算的方法,掌握填充路径和描边路径的方法,了解如何输出剪贴路径。

　　计算机图形主要分为两类,一类是位图图像,另外一类是矢量图形。Photoshop 是典型的位图软件,但它也包含有矢量功能,利用矢量工具,可以创建矢量图形和路径。了解两类图形的差异对于创建、编辑和导入图片是很有帮助的。

第一节　矢　量　工　具

　　在 Photoshop 中,创建矢量图形和路径的矢量工具主要有钢笔工具和图形工具。

5.1.1　钢笔工具

　　点击钢笔工具 ✒ 右下角黑三角,在下拉列表中有五种工具供我们选择,它们分别是"钢笔工具"、"自由钢笔工具"、"添加锚点工具"、"删除锚点工具"和"转换点工具",如图 2-5-1 所示。

　　(1) 钢笔工具(P) ✒ :钢笔工具可以创建精确的直线和曲线路径。它在 Photoshop 中主要有两种用途:一是绘制矢量图形,二是选取对象。在作为选取工具使用时,钢笔工具描绘的轮廓光滑、准确,是最为精确的选取工具之一。

　　选择钢笔工具后,在工具选项栏中单击"几何选项"按钮,可以打开"钢笔选项"下拉面板,面板中有一个"橡皮带"选项,勾选该选项后,在绘制路径时,可以预先看到将要创建的路径段,从而可以判断出路径的走向。

　　(2) 自由钢笔工具(P) ✒ :自由钢笔工具,用来绘制比较随意的图形,它的特点和使用方法都与套索工具非常相似,使用它绘制路径就像使用画笔在纸上绘图佯。选择该工具后,往画面中单击并拖动鼠标即可绘制路径,路径的形状为光标运行的轨迹,Photoshop 会自动为路径添加锚点,因而无须设定锚点的位置。如图 2-5-2 所示为使用自由钢笔工具绘制的自由路径。

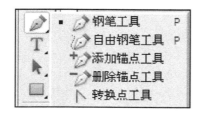

图 2-5-1　钢笔工具

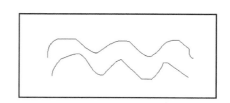

图 2-5-2　自由路径

　　(3) 磁性钢笔工具:选择自由钢笔工具后,在工具选项栏中勾选"磁性的"选项,可将自由钢笔工具变为磁性钢笔工具。磁性钢笔工具的特点和使用方法都与磁性套索工具非常相似,它能够自动找到反差较大的边缘,并沿着边缘绘制路径。在使用该工具时只须沿着对象边缘单击鼠标,然后放开鼠标按键,沿对象边缘拖动鼠标即可。

单击工具选项栏中的"几何选项"按钮,可打开"自由钢笔选项"下拉面板,如图 2-5-3 所示,其中"曲线拟合"选项是自由钢笔工具和磁性钢笔工具的共同选项,而"磁性的"和"钢笔压力"选项是来控制磁性钢笔工具的性能。

图 2-5-3 自由钢笔选项

■曲线拟合:用来控制最终路径对鼠标或压感笔移动的灵敏度。可输入 0.5～10.0 像素之间的值,该值越高,路径的锚点越少,路径也就越简单。

■磁性的:"磁性的"中包含"宽度"、"对比"和"频率"三个选项。其中"宽度"用来设置磁性钢笔工具的检测范围,可输入 1～256 之间的像素值,该值越高,工具的检测范围就越广,"对比度"用来设置工具对于图像边缘的敏感度,如果图像的边缘与背景的色调比较接近,可将该值设置得大一些。"频率"用来指定钢笔布置锚点的密度,该值越高,路径锚点越多。

■钢笔压力:如果计算机配置有数位板,则可以选择"钢笔压力"选项。当选择该项时,钢笔压力的增加将导致工具的检测宽度减小。

(4)添加锚点工具 :添加锚点工具可以在路径上添加锚点。选择该工具后,将光标移至路径上,待光标显示为"钢笔加号"状时,单击鼠标即可添加一个角点,如果单击并拖动鼠标,则可添加一个平滑点。

(5)删除锚点 :删除锚点工具可以删除路径上的锚点。选择该工具后,将光标移至路径的锚点上,待光标显示为"钢笔减号"状时,单击鼠标可删除该锚点。如果选择锚点后,按下 Delete 键也可删除锚点,但该锚点两侧的路径段也同时被删除。如果当前的路径为闭合式路径,它将变为开放式路径。

(6)转换点工具 :用来转换锚点的类型,它可将角点转换为平滑点,也可以将平滑点转换为角点。选择该工具后,将光标移至路径的锚点上,如果该锚点是平滑点,单击该锚点可将其转换为角点;如果该锚点是角点,单击该锚点并拖动鼠标可将其转换为平滑点。

5.1.2 图形工具

Photoshop 中的图形工具包括"矩形工具"、"圆角矩形工具"、"椭圆工具"、"多边形工具"、"直线工具"和"自定形状工具"。点击矩形工具 右下角黑三角,可以展开上述工具箱,如图 2-5-4 所示。

使用图形工具可以创建各种几何形状的矢量图形,也可以从大量的预设形状中选择需要的形状进行绘制,如图 2-5-5 所示。

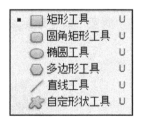

图 2-5-4 图形工具

图 2-5-5 预设形状

(1)矩形工具 :矩形工具是用来绘制矩形和正方形的工具。选择该工具后,在画面单击并拖动鼠标可创建矩形图形或矩形路径,按住 Shift 键拖动鼠标则可以创建正方形。

矩形工具的工具选项栏有三种显示方式,除钢笔工具提到的"形状图层"和"路径"绘制模式以外,还有"填充像素"绘制模式。

单击工具选项栏中"几何选项"按钮,可以打开"几何选项"面板,如图 2-5-6 所示。在下面板中可以设置矩形的创建方法。

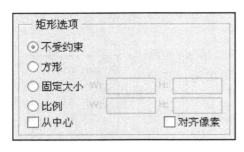

图 2-5-6　矩形选项

■不受约束：勾选该项后，拖动鼠标时可创建任意大小的矩形。

■方形：勾选该项后，拖动鼠标时可创建任意大小的正方形。

■固定大小：勾选该项后，可在它右侧的数值栏中输入数值，W 代表了矩形的宽度，H 代表矩形的高度。单击鼠标，就可创建当前设置的尺寸大小的矩形。

■比例：勾选该项后，可在它右侧的数值栏中输入数值，W 代表了矩形宽度的比例，H 代表矩形高度的比例。拖动鼠标，无论创建多大的矩形，矩形的宽度和高度都保持设置的比例。

■从中心：勾选该项后，在以任何方式创建矩形时，鼠标在图像中的单击点即为矩形的中心，拖动鼠标时矩形将由中心向外扩展。

■对齐像素：勾选该项后，矩形的边缘与像素的边缘重合，图形的边缘不会出现锯齿，取消勾选择矩形边缘会出现模糊的像素。

（2）圆角矩形工具 ▢：圆角矩形工具是用来创建圆角矩形的工具。选择该工具后，在画面中单击并拖动鼠标可创建任意大小的圆角矩形。圆角矩形的工具选项栏与矩形工具的选项栏基本相同，在它的工具选项栏中包含一个"半径"选项，如图 2-5-7 所示。

图 2-5-7　"半径"选项

■半径：用来设置四角矩形的圆角半径，该值越高，圆角的范围越广。

（3）椭圆工具 ⬭：椭圆工具是用来创建椭圆形和圆形的工具。选择该工具后，在画面中单击并拖动鼠标可创建椭圆形，按住 Shift 键拖动鼠标则可以创建圆形。椭圆工具的工具选项栏与矩形工具选项栏基本相同。

（4）多边形工具 ⬡：多边形工具是用来创建多边形和星形的工具。选择该工具后，可在工具选项栏中设置多边形或星形的边数，范围为 3～100。在画面中单击并拖动鼠标可按照预设的边数创建多边形或星形。在该工具的选项栏中按下"几何选项"三角按钮，打开"多边形选项"面板，在面板中可以设置多边形的选项，如图 2-5-8 所示。

■半径：可设置多边形或星形的半径长度，在画面中单击并拖动鼠标时，就会创建指定半径值的多边形或星形。

■平滑拐角：勾选该项后，可创建具有平滑拐角的多边形和星形。如图 2-5-9 和图 2-5-10 所示为未勾选该项和勾选该项创建的星形。

图 2-5-8　多边形选项

图 2-5-9　星形 1

图 2-5-10　星形 2

■星形：勾选该项后，拖动鼠标时可创建星形。

■缩进边依据：用来设置星形边缘向中心缩进的数量，该值越大，缩进量越大。

■平滑缩进：勾选该项，可以使星形的边平滑地向中心缩进。

（5）直线工具 ∕：直线工具是用来创建直线和带有箭头的线段的工具。选择该工具后，在画面上拖动鼠标即可创建直线或线段，按住 Shift 键可创建水平、垂直或以 45°角为增量的直线。除了可以在该工具的选项栏中设置直线的粗细外，该工具的"几何选项"中还包含了箭头的设置选项，如图 2-5-11 所示。

■起点∕终点：勾选"起点"，可在直线的起点处添加箭头；勾选"终点"，可在直线的终点处添加箭头；两项都勾选，则起点和终点都会添加箭头，如图 2-5-12 所示为三种方法所创建的箭头。

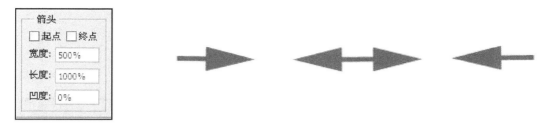

图 2-5-11 "箭头"对话框   图 2-5-12 箭头

■宽度：用来设置箭头宽度和直线宽度的百分比，范围为 10％～1 000％。

■长度：用来设置箭头的长度与直线宽度的百分比，范围为 10％～5 000％。

■凹度：用来设置箭头的凹陷程度，范围为 -50％～50％。当该值为 0％时，箭头尾部平齐，该值大于 0％时，箭头尾部向内凹陷，小于 0％ 时，向外凸出，如图 2-5-13 所示。

图 2-5-13 箭头的凹陷程度

（6）自定形状工具 ：自定形状工具是用来创建 Photoshop 预设形状的，以及自定义的形状。选择该工具后，在工具选项栏的形状下拉面板中选择一种形状，然后在画面中单击并拖动鼠标便可创建图形。点击工具选项栏中的"几何选项"按钮，可以打开一个下拉面板。在面板中可以设置自定形状选项，它的设置方法与前面的其他形状工具设置方法基本相同。

■载入形状：Photoshop 提供了大量的自定义形状，包括箭头、标志、指示牌等。选择"自定形状工具"后，单击工具选项栏"形状"选项右侧的黑三角按钮，可以打开下拉面板，在面板中可以选择这些形状。

单击下拉面板右上角的黑三角按钮，可以打开面板菜单，在菜单的底部包含了 Photoshop 提供的预设形状库，选择一个形状库后，可以打开一个提示对话框，如图 2-5-14 所示。单击"确定"按钮，可用载入的形状替换面板中原有的形状，单击"追加"按钮，可在面板中原有形状的基础上添加载入的形状；单击"取消"按钮，可取消操作。执行面板菜单中的"载入形状"命令，可以在打开的对话框中载入外部形状，形状文件的类型为 *．CSH。

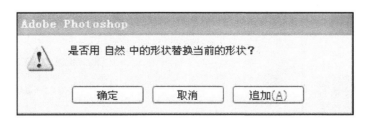

图 2-5-14 提示对话框

■创建自定义形状：在 Photoshop 中，可以将自己绘制的形状保存为自定义的形状，这样在以后需要这种形状时，便可以随时调用了。用钢笔工具绘制路径图形，如图 2-5-15 所示。执行"编辑"→"定义自定形状"命令，打开"形状名称"对话框，如图 2-5-16 所示，给新建形状命名，单击"确定"按钮，自定义形状完成。

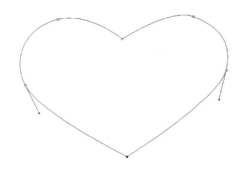

图 2-5-15　用钢笔工具绘制路径图形

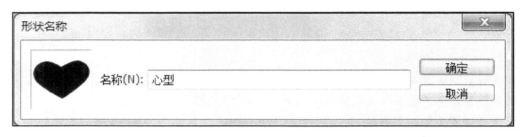

图 2-5-16　"形状名称"对话框

第二节　矢量工具的创建内容

Photoshop 中的矢量工具可以创建不同类型的对象,包括形状图层,工作路径和填充像素。在选择了矢量工具后,在工具选项栏中按下相应的按钮,指定一种绘制模式,然后才能进行操作。如图 2-5-17 所示为"自定形状工具"的选项栏中包含的绘制模式。

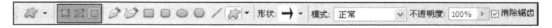

图 2-5-17　自定形状工具

5.2.1　形状图层

按下工具选项栏中的"形状图层" ⬚ 按钮后,可在单独的形状图层中创建形状,形状图层由填充区域和形状两部分组成,填充区域定义为形状的颜色、图案和图层的不透明度;形状则是个矢量蒙版,它定义为图像显示和隐藏区域。如图 2-5-18 所示是用钢笔工具创建的形状图层。

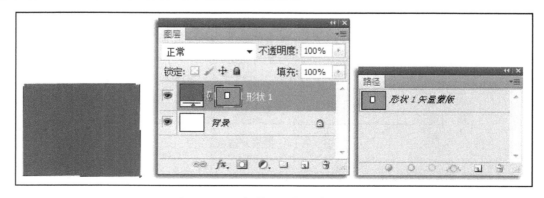

图 2-5-18　用钢笔工具创建的形状图层

5.2.2　工作路径

按下"路径"按钮后,可绘制工作路径,出现在"路径"面板中,如图 2-5-19 所示,为自定形状工具创建的路径及路径面板上的缩览图。创建工作路径后,可以使用它来创建选区、创建矢量蒙版,或者对路径进行填充和描边,从而得到光栅化的图像。在通过绘制路径选取对象时,须要按下该按钮。

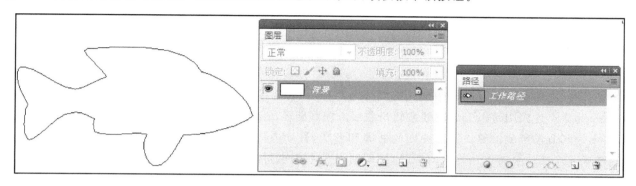

图 2-5-19　"工作路径"面板

5.2.3　填充区域

按下"填充像素" 按钮后,绘制的将是光栅化的图像,而不是矢量图形。在创建填充区域时,Photoshop 使用前景色作为填充颜色,此时"路径"面板中不会创建工作路径,"图层"面板中可以创建光栅化的图像,但不会创建形状图层,如图 2-5-20 所示。该选项不能用于钢笔工具,只有使用各种形状工具时,才能按下该按钮。

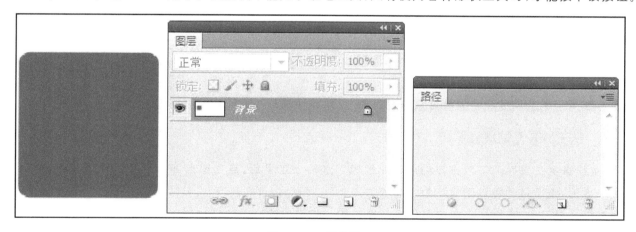

图 2-5-20　形状图层

第三节　路径与锚点

要想掌握 Photoshop 的矢量工具,必须先要了解路径与锚点。

5.3.1　路径

路径是可以转换为选区或者使用颜色填充和描边的轮廓,它既可以转换为选区,也可以进行填充或描边。路径分为两种:一种是包含起点和终点的开放式路径,另一种是没有起点和终点的闭合式路径。路径如图 2-5-21 所示。

图 2-5-21　路径

5.3.2　锚点

　　连接折线、曲线路径的点就是锚点。锚点分为两种：一种是平滑点，一种是角点。平滑点连接可以形成平滑的曲线，而角点连接则可以形成直线或转角曲线。曲线路径段上的锚点都包含有方向线，方向线的端点为方向点，方向线和方向点的位置决定了曲线的曲率和形状，移动方向点能够改变方向线的角度和方向，从而改变曲线的形状。当移动平滑点上的方向线时，将同时调整平滑点两侧的曲线路径段，而移动角点上的方向线时，只能调整与方向线同侧的曲线路径段，如图 2-5-22 所示。

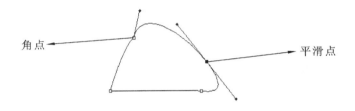

角点　　　　　　　　　　　　　　　　平滑点

图 2-5-22　曲线路径段

第四节　编 辑 路 径

　　要想使用钢笔工具准确地描摹对象的轮廓，必须熟练地掌握锚点和路径的编辑方法。

5.4.1　选择锚点和路径段

　　用"直接选择工具" ，可以选择锚点和路径段。选择该工具后，点击锚点即可选择该锚点，被选中的锚点显为实心方形，未选择的锚点则显示为空心的方形。

　　用直接选择工具，在路径上点击可以选择路径段。如果要选择多个路径段，可以使用该工具在须要选择的路径段上单击并拖动出一个矩形框，将这些路径段框选。如果要取消选择锚点、路径段，在画面的空白处单击鼠标即可。

　　通过框选的方式选择锚点和路径段时，按住 Shift 键单击未被选取的锚点可以添加选取；按住 Shift 键单击被选取的锚点可排除对它的选取；按住 Alt 键单击某一路径段，可选取该路径段及路径段上的所有锚点。

5.4.2　移动锚点和路径段

　　选择锚点或路径段后，单击并拖动鼠标可将其移动。移动锚点和路径段都会改变路径的形状。

5.4.3　选择路径

　　用"路径选择工具" 单击路径即可选择路径，也可在画面中单击并拖出矩形框，选择矩形框范围内的多个路径。如果勾选工具选项栏中的"显示定界框"选项，则被选择的路径会显示出定界框，如图 2-5-23 所示。

图 2-5-23　选择路径

选择路径后,如果要继续添加选择其他路径,可按住 Shift 键单击这些路径,也可框选。选择路径后,单击并拖动鼠标即可移动选择的路径。

5.4.4　调整方向线

使用"直接选择工具"，在路径上单击锚点和方向线,拖动方向点可以调整方向线,从而修改路径的形状。在拖动平滑点上的方向点时,两条方向线始终保持为一条直线状态,此时锚点两侧的路径段都会发生改变,如图 2-5-24 所示。

如果当前使用的工具为"转换点工具"，则可以单独调整平滑点两侧的任意一侧的方向线,而不会影响到另外一侧的方向线和该侧的路径段,如图 2-5-25 所示。

图 2-5-24　锚点两侧的路径段

图 2-5-25　转换点工具

如果当前使用的工具是"钢笔工具",将光标移至锚点的方向点上,按住 Ctrl 键可切换到"直接选择工具";按住 Alt 键,可将"钢笔工具"切换为"转换点工具"。

5.4.5　路径的运算

路径不一定非得是由系列路径段连接起来的一个整体,它也可以是由多个彼此完全不同并且相互独立的路径单元组成的,这些路径单元被称为子路径。如图 2-5-26 所示的图形便是由两个子路径组成的形状。

在使用钢笔工具或形状工具创建多个子路径时,可以在工具选项栏中按下相应的路径区域按钮,以确定子路径的重叠区域会产生怎样的交叉结果,如图 2-5-27 所示为钢笔工具选项栏中的路径区域按钮。

另外,在创建路径后,也可使用"路径选择工具",选择多个子路径来进行运算操作。如图 2-5-28 为"路径选择工具"选项栏中的路径区域按钮。

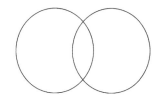

图 2-5-26　两个子路径组成的形状

图 2-5-27　路径区按钮

图 2-5-28　"路径选择工具"选项栏中的路径区域按钮

（1）添加到形状区域（＋）：单击该按钮,可将路径区域添加到重叠路径区域,如图 2-5-29 所示。

（2）从形状区域减去（－）：单击该按钮,可将路径区域从重叠路径区域中移去,如图 2-5-30 所示。

（3）交叉形状区域 ：单击该按钮，可将区域限制为所选路径区域和重叠路径区域的交叉区域，如图 2-5-31 所示。

（4）重叠形状区域除外 ：单击该按钮，则可排除重叠区域，如图 2-5-32 所示。

| 图 2-5-29　添加到重叠路径区域 | 图 2-5-30　将路径区域从重叠路径区域中移去 | 图 2-5-31　交叉形状区域 | 图 2-5-32　重叠形状区域除外 |

5.4.6　路径的变换操作

路径和形状也可以进行缩放、旋转、斜切、扭曲等变换操作。选择路径后，"编辑"菜单中的"变换"命令将变为"变换路径"命令，如图 2-5-33 所示。执行"变换路径"下拉菜单中的命令可以显示定界框，如图 2-5-34 所示。拖动定界框上的控制点即可对路径进行变换操作。如果选择了多个路径段（而不是整个路径），则"变换路径"命令又将变为"变换点"命令，通过执行该命令可以对路径段进行变换。

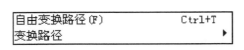

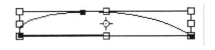

图 2-5-33　"变换路径"命令　　　　　　图 2-5-34　显示定界框

5.4.7　路径的对齐与分布

"路径选择工具"的工具选项栏中包含路径对齐与分布的选项，如图 2-5-35 所示。

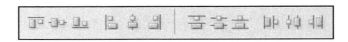

图 2-5-35　路径选择工具

（1）对齐路径：工具选项栏中的对齐选项包括"顶对齐"按钮、"垂直居中对齐"按钮，"底对齐"按钮、"左对齐"按钮、"水平居中对齐"按钮和"右对齐"按钮六种。使用路径选择工具选择须要对齐的路径后，单击工具选项栏中的一个对齐按钮即可进行路径的对齐操作。如图 2-5-36 所示为不同对齐后路径效果。

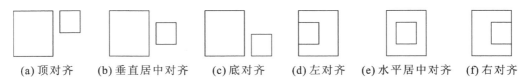

(a) 顶对齐　(b) 垂直居中对齐　(c) 底对齐　(d) 左对齐　(e) 水平居中对齐　(f) 右对齐

图 2-5-36　不同对齐后路径效果

（2）分布路径：工具选项栏中的分布选项包括"按顶分布"按钮、"垂直居中分布"按钮、"按底分布"按钮、"按左分布"按钮、"水平居中分布"按钮和"按右分布"按钮六种。要分布路径，应至少选择三个路径组件，然后单击工具选项栏中的一个分布按钮即可进行路径的分布操作。如图 2-5-37 所示为按下不同按钮的分布结果。

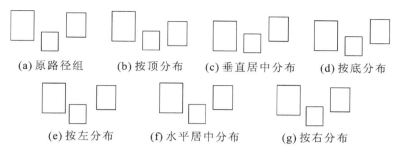

(a)原路径组　(b)按顶分布　(c)垂直居中分布　(d)按底分布

(e)按左分布　(f)水平居中分布　(g)按右分布

图 2-5-37　按下不同按钮的分布结果

第五节　路 径 面 板

在编辑路径的同时,可以通过菜单栏"窗口"→"路径"打开"路径"面板,如图 2-5-38 所示。路径面板中可以显示每条存储的路径,当前工作路径和当前矢量蒙版的名称和缩览图及按钮。通过面板可以保存和管理路径。

（1）路径:当前文件中包含的路径。

（2）工作路径:当前文件中包含的临时路径。

（3）矢量蒙版:当前文件中包含的矢量蒙版。

（4）用前景色填充路径 ⬤ :用前景色填充路径区域。

（5）用画笔描边路径 ⭕ :用画笔工具描边路径。

（6）将路径作为选区载入 ⭕ :将当前选择的路径转换为选区。

（7）从选区生成工作路径 ⬡ :从当前的选区中生成工作路径。

（8）创建新路径 ▣ :可创建新的路径。

（9）删除当前路径 🗑 :可删除当前选择的路径。

图 2-5-38　"路径"面板

5.5.1　工作路径

使用钢笔工具或形状工具绘制的路径为工作路径,是出现在"路径"面板中的临时路径。如果要将工作路径保存,可在"路径"面板中双击它的名称,在打开的"存储路径"对话框中为它设置名称,然后单击"确定"按钮关闭对话框即可,如图 2-5-39 所示;也可将工作路径的名称拖至面板底部的"创建新路径"按钮上进行保存,或者执行"路径"面板菜单中的"存储路径",然后在打开的"存储路径"对话框中输入新的路径名,再将其保存,如图 2-5-40 所示。

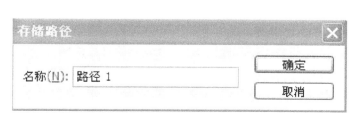

图 2-5-39　"存储路径"对话框

图 2-5-40　存储路径

5.5.2　新建路径

单击"路径"面板中的"创建新路径" ⏹ 按钮,可新建路径。执行"路径"面板菜单中的"新建路径"命令,或者按住 Alt 键单击面板中的"创建新路径"按钮,可以打开"新路径"对话框,在对话框中可以输入路径的名称,单击"确定"也可以新建路径,如图 2-5-41 所示。

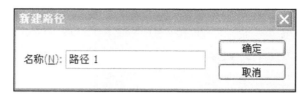

图 2-5-41　"新建路径"对话框

5.5.3　选择路径与隐藏路径

(1)选择路径:单击"路径"面板中的路径即可选择该路径。在"路径"面板的空白处单击鼠标,则可以取消对路径的选择。

(2)隐藏路径:创建路径后,画面中会始终显示该路径。如果在画面中处理其他元素,不想让路径造成干扰,可接按下"Ctrl+H"组合键便隐藏画面中的路径。再次按下该快捷键可以显示该路径。

5.5.4　复制路径

在编辑路径时,往往一条路径达不到想要的效果,或者为了方便达到某种编辑效果,需要两种或两种以上同样的路径,如果选择新建路径势必麻烦,这样就可以对原有的路径进行复制。路径复制一般有两种方式。

(1)在面板中复制:将须要复制的路径拖至"路径"面板中的"创建新路径" ⏹ 按钮上复制该路径,也可选择路径后,执行面板菜单中的"复制路径"命令,在打开的"复制路径"对话中输入新路径的名称,然后单击"确定"按钮进行复制。

(2)通过剪贴板复制:用"路径选择工具"选择画面中的路径后,执行"编辑"→"拷贝"命令("Ctrl+C"组合键),可以将路径复制到剪贴板中。执行"编辑"→"粘贴"命令("Ctrl+V"组合键),可将拷贝的路径粘贴至当前画面上,也可以粘贴至其他画面。

5.5.5　删除路径

在"路径"面板中选择须要删除的路径后,单击"删除当前路径" 🗑 按钮,或者执行面板菜单的"删除路径"命令,即可将其删除。也可将路径直接拖至"删除当前路径"按钮上进行删除,用路径选择工具选择路径后,按下 Delete 键也可以将其删除。

图 2-5-42　路径菜单面板

5.5.6　路径菜单

路径菜单列出了编辑路径的一系列命令,有的命令功能和作用与本章前面介绍的一些按钮、命令相同。单击路径面板右上角的路径菜单按钮 ☰,可以打开路径菜单面板,如图 2-5-42 所示。

"新建路径"、"复制路径"和"删除路径"命令前面已经讲解,这里就不再介绍。

(1)建立工作路径:可以把当前选区建立为工作路径。建立选区,执行该命令,打开"建立工作路径"对话框,设置容差值单击"确定"按钮即可,如图 2-5-43 所示。

(2)建立选区:执行该命令,打开"建立选区"对话框,设置后可以将当前路径建立为选区,相当于"将路径作为选区载入"按钮 ⭕,如图 2-5-44 所示。

图 2-5-43 "建立工作路径"对话框

图 2-5-44 "建立选区"对话框

■羽化半径：输入数字，可以控制选区的羽化程度。

■消除锯齿：勾选该项，可以消除选区锯齿，使选区边缘更光滑。

■操作："操作"下的四个选项相当于第四章"选区运算"中 、 、 、 四个按钮的功能。

（3）填充路径：执行该命令，可以打开"填充路径"对话框，设置后可以对当前的闭合路径进行填充，如图 2-5-45 所示。

■内容：可以选择路径填充的颜色、图案、历史记录等。

■混合：设置路径填充的模式、不透明度等。

■渲染：设置路径填充的羽化程度和边缘的光滑程度。

（4）描边路径：相当于"用画笔描边路径" 按钮。

（5）剪贴路径：在路径上应用剪贴路径，其他部分则设置为透明状态。

（6）面板选项：执行该命令，在弹出的"路径面板选项"对话框中调整路径面板的预览图标大小，如图 2-5-46 所示。

（7）关闭 /关闭选项卡组：执行这两个命令，都能关闭路径。

图 2-5-45 "填充路径"对话框

图 2-5-46 "路径面板选项"对话框

第六章

绘画与图像编辑 ◀◀◀

■本章内容■

　　学习前景色和背景色的设置方法,掌握绘画工具和"画笔"面板的使用方法,学习使用修复与润饰工具,学习使用擦除工具,掌握"消失点"滤镜的使用方法,掌握"镜头校正"滤镜的使用方法,掌握渐变的创建与编辑方法,掌握图案的创建方法。

第一节　颜色的设置

　　颜色设置是进行图像修饰与编辑前应掌握的基本技能。在 Photoshop 中,可以通过很多种方法设置颜色,例如,可以用吸管工具拾取图像的颜色,也可使用"颜色"面板或"色板"面板设置颜色。

6.1.1　前景色和背景色

　　前景色和背景色是用户当前使用的颜色。工具箱中包含前景色和背景色的设置选项,它由设置前景色、设置背景色、切换前景色和背景色及默认前景色和背景色等部分组成,如图 2-6-1 所示。

　　(1) 设置前景色和背景色:单击设置前景色或背景色颜色块,可以在打开的"拾色器"中设置颜色,也可以在"颜色"面板和"色板"面板中设置它们的颜色,或者使用吸管工具拾取图像中的颜色作为前景色或背景色("颜色"面板和"色板"面板可以从"窗口"菜单中调出)。

　　(2) 切换前景色和背景色:单击切换前景色和背景色图标⤵,或者单击 X 键,可以切换前景色与背景色的颜色。

　　(3) 单击默认前景色和背景色图标▣,或者单击 D 键,可以将前景色和背景色恢复为默认的设置状态,即前景色为黑色,背景色为白色。

　　(4) 取样大小:用来设置"吸管工具"✒拾取颜色范围的大小。在"吸管工具"选项栏选择"取样点",可拾取光标所在位置像素的精确颜色;选择"3×3 平均",可拾取光标所在位置 3 个像素区域内的平均颜色;选择"5×5平均",可拾取光标所在位置 5 个像素区域内的平均颜色。其他选项则依此类推,如图 2-6-2 所示。

图 2-6-1　前景色和背景色组成　　　　　　　　**图 2-6-2　取样大小**

6.1.2　拾色器

　　单击工具箱中的前景色或背景色图标,可以打开"拾色器",如图 2-6-3 所示。在"拾色器"中可以基于 HSB(色相、饱和度、亮度),RGB(红色、绿色、蓝色),Lab,CMYK(青色、洋红色、黄色、黑色)等颜色模式指定颜色。还可以将拾色器设置为只能从 Web 安全色或几个自定颜色系统中选取颜色。

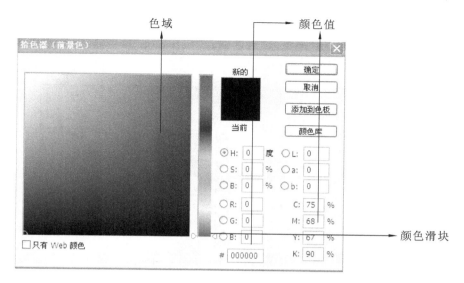

图 2-6-3　拾色器

（1）色域：在"色域"中拖动鼠标可以改变当前拾取的颜色。

（2）新的／当前："新的"颜色块中显示的是当前设置的颜色，"当前"颜色块中显示的是上一次使用的颜色，单击该图标，可将当前颜色设置为上一次使用的颜色。

（3）颜色滑块：拖动颜色滑块可以调整颜色范围。

（4）颜色值：输入颜色值可精确设置颜色。在"CMYK"颜色模式下，以青色、洋红色、黄色和黑色的百分比指定每个分量的值；在"RGB"颜色模式下，指定 0 到 255 之间的分量值（0 是黑色，255 是纯色），在"HSB"颜色模式下，百分比指定饱和度和亮度，以 0°到 360°的角度（对应于色轮上的位置）指定色相；在"Lab"模式下，输入 0 到 100 之间的亮度值（L）及－128 到＋127 之间的 A 值（绿色到洋红色）和 B 值（蓝色到黄色）；在"♯"文本框中，可以输入一个十六进制值，例如 000000 代表黑色，ffffff 代表白色，ff0000 代表红色。

（5）溢色警告 ⚠：由于 RGB、HSB 和 Lab 颜色模式中的一些颜色在 CMYK 模式中没有等同的颜色，因此无法打印出来。如果当前设置的颜色是不可打印的颜色，便会出现该警告标志。CMYK 中与这些颜色最接近的颜色显示在警告标志的下面，单击小方块可将当前颜色替换为小方块中的颜色。

（6）非 Web 安全色警告 🔲：如果出现该标志，表示当前设置的颜色不能在网上正确显示。单击警告标志下面的小方块，可将颜色替换为最接近的 Web 安全颜色。

（7）只有 Web 颜色：勾选该项，在色域中只显示 Web 安全色，如图 2-6-4 所示。此时拾取的任何颜色都是 Web 安全颜色。

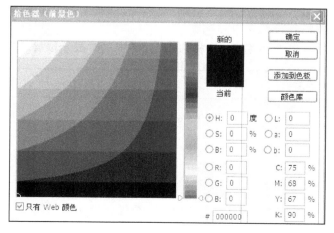

图 2-6-4　拾色器（前景色）

（8）添加到色板：单击该按钮，可以将当前设置的颜色添加到"色板"面板。

（9）颜色库：单击该按钮，可以切换到"颜色库"对话框。Photoshop"拾色器"支持各种颜色系统，所以在"颜色库"中有七种颜色系统可以选择，如图 2-6-5 所示。

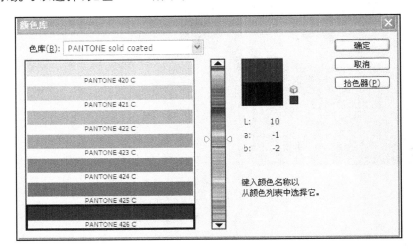

图 2-6-5　颜色库

6.1.3　"色板"面板

执行"窗口"→"色板"命令，打开"色板"面板。"色板"中的颜色都是预先设置好的。鼠标光标移至色板，则变成吸管状，单击某一颜色样本，即可将其设置为前景色；如果按住 Ctrl 键单击某一颜色样本，可将其设置为背景色。

单击"色板"下方的"创建前景色的新色板"按钮　，可以设置当前的前景色为新色样本；单击右上角的设置按钮　，打开色板菜单，可以对"色板"进行编辑。

6.1.4　"颜色"面板

执行"窗口"→"颜色"命令，打开"颜色"面板。如果要编辑前景色，可单击前景色块；如果要编辑背景色，则应单击背景色块。在 RGB 数值栏中输入数值，或者拖动滑块可以调整颜色。将光标移至面板下面的四色曲线图上，光标会显示为吸管状，单击可拾取当前位置的颜色。

6.1.5　吸管工具

在工具箱上选择"吸管工具"　，将光标移至图像上，单击，可拾取单击点的颜色并将其作为前景色，按住 Alt 键单击，可拾取单击点的颜色并将其设为背景色。

吸管工具的工具选项栏比较简单，只包含"取样大小"、"样本"和"显示取样环"选项，如图 2-6-6 所示。

图 2-6-6　吸管工具

第二节　画笔编辑

"画笔"设置是非常重要的，它可以设置各种绘画工具、图像修复工具、图像润饰工具和擦除工具的工具属性和描边效果。

6.2.1　"画笔"面板

执行"窗口"→"画笔"命令,或者单击工具选项栏中的"切换画笔面板" 按钮,可以打开"画笔"面板,如图2-6-7所示。

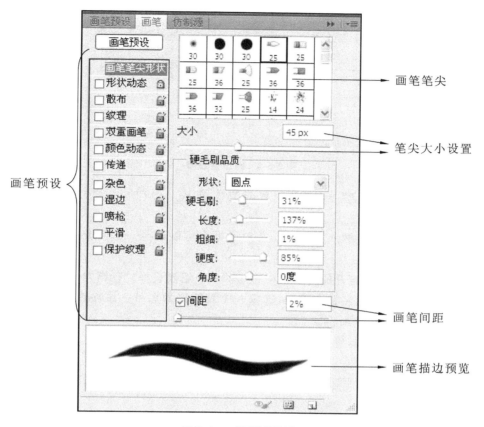

图 2-6-7　"画笔"面板

（1）画笔预设:单击"画笔设置"中的选项,面板中会显示该选项的详细设置内容,它们用来改变画笔的大小和形态。

（2）锁定状态/未锁定状态:显示锁定状态标志 时,当前画笔的笔尖形状属性为锁定状态,单击该标志可取消锁定,即为未锁定状态 。

（3）画笔笔尖:显示 Photoshop 提供的预设画笔笔尖,选择某一笔尖后,在"画笔描边预览"选项中可预览该笔尖的形状。

（4）画笔大小:以像素为单位设置画笔的大小,范围为 1～2 500 px。

（5）硬毛刷品质:用来设置硬毛刷的形状、疏密、长度、粗细、硬度和旋转角度。

（6）间距:用来控制描边中两个画笔笔迹之间的距离。该值越大,笔迹之间的间隔距离越大。如果取消选择该项,光标的速度将决定笔迹的间距。

（7）画笔描边预览:可预览当前设置的画笔效果。

（8）切换硬毛刷画笔预览 :用来切换当前毛刷与硬毛刷预览。

（9）打开预设管理器 :用来打开"预设管理器"对话框,进行预设设置。图 2-6-8 为打开的预设管理器对话框。

预设管理器用来管理、存储或载入 Photoshop 资源,例如画笔、色板、渐变、样式、图案、等高线、自定义形状和预设工具。执行"编辑"→"预设管理器"命令,也可以打开"预设管理器"。

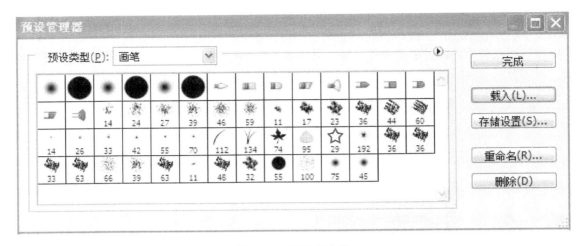

图 2-6-8　预设管理器

■预设类型:在该选项下拉列表中可以选择设置的项目,如图 2-6-9 所示。例如,选择"画笔"时,对话框中会显示画笔的相关内容。

■载入:单击该按钮,可以打开"载入"对话框,在对话框中可以选择一个预设库将其载入,例如,可以载入画笔库、形状库和样式库等。

■存储设置:单击该按钮,可在打开的对话框中将当前的一组预设样式存储为一个预设库。

■重命名:用来修改预设样本的名称。例如,选择一个画笔样本后单击该按钮,可以在打开的"画笔名称"对话框中修改它的名称,如图 2-6-10 所示。

■删除:选择一个预段的样本后,单击该按钮,可将其删除。

图 2-6-9　设置项目

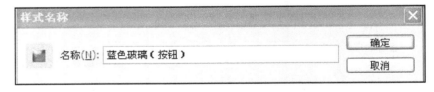

图 2-6-10　样式名称

(10)创建新画笔 📄:如果对某一画笔样本进行了调整,可单击该按钮,打开"画笔名称"对话框,为画笔设置一个新的名称,单击"确定"按钮,可将当前设置的画笔创建为一个新的画笔样本,如图 2-6-11 所示。

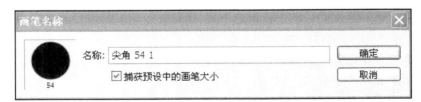

图 2-6-11　画笔名称

6.2.2　画笔预设

"画笔"面板中提供了各种预设的画笔,预设画笔是一种存储的画笔笔尖,带有诸如大小、形状和硬度等定义的特性。如果要使用这些画笔,可单击"画笔"面板中的"画笔预设"选项,面板中会显示相关的设置内容,单击某一画笔,即可将其选择,通过"大小"选项参数和大小滑块可以调整画笔笔迹的大小,在画笔下面的预览窗口中可查看调整结果,如图 2-6-12 所示。

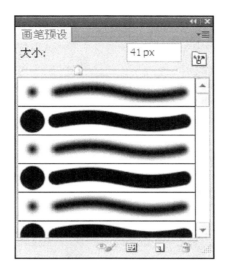

图 2-6-12　画笔预设

6.2.3　画笔笔尖形状

如果要对预设的画笔进行一些修改,例如调整画笔的直径、角度、圆度,硬度和间距等笔尖形状,应单击"画笔"面板中的"画笔的笔尖形状"选项,选择不同的画笔,显示不同的选项,然后在显示的选项中进行设置,如图2-6-13所示为选择柔画笔选项。

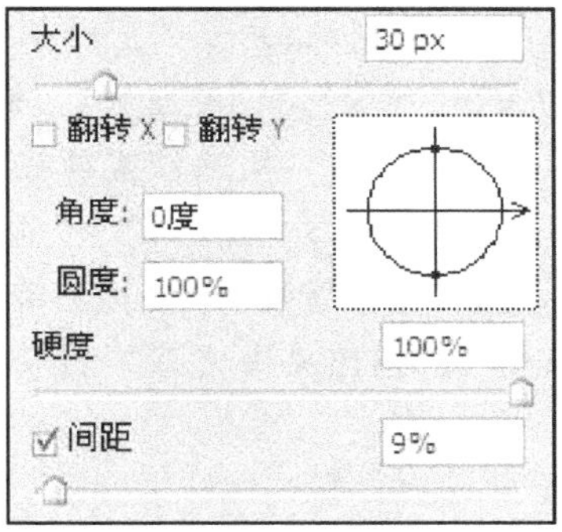

（1）大小:参考 6.2.1 节。

（2）翻转 X/翻转 Y:用来改变画笔笔尖在其 X 轴或 Y 轴上的方向。

（3）角度:用来设置椭圆画笔笔尖的旋转角度。可在数值栏中输入数值,也可在预览框中拖动箭头进行调整。

（4）圆度:用来设置画笔笔尖长轴和短轴之间的比率。可在数值栏中输入数值,或者在预览框中拖动控制点进行调整。当该值为 100％时,画笔笔尖为正圆形,为 0 时,画笔笔尖为线形设置为其他值画笔笔尖为椭圆形。

图 2-6-13　选择柔画笔选项

（5）硬度:用来调整画笔笔尖硬度中心大小。该值越小,画笔笔尖的边缘越柔和。

（6）间距:参考画笔面板部分内容。

硬毛刷画笔选项及设置参考画笔面板部分内容。

6.2.4　形状动态

"形状动态"决定了描边中画笔笔迹的变化。单击"画笔"中的"形状动态"选项,会显示相关的设置,如图2-6-14所示。

（1）大小抖动:用来设置画笔笔迹大小的改变方式。该值越大,轮廓越不规则。在"控制"选项下拉列表中可以选择改变的方式。选择"关",表示不控制画笔笔迹的大小变化;选择"渐隐",可按照指定数量的步长在初始直径和最小直径之间渐隐画笔笔迹的大小,使笔迹产生逐渐淡出的效果;如果计算机配置有数位板,则可以选择"钢笔压力"、"钢笔斜度"、"光笔轮"和"旋转",此后可根据钢笔的压力、斜度、钢笔拇指轮位置或钢笔的旋转来改变初始直径和最小直径之间的画笔笔迹大小。

（2）最小直径:当启用"大小抖动"后,通过该选项设置画笔笔迹可以缩放的最小百分比。该值越大,笔尖直径的变化越小。

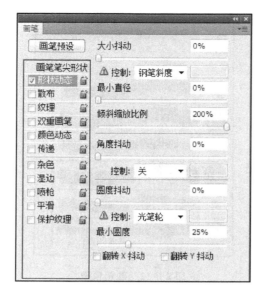

图 2-6-14　形状动态

（3）倾斜缩放比例：用来调整画笔倾斜比例的调整，值为 0％～200％。只有"大小抖动"下"控制"为"钢笔斜度"此选项方可使用。

（4）角度抖动：用来改变画笔笔迹的角度。在"控制"选项下拉列表中可以选择画笔笔迹角度的改变方式，包括"关"、"渐隐"、"钢笔压力"、"钢笔斜度"、"光笔轮"、"旋转"、"初始方向"和"方向"。

（5）圆度抖动：用来设置画笔笔迹的圆度在描边中的变化方式。在"控制"选项下拉列表中可以选择如何控制画笔笔迹的圆度，包括"关"、"渐隐"、"钢笔压力"、"钢笔斜度"、"光笔轮"和"旋转"。当启用了某一种控制方法后，可在"最小圆度"中设置画笔笔迹的最小圆度。

（6）翻转：用来设置画笔的笔尖在其 X 轴或 Y 轴上的方向。

6.2.5　散布

"散布"决定了描边笔迹的数目和位置。单击"画笔"面板中的"散布"选项，会显示相关的设置，如图 2-6-15 所示。

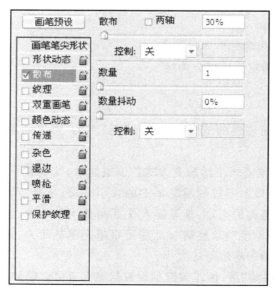

图 2-6-15　散布

（1）散布：用来设置画笔笔迹的分散程度，该值越大，画笔笔迹分散的范围越广。勾选"两轴"选项后，画笔笔迹将以中间为基准，向两侧分散。"控制"选项用来设置画笔笔迹如何散布变化，包括"关"、"渐隐"、"钢笔压力"、"钢笔斜度"、"光笔轮"和"旋转"。

（2）数量：用来指定在每个间距间隔应用的画笔笔迹数量。增加该值可重复笔迹。

（3）数量抖动：用来指定画笔笔迹的数量如何针对各种间距间隔而变化。"控制"选项用来设置画笔笔迹的数量如何变化，包括"关"、"渐隐"、"钢笔压力"、"钢笔斜度"、"光笔轮"和"旋转"。

6.2.6　纹理

"纹理"可以利用图案使描边看起来像是在带纹理的画布上绘制的一样，调整前景色可以改变纹理的颜色。单击"画笔"面板中的"纹理"选项，会显示相关的设置内容，如图 2-6-16 所示。

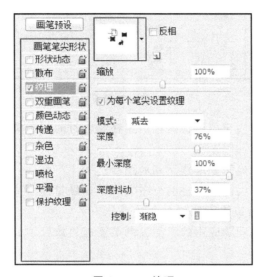

图 2-6-16　纹理

（1）设置纹理：单击图案缩览图右侧的黑三角按钮，可以在打开的下拉面板中选择一个图案，并将其设置为纹理。勾选"反相"可基于图案中的色调反转纹理中的亮点和暗点。

（2）缩放：用来缩放选择的图案。

（3）为每个笔尖设置纹理：用来决定绘画时是否单独渲染每个笔尖。如果不选择该项，将无法使用"深度"变化选项。

（4）模式：在该选项下拉列表中可以选择图案与前景色之间的混合模式。

（5）深度：用来指定油彩渗入纹理中的深度。该值为 0 时，纹理中的所有点都接收相同数量的油彩，进而隐藏图案；当该值为 100％时，纹理中的暗点不接收任何油彩。

（6）最小深度：用来指定当"深度控制"设置为"渐隐"、"画笔压力"、"钢笔斜度"或"光笔轮"，并且选中"为每个笔尖设置纹理"时，油彩可以渗入的最小深度。

（7）深度抖动：用来设置纹理抖动的最大百分比。在"控制"选项中可以选择如何控制画笔笔迹的深度变化，包括"关"、"渐隐"、"画笔压力"、"钢笔斜度"、"光笔轮"和"旋转"。只有勾选"为每个笔尖设置纹理"选项后，"深度抖动"选项才可以使用。

6.2.7　双重画笔

"双重画笔"可以使用两个笔尖创建画笔笔迹。如果要使用双重画笔，首先应在"画笔笔尖形状"选项中设置主要笔尖的选项，然后再从"双重画笔"部分中选择另一个画笔笔尖。单击"画笔"面板中的"双重画笔"选项，会显示相关的设置内容，如图 2-6-17 所示。

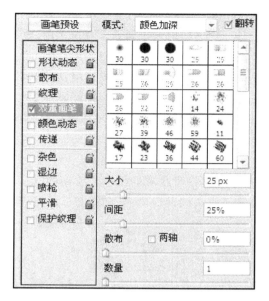

图 2-6-17　双重画笔

（1）模式：在该选项的下拉列表中可以选择两种笔尖在组合时的混合模式。

（2）大小：用来设置笔尖的大小。

（3）间距：用来控制描边中双笔尖画笔笔迹之间的距离。

（4）散布：用来指定描边中双笔尖画笔笔迹的分布方式。如果勾选"两轴"，双笔尖画笔笔迹按径向分布；取消勾选，则双笔尖画笔笔迹垂直于描边路径分布。

（5）数量：用来指定在每个间距间隔应用的双笔尖画笔笔迹的数量。

6.2.8　颜色动态

"颜色动态"决定了描边路线中油彩颜色的变化方式。单击"画笔"面板中的"颜色动态"选项，会显示相关的设置内容，如图 2-6-18 所示。

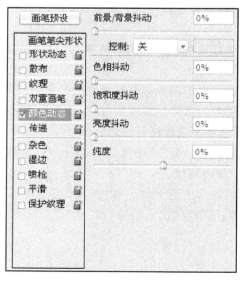

图 2-6-18　颜色动态

（1）前景/背景抖动：用来指定前景色和背景色之间的油彩变化方式。该值越小，变化后的颜色越接近前景色；该值越大，变化后的颜色越接近背景色。在"控制"选项下拉列表中可以选择如何控制画笔笔迹的颜色变化,包括"关"、"渐隐"、"钢笔压力"、"钢笔斜度"、"光笔轮"和"旋转"。

（2）色相抖动:用来设置画笔笔迹颜色色相的变化范围。该值越小,变化后的颜色越接近前景色;该值越大,色相越丰富。

（3）饱和度抖动:用来设置画笔笔迹颜色饱和度的变化范围。该值越小,饱和度越接近前景色,该值越大,色彩的饱和度越高。

（4）亮度抖动:用来设置画笔笔迹颜色亮度的变化范围。该值越小,亮度越接近前景色,该值越大,颜色的亮度越大。

（5）纯度:用来设置画笔笔迹颜色的纯度。如果该值为−100%,笔迹的颜色为黑白色。该值越高,颜色饱和度越高。

6.2.9　传递

"传递"用来确定油彩在描边路线中的改变方式。单击"画笔"面板中的"传递"选项,会显示相关的设置内容,如图 2-6-19 所示。

（1）不透明抖动:用来设置画笔笔迹中油彩不透明度的变化程度。如果指定如何控制画笔笔迹的不透明度变化,可在"控制"下拉列表中选择一个选项,包括"关"、"渐隐"、"钢笔压力"、"钢笔斜度"和"光笔轮"。

（2）流量抖动:用来设置画笔笔迹中油彩流量的变化程度。如果要指定如何控制画笔笔迹的流量变化,可在"控制"下拉列表中选择一个选项,包括"关"、"渐隐"、"钢笔压力"、"钢笔斜度"和"光笔轮"。

图 2-6-19　传递

6.2.10　其他选项

"画笔"调板中最下面的几个选项是"杂色"、"湿边"、"喷枪"、"平滑"和"保护纹理"。它们没有可供调整的数值,如果要启用某一选项,将其勾选即可。

（1）杂色:可以为个别画笔笔尖增加额外的随机性。当应用于柔画笔笔尖(包含灰度值的画笔笔尖)时,此选项最有效。

（2）湿边:可以沿画笔描边的边缘增大油彩量,从而创建水彩效果。

（3）喷枪:将渐变色调应用于图像,同时模拟传统的喷枪技术。

（4）平滑:在画笔描边中生成更平滑的曲线。当使用压感笔进行快速绘画时,该选项最有效,但是它在描边渲染中可能会导致轻微的滞后。

（5）保护纹理:将相同图案和缩放比例应用于具有纹理的所有画笔预设。选择该选项后,在使用多个纹理画笔笔尖绘画时,可以模拟出一致的画布纹理。

6.2.11　自定义画笔

在打开的图像文件中用矩形选框工具创建矩形选区(选区羽化值为0),然后执行"编辑"→"定义画笔预设"命令,打开"画笔名称"对话框,输入画笔的名称,单击"确定"按钮,新建的画笔将保存在"画笔"面板的画笔列表的最后一个位置,如图 2-6-20 所示。

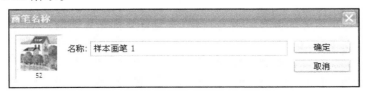

图 2-6-20　画笔名称

图 2-6-21 混合器画笔工具

第三节 绘 画 工 具

在 Photoshop 中,绘图与绘画是两个截然不同的概念。绘图是基于 Photoshop 的矢量功能创建的矢量图形,而绘画则是基于像素创建的位图图像。下面介绍如何使用 Photoshop 基本的绘画工具。单击"画笔工具" ✎ 按钮右下角的三角,展开所有绘画工具,即"画笔工具"、"铅笔工具"、"颜色替换工具"和"混合器画笔工具",如图 2-6-21 所示。

6.3.1 画笔工具

"画笔工具"类似于传统的毛笔,是 Photoshop 绘画中常用的工具之一。它使用前景色绘制线条和涂抹颜色的工具。

单击工具箱中的"画笔工具"按钮,可以显示"画笔工具"选项栏,如图 2-6-22 所示。

图 2-6-22 "画笔工具"选项栏

(1)画笔预设按钮:单击"画笔预设"展开箭头按钮 ▼ ,展开"画笔预设"面板,等于执行"窗口"→"画笔预设"命令。

(2)切换画笔面板按钮 ☷ :单击"切换画笔面板"按钮,可以展开"切换画笔面板",同于执行"窗口"→"画笔/画笔预设"命令。

(3)模式:该选项提供了画笔和图像的合成效果。一般称为混合模式,可以在图像上应用独特的画笔效果,如图 2-6-23 所示。

■正常:没有特定的合成效果,直接表现选定的画笔形态。

■溶解:按照像素形态显示笔触,不透明度值越大显示的像素越多。

■背后:用于透明图层,在透明区域里表现笔触效果。

■清除:用于透明图层,笔触部分表现为透明区。

■变暗:颜色深的部分没有变化,高光部分变暗。

■正片叠底:前景色与背景图像颜色重叠显示,重叠后的颜色会显示为混合颜色。

■颜色加深:和"加深工具" ◔ 一样,可以使颜色变深,白色部分不显示效果。

图 2-6-23 模式

■线性加深:强调图像的轮廓部分,可以表现清晰的笔触效果。

■深色:和"加深工具" ◔ 一样,可以使颜色变深。

■变亮:可以把某个颜色的笔触表现得更亮,深色部分也会变亮。

■滤色:笔触颜色似漂白的效果。

■颜色减淡:类似"减淡工具" ◓ 一样,将笔触处理得更亮。

■线性减淡(添加):在白色以外的颜色上混合白色,表现整体变亮的笔触。

■浅色:以前景色减淡图像暗部颜色。

■叠加:在高光和阴影上表现涂抹颜色的合成效果。

■柔光:图像较亮时,变得更亮。

■强光：表现如同照射强光一样的笔触。

■亮光：应用比设置颜色更亮的颜色。

■线性光：强烈表现颜色的对比值，表现强烈的笔触。

■点光：表现整体较亮的笔触，白色部分处理成透明效果。

■实色混合：通过强烈的颜色对比，表现接近于原色的笔触。

■差值：将应用笔触的部分转换为底片颜色。

■排除：白色表现为图像颜色的补色，黑色表现为原色。

■减去：减去 Photoshop CS5 中新增混合模式，如果是白色，混合后表现为黑色；如果是黑色则混合后不会发生变化。

■划分：分割为 Photoshop CS5 中新增混合模式。使画笔随着颜色深浅的变化改变图像的混合效果，白色不变，黑色为白色。

■色相：调整混合笔触的色相。

■饱和度：调整混合笔触的饱和度。

■颜色：调整混合笔触的颜色。

■明度：翻转色彩模式正反相的笔触效果，整个图像变亮。

以上不同模式画笔效果如图 2-6-24 所示。

原图及前景色	正常	溶解	背后	清除
变暗	正片叠底	颜色加深	线性加深	深色
变亮	滤色	颜色减淡	线性减淡（添加）	浅色

图 2-6-24　画笔效果

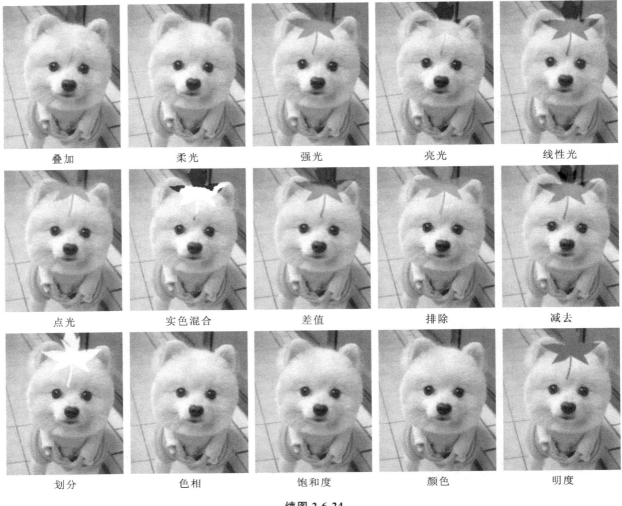

叠加	柔光	强光	亮光	线性光
点光	实色混合	差值	排除	减去
划分	色相	饱和度	颜色	明度

续图 2-6-24

（4）不透明度：调整画笔的不透明度。该值越小，笔触越透明。

（5）绘图板压力控制不透明度按钮：主要设置画笔绘制的不透明度。

（6）流量：调整画笔的笔触密度，将图像显示为模糊效果。

（7）启用喷枪模式按钮：单击该按钮，可以启用喷枪模式进行绘画。

（8）绘图板压力控制大小按钮：主要设置画笔绘制的压力强度。

6.3.2　铅笔工具

单击"画笔工具"按钮右下角的三角，可以选择"铅笔工具"。"铅笔工具"也是使用前景色来绘制线条的。它与画笔工具的区别是，画笔工具可以绘制带有柔边效果的线条，而铅笔工具只能绘制硬边线条，将图像放大后，铅笔工具绘制的线条边缘会呈现锯齿状。如图 2-6-25 所示铅笔工具的工具选项栏，除"自动抹除"功能外，其他选项与"画笔工具"的选项相同。

图 2-6-25　铅笔工具

■自动抹除：选择该项后，开始拖动鼠标时，如果光标的中心在包含前景色的区域上，则该区域将被绘制成背景色；如果在开始拖动时光标的中心在不包含前景色的区域上，则该区域将被绘制成前景色。

6.3.3　颜色替换工具

　　单击"画笔工具"  按钮右下角的三角,可以选择"颜色替换工具" 。颜色替换工具使用前景色替换图像中的颜色。该工具不适用于位图、索引或多通道颜色模式的图像。单击"颜色替换工具"按钮,可以看到颜色替换工具的工具选项栏中包含该工具性能的设置选项,如图 2-6-26 所示。

图 2-6-26　颜色替换工具

　　(1)"画笔预设"选取器:单击该按钮,可以打开"画笔预设"选取器,设置"颜色替换工具"的大小、硬度、间距、角度、圆度及容差等。

　　(2)模式:用来设置颜色的混合模式。在进行颜色的替换时,有四种模式选择,为"色相"、"饱和度"、"颜色"和"明度",通常设置为"颜色"模式。

　　(3)取样:用来设置颜色取样的方式。按下"取样:连续" 按钮,在拖动鼠标时可连续对颜色取样;按下"取样:一次" 按钮,只替换包含第一次单击的颜色的区域中的目标颜色;按下"取样:背景色板" 按钮,只替换包含当前背景色的区域。

　　(4)限制:选择"不连续",可替换出现在光标下任何位置的样本颜色;选择"连续",只替换与光标下的颜色邻近的颜色;选择"查找边缘",可替换包含样本颜色的连接区域,同时可更好地保留形状边缘的锐化程度。

　　(5)容差:用来设置工具的容差,颜色替换工具只替换鼠标单击点颜色容差范围内的颜色,该值范围为1%～100%。该值越大,包含的颜色范围越广。

　　(6)消除锯齿:勾选该项,可为校正的区域定义平滑的边缘,从而消除锯齿。

6.3.4　混合器画笔工具

　　单击"画笔工具" 按钮右下角的三角,可以选择"混合器画笔工具" 。混合器画笔工具使用前景色与图像中的颜色进行混合。单击"混合器画笔工具"按钮,可以看到混合器画笔工具的工具选项栏中包含该工具性能的设置选项,如图 2-6-27 所示。

图 2-6-27　混合器画笔工具

　　(1)当前画笔载入按钮:单击该按钮,可以设置"载入画笔"、"清理画笔"及"只载入纯色"等。

　　(2)每次描边后载入画笔按钮 :应用画笔描边后,按下该按钮,可以载入描边画笔。

　　(3)每次描边后清理画笔按钮 :清理载入后的描边画笔。

　　(4)混合画笔混合效果:选择混合画笔与图像的混合选项,如图 2-6-28 所示。

　　(5)潮湿:可以设置混合器画笔效果的潮湿程度。当值为 0 时,效果为"干燥",为 100％ 时为"非常潮湿,浅混合",其余为"自定"。

　　(6)载入:设置画笔混合效果载入量。

　　(7)混合:设置混合器画笔与图像的混合量,值越大混合越明显。

　　(8)对所有图层取样:取样于多个图层。

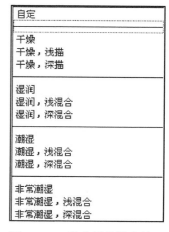

图 2-6-28　混合画笔混合效果

第四节　图像修复工具

Photoshop 中提供了多个用于处理照片的修复工具，包括仿制图章、污点修复画笔、修复画笔、修补和红眼工具等。它们可以快速修复图像中的污点和瑕疵。

6.4.1　污点修复画笔工具

使用"污点修复画笔工具" 可以快速去除照片中的污点、划痕和其他不理想的部分。使用图像或图案中的样本像素绘画，并将样本像素的纹理、光照、透明度和阴影与所修复的像素匹配。单击"污点修复画笔工具"，在工具选项栏中显示包含该工具的各个设置选项，如图 2-6-29 所示。

图 2-6-29　污点修复画笔工具

（1）画笔：在该选项的下拉面板中选择画笔样本。

（2）模式：用来设置修复图像时使用的混合模式，包括"正常"、"正片叠底"和"滤色"等模式。该工具还包含一个"替换"模式，选择该模式，可以保留画笔描边的边缘处的杂色、胶片颗粒和纹理。

（3）类型：用来设置修复的方法。选择"近似匹配"，可使用选区边缘周围的像素来查找要用作选定区域修补的图像区域，如果此选项的修复效果不能令人满意，可还原修复并尝试"创建纹理"选项；选择"创建纹理"，可使用选区中的所有像素创建一个用于修复该区域的纹理，如果纹理不起作用，可尝试再次拖过该区域。

（4）对所有图层取样：如果当前文件中包含多个图层，勾选该项后，可以从所有可见图层中对数据进行取样。取消勾选，则只从当前图层中取样。

6.4.2　修复画笔工具

"修复画笔工具" 可以去除照片中的污点、划痕和其他不理想的部分。与后面的仿制工具一样，使用修复画笔工具可以利用图像或图案中的样本像素来绘画。但该工具可以从被修饰区域的周围取样，使用图像或图案中的样本像素绘画，并将样本的纹理、光照、透明度和阴影等所修复的像素匹配，从而去除照片中的污点和划痕，并使修复结果无人工痕迹。"修复画笔工具"选项栏中除"源"选项以外，其他选项参考"污点修复画笔工具"和后面的"仿制图章工具"，如图 2-6-30 所示。

图 2-6-30　修复画笔工具

（1）源：可以选择用于修复像素的源。选择"取样"，可以从图像的像素上取样；选择"图案"，可以在图案下拉列表中选择一个图案作为取样。

（2）对齐：勾选该项，会对像素连续取样，而不会丢失当前的取样点，即使松开鼠标也是如此。如果不勾选，则会在每次停止并重新开始绘画时使用初始取样点中的样本像素，因此，每次单击都被认为是另一次复制。

（3）样本：用来选择从指定的图层中进行数据取样。如果要从当前图层及其下方的可见图层中取样，应选择"当前和下方图层"；如果要仅从当前图层中取样，应选择"当前图层"；如果要从所有可见图层中取样，应该选择"所有图层"，然后单击选项右侧的忽略调整图层按钮 。

6.4.3　修补工具

"修补工具"  可以用其他区域或图案中的像素来修复选中的区域。与修复画笔工具一样,修补工具会将样本像素的纹理、光照和阴影与源像素进行匹配。但该工具的特别之处是,需要选区来定位修补范围。

单击"修补工具",在工具选项栏中显示包含该工具的各个设置选项,如图 2-6-31 所示。

图 2-6-31　修补工具

（1）选区创建方式:按下新选区按钮,可创建一新选区,如果图像中包含选区,则原选区将被新选区替代;按下添加到选区按钮,可在当前选区的基础上添加新选区;按下从选区减去按钮,可在原选区再减去当前绘制的选区;按下与选区交叉按钮,可得到原选区与新建选区相交部分。

（2）源/目标:选择"源"时,将选区拖至要修补的区域,放开鼠标后,将使用该区域的图像修补原来选区区域;如果选择"目标",则拖动选区至其他区域时,可复制原区域内的图像至当前区域。

（3）透明:勾选该项后,可以使修补的图像与原图像产生透明的叠加效果。

（4）使用图案:在图案下拉面板中选择一个图案后,单击该按钮,可以使用图案修补选区内的图像。

6.4.4　红眼工具

"红眼工具"  可以移去用闪光灯拍摄的人物照片中的红眼,也可以移去用闪光灯拍摄的动物照片中的白色或绿色反光。"红眼工具"工具选项栏中各个设置选项,如图 2-6-32 所示。

图 2-6-32　红眼工具

（1）瞳孔大小:用来设置瞳孔的大小。
（2）变暗量:用来设置瞳孔的暗度。

6.4.5　仿制图章工具

"仿制图章工具" 可以从图像中取样,然后将样本应用到其他图像上或本图像上。"仿制图章工具"工具选项栏上相关设置选项除"切换仿制源"按钮以外,其他选项与"画笔工具"和"修复画笔工具"相同。

■切换仿制源按钮 :单击"切换仿制源"按钮,可以打开"仿制源面板",同等于执行"窗口"→"仿制源"命令,如图 2-3-33 所示。通过"仿制源"面板,可以设置仿制效果的位移、大小、旋转、透明等。图 2-6-34 和图 2-6-35 所示为仿制图章的制作对比。

图 2-6-33　仿制源

图 2-6-34　仿制图章 1

图 2-6-35　仿制图章 2

6.4.6 图案图章工具

"图案图章工具" 可以利用图案进行绘画。图案可以选用 Photoshop 提供的,也可以选用自定义图案。除"图案拾色器"外,工具选项栏上的其他选项与"仿制图章工具"一样。

(1)图案拾色器 :用来选择所需的填充图案。

(2)图案下拉面板菜单:单击图案下拉面板右上角的黑色三角按钮,可以打开面板菜单,在面板菜单中可以设置面板的显示方式,以及载入预设的图案库等。

6.4.7 仿制源面板

在使用仿制图章工具或修复画笔工具时,使用"仿制源"面板,最多可以设置五个不同的样本源,并且还可以显示样本源的叠加,以帮助在特定位置仿制源。也可以缩放或旋转样本源以按照特定大小和方向仿制源。执行"窗口"→"仿制源"命令,可以打开"仿制源"面板。

(1)仿制源:单击仿制源按钮 ,然后设置取样点,最多可以设置五个不同的取样源。通过设置不同的取样点,可以更改仿制源按钮键的取样源。"仿制源"面板将存储样本源,直到关闭文档。

(2)位移:输入 W(宽度)或 H(高度)的值,可缩放所仿制的源,默认情况下将约束比例。要单独调整尺寸或恢复约束选项,可单击"保持长宽比" 按钮;指定 x 和 y 像素位移时,可在相对于取样点的精确的位置进行绘制;输入旋转角度时,可旋转仿制的源。

(3)复位变换:单击"复位变换" 按钮,可将样本源复位到其初始大小和方向。

(4)帧位移 /锁定帧:在"帧位移"中输入帧数,可以使用与初始取样的帧相关的特定帧进行绘制。输入正值时,要使用的帧在初始取样的帧之后。输入负值时,要使用的帧在初始取样的帧之前。如果选择"锁定帧",则总是使用初始取样的相同帧进行绘制。

(5)显示叠加:要显示仿制的源的叠加,可选择"显示叠加"并指定叠加选项。调整样本源叠加选项能够在使用仿制图章工具和修复画笔工具进行绘制时,更好地查看叠加和下面的图像。在"不透明度"选项中可以设置叠加的不透明度;选择"已剪切",可以剪切叠加的效果;选择"自动隐藏",可在应用绘画描边时隐藏叠加,如果要设置叠加的外观,可从"仿制源"面板底部的弹出某单中选择"正常"、"变暗"、"变亮"或"差值"混合模式。勾选"反相",可反相叠加中的颜色。

6.4.8 历史记录画笔工具

"历史记录画笔工具" 可以将图像恢复到编辑过程中的某一状态,或者将部分图像恢复为原样。该工具需要配合"历史记录"面板使用。历史记录画笔工具选项栏各项设置与"画笔工具"相同。

6.4.9 历史记录艺术画笔工具

"历史记录艺术画笔工具" 使用指定历史记录状态或快照中的源数据,以风格化描边进行绘画。通过使用不同的绘画样式、大小和容差选项,可以用不同的色彩和艺术风格模拟绘画的纹理。

像历史记录画笔工具一样,历史记录艺术画笔工具也将指定的历史记录状态或快照用作源数据。但是,历史记录画笔通过重新创建指定的源数据来绘画,而历史记录艺术画笔在使用这些数据的同时,还可以应用不同的颜色和艺术风格。

在历史记录艺术画笔工具选项栏中,"画笔"、"模式"、"不透明度"等都与画笔工具的相应选项的作用相同。除此之外,该工具还包含三个选项,"样式"、"区域"和"容差"。

(1)样式:可以选择一个选项来控制绘画描边的形状,包括"绷紧短"、"绷紧中"、"绷紧长"等。

(2)区域:用来设置绘画描边所覆盖的区域。该值越高,覆盖的区域就越大,描边的数量也越多。

(3)容差:容差值可以限定可应用绘画描边的区域。低容差可用于在图像中的任何地方控制无数条描边,高容差将绘画描边限定在与源状态或快照中的颜色明显不同的区域。

第五节　润饰工具

图像的润饰工具包括模糊、锐化、涂抹、减淡、加深和海绵等工具。它们可以改善图像的细节色调和色彩的饱和度,如图 2-6-36 所示。

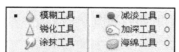

图 2-6-36　润饰工具

6.5.1　模糊工具

"模糊工具"🖊可以柔化图像的边缘,减少图像中的细节;选择模糊工具后,在图像中单击并拖动鼠标即可进行处理。

单击"模糊工具",在工具选项栏中显示包含该工具的各个设置选项,如图 2-6-37 所示。

图 2-6-37　模糊工具

(1) 画笔:可选择一个画笔样本,模糊区域的大小取决于画笔的大小。

(2) 模式:用来设置工具的混合模式。

(3) 强度:用来设置工具的强度。

(4) 对所有图层取样:如果当前图像中包含多个图层,勾选该选项后,可使用所有可见图层中的数据进行处理;取消勾选,则只使用当前图层中的数据。

6.5.2　锐化工具

"锐化工具"🔺可以增强图像相邻像素之间的对比,提高图像的清晰度。选择锐化工具后,在图像中单击并拖动鼠标即可进行处理。

"锐化工具"工具选项栏除"保护细节"选项外,各个设置选项与"模糊工具"相同。

■保护细节:选择该项,锐化处理时,可以尽可能的保护图像细节不受破坏。

6.5.3　涂抹工具

"涂抹工具"🖐可拾取描边开始位置的颜色,并沿拖移的方向展开这种颜色,从而模拟将手指拖过湿油漆时所看到的效果。选择涂抹工具后,在画面中单击并拖动鼠标即可进行涂抹。

"涂抹工具"的工具选项栏中,除"手指绘画"选项外,其他选项都与模糊和锐化工具的选项相同。

■手指绘画:勾选该选项后,可使用每个描边起点处的前景色进行涂抹;取消勾选,则使用每个描边的起点处光标所在位置的颜色进行涂抹。

如图 2-6-38 所示为"模糊工具"、"锐化工具"和"涂抹工具"处理后的效果。

   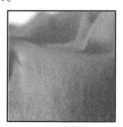

(a) 原图　　　　　　(b) 模糊　　　　　　(c) 锐化　　　　　　(d) 涂抹

图 2-6-38　效果图

6.5.4　减淡工具与加深工具

在调节照片特定区域的曝光度的传统摄影技术中,摄影师通过减弱光线以使照片中的某个区域变亮(减淡),或者增加曝光度使照片中的区域变暗(加深)。"减淡工具"🔍和"加深工具"🔍正是基于以上技术,可用于使图像区域变亮或变暗。选择这两个工具后,在画面单击并拖动鼠标涂抹,便可以处理图像的曝光度。

减淡工具和加深工具的工具选项栏是相同的,如图 2-6-39 所示为减淡工具的工具选项栏。

图 2-6-39　减淡工具与加深工具

(1)画笔:用来选择一个画笔样本,处理区域的大小取决于画笔的大小。

(2)范围:可选择一个需要修改的色调。选择"阴影",可处理图像的暗部色调,选择"中间调",可处理图像的中间调(灰色的中间范围色调),选择"高光",可处理图像的亮部色调。

(3)曝光度:可以为减淡工具或加深工具指定曝光。该值越高,作用效果越明显。

(4)喷枪📷:按下该按钮,可以使画笔具有喷枪功能。

(5)保护色调:选择该选项,可以使减淡、加深工具在处理图像时,保证图像原有色彩。

6.5.5　海绵工具

"海绵工具"可以精确地修改色彩的饱和度。如果图像是灰度模式,该工具可通过使灰阶远离或靠近中间灰色来增加或降低对比度。选择该工具后,在画面单击并拖动鼠标涂抹,即可进行处理。如图 2-6-40 所示,是海绵工具的工具选项栏,其中"画笔"和"喷枪"选项与减淡和加深工具相同。

图 2-6-40　海绵工具

(1)模式:可以选择更改色彩的方式。选择"降低饱和度"可以降低色彩的饱和度;选择"饱和"可以增加色彩的饱和度。

(2)流量:可以为海绵工具指定流量。该值越高,工具的强度越大,作用效果越明显。

(3)自然饱和度:选择该选项,海绵工具编辑过的部分,保持自然精确的图像饱和度。

如图 2-6-41 所示为"减淡工具"、"加深工具"和"海绵工具"处理后的效果。

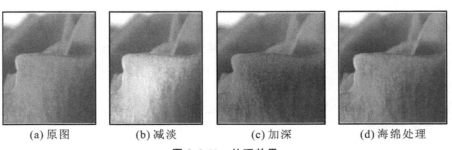

(a)原图　　　　　(b)减淡　　　　　(c)加深　　　　　(d)海绵处理

图 2-6-41　处理效果

第六节　擦 除 工 具

擦除工具用来擦除图像。Photoshop 中包含三种类型的擦除工具:"橡皮擦工具"▨、"背景橡皮擦工具"

和"魔术橡皮擦工具" 。使用橡皮擦工具擦除图像时,被擦除的部分会显示为工具箱中背景色,而使用背景橡皮擦和魔术橡皮擦工具时,被擦除的部分将成为透明区域。

6.6.1　橡皮擦工具

"橡皮擦工具" (E)可以通过拖动鼠标擦除图像中的指定区域。如果在"背景"图层或锁定了透明区域的图层中使用该工具,被擦除的部分将显示为背景色,在其他图层上使用该工具时,被擦际的区域变为透明区域。如图 2-6-42 所示为橡皮擦工具的工具选项栏。

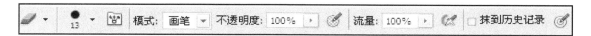

图 2-6-42　橡皮擦工具

(1) 模式:可以选择橡皮擦的种类。选择"画笔",可创建柔边擦除效果,如图 2-6-43 所示;选择"铅笔",可创建硬边擦除效果,如图 2-6-44 所示,选择"块",擦除的效果为块状,如图 2-6-45 所示。

图 2-6-43　柔边擦除效果　　　图 2-6-44　硬边擦除效果　　　图 2-6-45　块状擦除效果

(2) 不透明度:用来设置擦除的强度。100％不透明度将完全擦除像素,较低不透明度擦除部分像素。将模式设置为"块"时,不能使用该选项。

(3) 流量:可以控制工具的涂抹速度。将模式设置为"块"时,也不能使用该选项。

(4) 抹到历史记录:与历史记录画笔工具的作用相同,勾选该项后,在"历史记录"面板中选择一个状态或快照,在擦除时,可以将图像恢复为指定状态。

6.6.2　背景橡皮擦工具

"背景橡皮擦工具" (E)是一种智能橡皮擦,它具有自动识别对象边缘的功能,可采集画笔中心的色样,并删除在画笔内的任何位置出现的该颜色,使擦除区域成为透明区域。

单击"背景橡皮擦工具",在工具选项栏中显示包含该工具的各个设置选项,如图 2-6-46 所示。

图 2-6-46　背景橡皮擦工具

(1) 取样:用来设置取样方式。按下"连续" 按钮后,在拖动鼠标时可连续对颜色取样。如果光标中心的十字线碰触到需要保留的对象,也会将其擦除;按下"一次" 按钮后,只擦除包含第一次单击点颜色的区域;按下"背景色板" 按钮后,只擦除包含背景色的区域。

(2) 限制:可选择擦除时的限制模式。选择"不连续",可擦除出现在光标下任何位置的样本颜色;选择"连续",只擦除包含样本颜色并且互相连接的区域;选择"查找边缘",可擦除包含样本颜色的连接区域,同时更好地保留形状边缘的锐化程度。

(3) 容差:用来设置颜色容差的范围。低容差仅限于擦除与样本颜色相似的区域;高容差能擦除的区域比较广。

（4）保护前景色：勾选该项后，可以防止擦除与前景色匹配的区域。

6.6.3　魔术橡皮擦工具

"魔术橡皮擦工具" （E）也具有自动分析图像边缘的功能，如果在"背景"图层或是锁定了透明区域的图层中使用该工具，被擦除的区域会显示为背景色；在其他图层中使用该工具，被擦除的区域会成为透明区域。

魔术橡皮擦工具的选项栏中包含该工具的设置选项，如图 2-6-47 所示。

图 2-6-47　魔术橡皮擦工具

（1）容差：用来设置可擦除的颜色范围。低容差会擦除颜色值范围内与单击点像素非常相似的像素，高容差可擦除范围更广的像素。

（2）消除锯齿：勾选该项. 可以使擦除区域的边缘变得平滑。

（3）连续：勾选该项，只擦除与单击点像素邻近的像素，取消勾选择可擦除图像中所有相似的像素。

（4）对所有图层取样：勾选该项，可以对所有可见图层中的组合数据来采集擦除色样。

（5）不透明度：用来设置擦除强度。100％的不透明度将完全擦除像素，较低的不透明度将部分擦除像素。

第七节　渐 变 工 具

渐变工具用来在整个文档或选区内填充渐变颜色。选择该工具后，在图像中单击并拖动出一条直线，以标示渐变的起点和终点，放开鼠标后即可创建渐变。

6.7.1　渐变工具选项栏

单击"渐变工具" （G），在工具选项栏中显示包含该工具的各个设置选项，如图 2-6-48 所示。

图 2-6-48　渐变工具选项栏

（1）渐变颜色条 ：工具选项栏中的渐变色条显示了当前的渐变颜色，单击右侧的三角按钮，可以打开一个下拉面板，如图 2-6-49 所示，在面板中可以选择预设的渐变，单击某一渐变，即可选择该渐变。如果直接单击渐变颜色条，则可以打开"渐变编辑器"，如图 2-6-50 所示。"渐变编辑器"用来新建或编辑渐变。

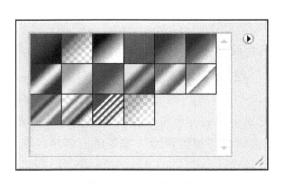

图 2-6-49　下拉面板

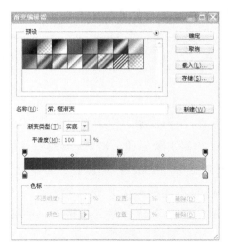

图 2-6-50　"渐变编辑器"对话框

（2）渐变类型：在 Photoshop 中可以创建五种类型的渐变。按下工具选项栏中的"线性渐变" 按钮，可创建以直线从起点到终点的渐变；按下"径向渐变" 按钮，可创建以圆形图案从起点到终点的渐变；按下"角度渐变" 按钮，可创建围绕起点以逆时针扫描方式的渐变；按下"对称渐变" 按钮，可创建使用均衡的线性渐变在起点的两侧对称渐变；按下"菱形渐变" 按钮，以菱形方式从起点向外渐变，终点定义菱形的一个角。如图 2-6-51 为五种渐变类型效果。

图 2-6-51　五种渐变类型效果

（3）模式：用来设置应用渐变时的混合模式。

（4）不透明：用来设置渐变效果的不透明度。

（5）反向：勾选该项，可以掉换渐变中的颜色顺序，得到反方向的渐变结果。

（6）仿色：勾选该项，可以用较小的带宽创建较平滑的混合。它可防止打印时出现条带状现象，但在屏幕上并不能够明显地体现出仿色的作用。

（7）透明区域：如果要填充透明渐变，应勾选此项。

6.7.2　存储渐变

在"渐变编辑器"中调整好一个渐变后，在"名称"选项中设置该渐变的名称，然后单击"新建"按钮，可将其保存在渐变列表中，如图 2-6-52 所示。

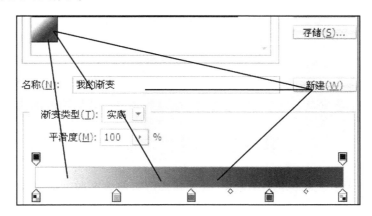

图 2-6-52　存储渐变

如果单击"渐变编辑器"中的"存储"按钮，可以打开"存储"对话框，将当前渐变列表中的所有的渐变保存为一个渐变库。渐变库可以存储在任何指定位置，如果将库文件放置在 Photoshop 程序文件夹内的"Presets/Gradients"文件夹中，则重新启动 Photoshop 后，渐变库的名称将出现在渐变列表面板菜单的底部。

6.7.3　重命名渐变与删除渐变

在渐变列表中选择一个渐变样本后，单击鼠标右键，可以打开一个下拉菜单，如图 2-6-53 所示。执行下拉菜单中的"重命名渐变"命令，可以打开"渐变名称"对话框，如图 2-6-54 所示，在对话框中可以修改渐变的名称。如果选择下拉菜单中的"删除渐变"命令，则可以删除当前选择的渐变样本。

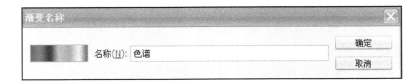

图 2-6-53　重命名渐变　　　　　图 2-6-54　"渐变名称"对话框

6.7.4　载入渐变与复位渐变

(1) 载入渐变：单击渐变列表右上角的三角按钮，可以打开一个下拉菜单，如图 2-6-55 所示。菜单底部包含了 Photoshop 提供的预设渐变库，选择一个渐变库后，可以打开如图 2-6-56 所示的对话框，单击"确定"按钮，载入的渐变将替换列表中原有的渐变；单击"追加"按钮，可在列表中原有渐变的基础上添加载入的渐变；单击"取消"按钮，则取消操作。

图 2-6-55　下拉菜单　　　　　图 2-6-56　"渐变编辑器"对话框

(2) 载入外部渐变库：单击"渐变编辑器"中的"载入"按钮，可以打开"载入"对话框，在对话框中可以选择一个外部的渐变库，将其载入。

(3) 复位渐变：载入渐变或者删除渐变后，执行面板菜单中的"复位渐变"命令，可以打开一个提示对话框，单击"确定"按钮，可以使用默认的渐变替换当前渐变列表，从而将当前列表中的渐变样本恢复为默认状态；单击"追加"按钮，则可以将默认的渐变样本添加到当前列表中；单击"取消"按钮则取消操作。

第八节　填充与描边

"填充"命令是用来在一定的区域内进行前景色、背景色或图案的填充的，"描边"命令则是用来对选区或图层进行描边的。同时，"油漆桶工具"也具有填充的功能。下面介绍"填充"、"描边"命令及"油漆桶工具"的使用方法。

6.8.1　填充命令

使用"编辑"→"填充"命令（"Shift＋F5"组合键）可以在当前图层或选区内填充颜色或图案，在填充时还可以设置填充的不透明度和混合模式。当"填充"命令可用状态下（黑色），单击"填充"命令，可以打开命令对话框，如图 2-6-57 所示。

(1) 内容：用来设置填充的内容。可以在"使用"选项下拉列表中选择"前景色"、"背景色"或者"图案"等作为填充内容。

(2) 模式/不透明度：用来设置填充的混合模式和不透明度。

(3) 保留透明区域：勾选该项后，只对图层中包含像素的区域进行填充。

图 2-6-57　填充

6.8.2　描边命令

"描边"命令可以用预设的颜色对选区或图层进行描边。执行"编辑"→"描边"命令,打开"描边"命令对话框,如图 2-6-58 所示。

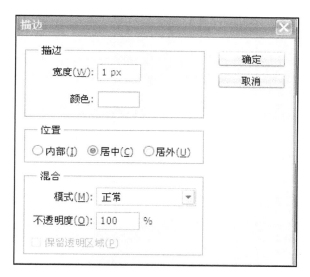

图 2-6-58　描边

（1）描边:在"宽度"选项中可以设置描边的宽度,单击"颜色"选项右侧的颜色块,可以在打开的拾色器中设置描边的颜色。

（2）位置:用来设置描边的位置,包括"内部"、"居中"和"居外"。

（3）混合:用来设置描边的混合模式和不透明度,勾选"保留透明区域",可以只对包含像素的区域进行描边。

6.8.3　油漆桶工具

"油漆桶工具"可以在图像中填充前景色或图案。如果创建一选区,填充的区域为所选区域,如果没有创建选区,则填充与鼠标单击点颜色相近的区域。

单击"油漆桶工具",在工具选项栏中显示包含该工具的各个设置选项,如图 2-6-59 所示。

图 2-6-59　油漆桶工具

（1）填充：用来选择填充的方式，包括"前景色"和"图案"。

（2）模式 /不透明度：用来设置填充的混合模式和不透明度。

（3）容差：用来定义必须填充的像素的颜色相似程度。低容差会填充该色值范围内与单击点像素非常相似的像素，高容差则填充更大范围内的像素。

（4）消除锯齿：勾选该项，可平滑填充选区的边缘。

（5）连续的：勾选该项，只填充与鼠标单击点相邻的像素；取消勾选则填充图像中的所有相似像素。

（6）所有图层：勾选该项，基于所有可见图层中的合并颜色数据填充像素；取消勾选，仅填充当前层。

第九节　定义图案

在 Photoshop 中，可以通过多种方式创建图案，例如使用"定义图案"命令将图像定义为图案，或者使用"图案生成器"创建图案。"定义图案"命令可以将选择的图像定义为图案，而"图案生成器"则是在选择的图像的基础上变化出新的图案。

执行"编辑"→"定义图案"命令可以将图层或选区中的图像定义为图案，定义图案后，可以使用填充命令将图案填充到图层或选区中。

打开一图像文件，用"矩形选框工具"在需要定义的图像部分，拉下矩形选框，执行上述步骤，打开"图案名称"面板，在"名称"处输入定义图案的名称，单击"确定"按钮，即可自定义图案，如图 2-6-60 所示。

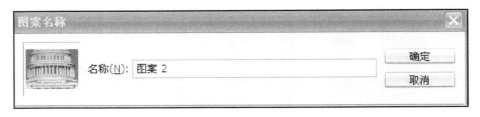

图 2-6-60　图案名称

第十节　消失点滤镜

"消失点"滤镜具有特殊的功能，使用它可以在包含透视平面，例如建筑物侧面或任何矩形对象的图像中进行透视校正编辑。通过使用消失点，可以在图像中指定透视平面，然后应用诸如绘画、仿制、拷贝或粘贴及变换等编辑操作，所有的操作都采用该透视平面来处理。使用消失点修饰、添加或去除图像中的内容时，结果会更加逼真。Photoshop 可以正确确定这些编辑操作的方向，并将它们缩放到透视平面。

执行"滤镜"→"消失点"命令（"Alt＋Ctrl＋V"组合键），可以打开"消失点"对话框，如图 2-6-61 所示。对话框中包含用于定义透视平面的工具、用于编辑图像的工具及可以预览图像的工作区域。

（1）编辑平面工具：用来选择、编辑、移动平面的节点及调整平面的大小。

（2）创建平面工具：用来定义透视平面的四个角节点。

（3）选框工具：在平面上单击并拖动鼠标可以选择平面上的图像。选择图像后，将光标移至选区内，按住 Alt 键拖动可以复制图像，按住 Ctrl 键拖动选区，可以用源图像填充该区域。

图 2-6-61　消失点

（4）图章工具 ：在使用该工具时，接住 Alt 键在图像中单击可以为仿制设置取样点，如图 2-6-62 所示。在其他区域拖动鼠标则可以复制图像，如图 2-6-63 所示。按住 Shift 键单击可以将描边扩展到上次单击处。

图 2-6-62　仿制设置取样点

图 2-6-63　复制图像

选择图章工具后，可以在对话框顶部的选项中选择一种"修复"模式。如果要绘画而不与周围像素的颜色、光照和阴影混合，应选择"关"；如果要绘画并将描边与周围像素的光照混合，同时保留样本像素的颜色，应选择"明亮度"；如果要绘画并保留样本图像的纹理，同时与周围像素的颜色、光照和阴影混合，应选择"开"。

（5）画笔工具 ：可在图像上绘制选定的颜色。

（6）变换工具 ：使用该工具时，可以通过移动定界框的控制点来缩放、旋转和移动浮动选区，类似于在矩形选区下使用"自由变换"命令。

（7）吸管工具 ：可拾取图像中的颜色作为画笔工具的绘画颜色。

（8）测量工具 ：可在平面中测量项目的距离和角度。

（9）抓手工具 ：放大图像的显示比例后，使用该工具可在窗口内移动图像。

（10）缩放工具 ：在图像上单击，可在预览窗口中放大图像的视图；按住 Alt 键单击，则缩小视图。

在定义透视平面时，定界框和网格会改变颜色，以指明平面的当前情况。蓝色的定界框为有效平面，但有效的平面并不能保证具有适当透视的结果，还应该确保定界框和网格与图像中的几何元素或平面区域精确对齐;红色的定界框为无效平面,"消失点"无法计算平面的长宽比,因此,不能从红色的无效平面中拉出垂直平面,尽管可以在红色的无效平面中进行编辑,但将无法正确对齐结果的方向;黄色的定界框同样为无效平面。Photoshop 无法解析平面的所有消失点,尽管可以在黄色的无效平面中拉出垂直平面或进行编辑,但将无法正确对齐结果的方向。

第十一节　镜头校正滤镜

"镜头校正"滤镜可修复常见的镜头缺陷,如桶形和枕形失真、色差及晕影等。也可以用来旋转图像,或修复由于相机垂直或水平倾斜而导致的图像透视现象。相对于使用"变换"命令,该滤镜的图像网格使得这些调整可以更为轻松精确地进行。执行"滤镜"→"镜头校正"命令("Shift+Ctrl+R"组合键),可以打开"镜头校正"对话框,如图 2-6-64 所示。

图 2-6-64　"镜头校正"对话框

"镜头校正"对话框主要分为三个区域,左侧是该滤镜的工具,中间是预览和操作窗口,右侧是参数设置区域。

6.11.1　校正桶形和枕形失真

桶形失真是一种镜头缺陷,它会导致直线向外弯曲到图像的外缘。枕形失真的效果则与之相反,直线会向内弯曲。

1. 用工具校正

使用"移去扭曲工具"⬜可以校正镜头桶形或枕形扭曲。选择该工具后,将光标移至画面中,单击并向画面边缘拖动鼠标可校正桶形失真,如图 2-6-65 所示;向画面的中心拖动鼠标可校正枕形失真,如图 2-6-66 所示。

图 2-6-65 校正桶形失真

图 2-6-66 校正枕形失真

2. 通过选项校正

在"自定"选项面板中,拖动"移去扭曲"滑块或在数值栏中输入数值(-100~100),可校正镜头桶形或枕形失真。该选项与移去扭曲工具的作用是相同的。移动滑块可拉直从图像中心向外弯曲或朝图像中心弯曲的水平和垂直线条。

6.11.2 校正色差

色差显示为对象边缘包含一圈色边,它是由于镜头对不同平面中不同颜色的光进行对焦而产生的。色差通常出现在照片的逆光部分,当背景的亮度高于前景时,背景与前景相接的边缘有时会出现红、蓝和绿色异常杂边。

"色差"选项用来校正图像中的色差,如图 2-6-67 所示。

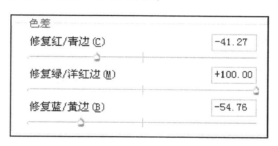

图 2-6-67 色差

调整"修复红/青边"滑块时,可通过调整红色通道相对于绿色通道的大小,针对红/青色边进行补偿。

调整"修复绿/洋红边"滑块时,可通过调整绿色通道相对于红色通道的大小,针对绿/洋红色边进行补偿。

调整"修复蓝/黄边"滑块时,可通过调整蓝色通道相对于绿色通道的大小,针对蓝/黄色边进行补偿。

6.11.3 校正晕影

晕影也是一种由相机镜头缺陷造成的现象,产生晕影的图像的边缘会比图像中心暗。

"晕影"选项是用来校正由于镜头缺陷或镜头遮光处理不正确而导致边缘较暗的图像,如图 2-6-68 所示。

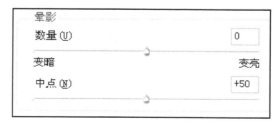

图 2-6-68 校正晕影

在"数量"选项中可以设置沿图像边缘变亮或变暗的程度。在"中点"选项中可以指定受"数量"滑块影响的区域的宽度,如果指定较小的数,会影响较多的图像区域;如果指定较大的数,则只会影响图像的边缘。如图2-6-69所示为校正前后的效果。

(a) 原图   (b) 校正后

图 2-6-69　校正前后的效果

6.11.4 应用变换

1. 用工具变换

使用"拉直工具"  可以校正倾斜的图像,或者对图像的角度进行调整。选择该工具后,在图像中单击并拖曳出一条直线,如图2-6-70所示。放开鼠标后,图像将以该直线为基准进行角度的校正,如图2-6-71所示。

图 2-6-70　拖曳出一条直线   **图 2-6-71　角度校正**

2. 用选项变换

"变换"选项中提供了用于校正图像透视和旋转角度的控制内容,如图2-6-72所示。

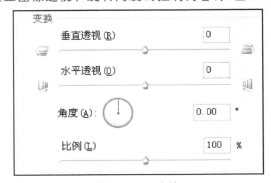

图 2-6-72　变换

■垂直透视:用来校正由于相机向上或向下倾斜而导致的图像透视,使图像中的垂直线平行。如图 2-6-73 和图 2-6-74 所示为校正前后的效果。

图 2-6-73　垂直透视　　　　　　　　　　　图 2-6-74　垂直校正效果

■水平透视:用来校正由于相机原因导致的图像透视,与"垂直透视"不同的是,它可以使水平线平行。如图 2-6-75 和图 2-6-76 所示为校正前后的效果。

图 2-6-75　水平透视　　　　　　　　　　　图 2-6-76　水平校正后的效果

■角度:可以旋转图像以针对相机歪斜加以校正,或者在校正透视后进行调整。它与"拉直工具"的作用相同。

■比例:可以向上或向下调整图像缩放,图像的像素尺寸不会改变。它的主要用途是移去由于枕形失真、旋转或透视校正所产生的图像空白区域。放大实际上将导致裁剪图像,并使插值增大到原始像素尺寸。如图 2-6-77 所示为未调整该值时校正的图像产生的空白区域,图 2-6-78 所示为通过增加比例值放大了图像消除了空白区域。

图 2-6-77　空白区域　　　　　　　　　　　图 2-6-78　消除了空白区域

6.11.5　自动校正选项面板

"自动校正"选项面板分为三个部分。

（1）校正：主要对图像进行形状、颜色及明暗对比效果的校正。

■边缘：用来指定如何处理由于枕形失真、旋转或透视校正而产生的空白区域。选择"边缘扩展"，可扩展图像的边缘像素来填充空白区域，如图 2-6-79 所示；选择"透明度"，空白区域保持透明，如图 2-6-80 所示；选择"黑色"或"白色"，则使用黑色或白色填充空白区域，如图 2-6-81 所示。

图 2-6-79　填充空白区域　　　　图 2-6-80　空白区域保持透明　　　　图 2-6-81　填充空白区域

（2）搜索条件：在选项栏中选择不同的相机进行对比校正。

（3）镜头配置文件：包括相机信息，选择不同的相机配置信息校正图像。

6.11.6　其他工具及选项内容

在"镜头校正"面板的左侧及下方，有一部分校正辅助工具及显示辅助选项。

（1）移动网格工具：用来移动网格，以便将其与图像对齐。

（2）抓手工具：放大图像的显示比例后，可使用该工具移动图像以观察图像的不同区域。

（3）缩放工具：在图像上单击可放大视图的显示比例，按住 Alt 键单击可缩小显示比例。

（4）预览：勾选该项，可在对话框中预览校正结果。

（5）显示网格：勾选该项，可在操作窗口显示网格。显示网格后，可在"大小"选项中调整网格间距，或者在"颜色"选项中更改网格的颜色。

第七章

颜 色 调 整 ≪≪≪

■本章内容

了解各种颜色模式的特点,了解基本的图像调整命令,学习使用"匹配颜色"命令,匹配多个图像的颜色,学习使用"通道混合器",了解"变化"命令的原理。了解"反相"、"阈值"、"色调分离"等命令的作用,学习使用颜色取样器工具,正确识别"信息"面板中的数据,识别直方图中反馈的信息,学习使用"色阶"调整图像的亮度和对比度,学习使用"色阶"校正图像的色偏,掌握在阈值状态下的调整方法,了解"曲线"对话框各个选项的作用。

第一节　图像的色彩模式

在 Photoshop 中,可以为每个文档选取一种颜色模式。颜色模式决定了用来显示和打印所处理图像的色彩方法。选择某种特定的色彩模式,就等于选用了某种特定的色彩模型。Photoshop 的色彩模式基于颜色模型,而颜色模型对于印刷中使用的图像非常有用。在"图像"→"模式"下拉菜单中可以选择需要的颜色模式,例如 RGB、CMYK、Lab 模式等。还可以选择用于特殊色彩输出的颜色模式,例如索引颜色和双色调等。

7.1.1　位图模式

位图模式使用两种颜色值(黑色或白色)之一表示图像中的像素,因此,在将图像转换为位图模式后,图像中只包含纯黑和纯白两种颜色。彩色图像转换为位图模式时,像素中的色相和饱和度信息都将被删除,只保留亮度信息。由于只有灰度和双色调模式的图像才能够转换为位图模式,如果要将这两种模式以外的图像转换为位图模式,应先将其转换为灰度模式或双色调模式,然后才能转换为位图模式。

打开一个灰度图像,如图 2-7-1 所示。执行"图像"→"模式"→"位图"命令,可以打开"位图"对话框,如图 2-7-2 所示。在"输出"选项中可以设置图像的输出分辨率。

图 2-7-1　灰度图像

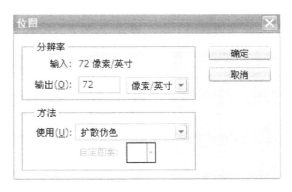

图 2-7-2　"位图"对话框

在"方法"选项中可以选择一种转换方法,包括"50％阈值"、"图案仿色"、"扩散仿色"、"半调网屏"和"自定图案"。

(1) 50％阈值:将 50％色调作为分界点,灰色值高于中间色阶 128 的像素转换为白色,灰色值低于色阶 128

的像素转换为黑色,进而创建高对比度的黑白图像,如图 2-7-3 所示。

（2）图案仿色:可使用黑白点的图案来模拟色调,如图 2-7-4 所示。

（3）扩散仿色:通过使用从图像左上角开始的误差扩散过程来转换图像,由于转换过程的误差原因,会产生颗粒状的纹理,如图 2-7-5 所示。

图 2-7-3　黑白图像　　　　　　图 2-7-4　模拟色调　　　　　　图 2-7-5　颗粒状纹理

（4）半调网屏:半调网屏可模拟平面印刷中使用的半调网点外观,如图 2-7-6 所示。

（5）自定图案:可选择一种图案来模拟图像中的色调,如图 2-7-7 所示。

图 2-7-6　半调网点外观　　　　　　　图 2-7-7　模拟图像中的色调

7.1.2　灰度模式

灰度模式的图像不包含颜色。彩色的图像转换为灰度模式后,它的色彩信息都将被删除。打开一彩色图像文件,如图 2-7-8 所示。执行"图像"→"模式"→"灰度"命令,打开灰度转换信息面板,如图 2-7-9 所示,单击"扔掉"即可把彩色图像转换为灰色模式,如图 2-7-10 所示是转换为灰度模式后的效果。

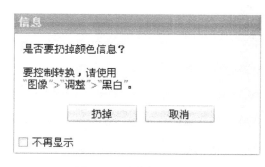

图 2-7-8　彩色图像　　　　　图 2-7-9　"信息"对话框　　　　　图 2-7-10　灰色模式

灰度图像中的每个像素都有一个 0 到 255 之间的亮度值,0 代表黑色,255 代表白色,其他值则代表了黑、白中间过渡的灰色。在 8 位图像中,最多有 256 级灰度,而在 16 和 32 位图像中,图像中的级数比 8 位图像要大得多。

7.1.3　双色调模式

在 Photoshop 中可以创建单色调、双色调、三色调和四色调的图像。单色调是用非黑色的单一油墨打印的灰度图像,双色调、三色调和四色调分别是用两种、三种和四种油墨打印的灰度图像。在这些图像中,将使用彩色油墨来重现带色彩的灰色。

只有灰度模式的图像才能转换为双色调模式,如果要将其他模式的图像转换为双色调模式,应先将其转为灰度模式的图像。

执行"图像"→"模式"→"双色调"命令,可以打开"双色调选项"对话框,如图 2-7-11 所示。通过一至四种自定油墨可创建单色调、双色调(两种颜色)、三色调(三种颜色)和四色调(四种颜色)的灰度图像。

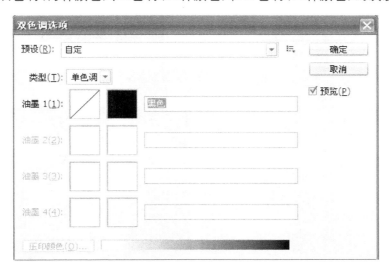

图 2-7-11　"双色调选项"对话框

(1)类型:在双色调选项下拉列表中可以选择创建"单色调"、"双色调"、"三色调"和"四色调"。

(2)油墨:用来对油墨进行编辑,选择"单色调"时,只能编辑一种油墨,选择"四色调"时,则可以编辑全部的四种油墨。单击"双色调曲线"图标,可以打开"双色调曲线"对话框,调整对话框中的曲线可以改变油墨的百分比,如图 2-7-12 所示。单击"油墨"选项右侧的颜色块,可以在打开的"拾色器"中设置油墨的颜色。如果单击"拾色器"中的"颜色库"按钮,则可以选择一个颜色系统中的预设颜色。

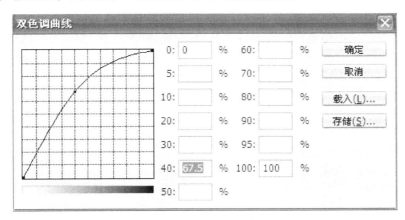

图 2-7-12　"双色调曲线"对话框

(3)压印颜色:相互打印在对方之上的两种无网屏油墨。单击该按钮可以在打开的"压印颜色"对话框中设置压印颜色在屏幕上的外观。

如图 2-7-13 所示为设置的油墨 1 至油墨 4 的色调及原图,如图 2-7-14 所示为相应颜色的单色调、双色调、三色调和四色调效果。

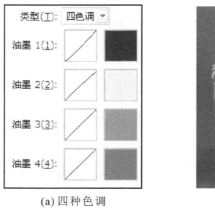

(a) 四种色调　　　　　　　　　　　　(b) 原图

图 2-7-13　四种色调及原图

(a) 单色调　　　　(b) 双色调　　　　(c) 三色调　　　　(d) 四色调

图 2-7-14　效果图

7.1.4　索引模式

索引颜色模式最多支持 256 种颜色,它是 GIF 文件格式的默认颜色模式。当彩色图像转换为索引颜色时,Photoshop 将构建一个色彩查找表(CLUT),用以存放并索引图像中的色彩。如果原图像中的某种色彩没有出现在该表中,则程序将选取最接近的那种,或者使用仿色以现有颜色来模拟该颜色。

执行"图像"→"模式"→"索引颜色"命令,可以打开"索引颜色"对话框,如图 2-7-15 所示。

(1) 调板:可选择转换为索引色彩后使用的调板类型,它决定了将使用哪些颜色,如图 2-7-16 所示。

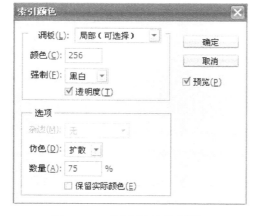

图 2-7-15　"索引颜色"对话框　　　　　　**图 2-7-16　调板**

（2）颜色：如果在"调板"选项中选择了"平均"、"局部（可感知）"、"局部（可选择）"或"局部（随样性）"，可以通过输入"颜色"值指定要显示的实际颜色数量（多达 256 种）。

（3）强制：可选择将某些颜色强制包括在颜色表中的选项。选择"黑白"，可将纯黑色和纯白色添加到颜色表中；选择"三原色"，可添加红色、绿色、蓝色、青色、洋红色、黄色、黑色和白色；选择"Web"，可添加 216 种 Web 安全色；选择"自定"，则允许定义要添加的自定颜色。

（4）杂边：可指定用于填充与图像的透明区域相邻的消除锯齿边缘的背景色。

（5）仿色：在该下拉列表中可以选择是否使用仿色，除非正在使用"实际"颜色表选项，否则颜色表可能不会包含图像中使用的所有颜色，若要模拟颜色表中没有的颜色，可以采用仿色。仿色混合现有颜色的像素，以模拟缺少的颜色。要使用仿色，可在该选项下拉列表中选择仿色选项，并输入仿色数量的百分比值。该值越大，所仿颜色越多，但是可能会增加文件大小。

7.1.5　RGB 色彩模式

RGB 模式一种用于屏幕显示的色彩模式。R 代表红色、G 代表绿色、B 代表蓝色。在 24 位图像中每一种颜色都有 256 种亮度值，因此，RGB 色彩模式可以展现 1 670 多万种颜色（256×256×256）。

7.1.6　CMYK 色彩模式

CMYK 色彩模式主要用于打印输出图像。C 代表青、M 代表品红、Y 代表黄、K 代表黑色。在 CMYK 模式下，可以为每个像素的每种印刷油墨指定一个百分比值。CMYK 模式的色域要比 RGB 模式小，只有在制作要用印刷色打印的图像时，才使用 CMYK 模式。

7.1.7　Lab 色彩模式

Lab 模式是 Photoshop 进行色彩模式转换时使用的中间模式，例如，在将 RGB 模式的图像转换为 CMYK 模式时，Photoshop 会在内部先将其转换为 Lab 模式，再由 Lab 模式转换为 CMYK 模式。Lab 的色域最宽，它涵盖了 RGB 模式和 CMYK 模式的色域。

在 Lab 色彩模式中，L 代表亮度分量，它的范围是 0～100，a 代表了由绿色到红色的光谱变化，b 代表由蓝色到黄色的光谱变化，a 和 b 的取值范围均为＋127～－128。

可以使用 Lab 模式处理 Photoshop 图像，独立编辑图像中的亮度和颜色值，在不同系统之间移动图像并将其传送到 PostScript Level 2 和 Level 3 打印机。要将 Lab 图像打印到其他彩色 PostScript 设备，应首先将其转换为 CMYK 模式。

7.1.8　多通道模式

将图像转换为多通道模式后，Photoshop 将根据原图像产生相同数目的新通道。在多通道模式下，每个通道都使用 256 级灰度。进行特殊打印时，多通道图像十分有用。在 RGB、CMYK、Lab 色彩模式的图像中，如果删除了某个色彩通道，图像会自动转换为多通道模式。

7.1.9　8 位、16 位、32 位/通道模式

"位"深度也称为像素深度或颜色深度，它度量在显示或打印图像中的每个像素时可以使用多少颜色信息。较大的位深度意味着数字图像具有较多的可用颜色和较精确的颜色表示。8 位/通道的位深度为 8 位，每个通道可支持 256 种颜色；6 位/通道的位深度为 16 位，每个通道可支持 65 000 种颜色。在 16 位模式下工作可以得到更精确的改善和编辑结果。

高动态范围（HDR）图像的位深度为 32 位，每个颜色通道包含颜色要比标准的 8 位/通道多得多，可以存储 100 000：1的对比度，在 Photoshop 中，使用 32 位长（32 位/通道）的浮点数字表示来存储 HDR 图像的亮度值。

7.1.10 颜色表

只有将图像的色彩模式转换为索引模式，"图像"→"模式"下拉菜单中的"颜色表"命令才会被激活。执行该命令时，Photoshop 将从图像中提取 256 种典型的颜色。如图 2-7-17 所示为索引模式的图像，如图 2-7-18 所示为该图像的颜色表。在"颜色表"下拉列表中可以选择一种预定义的颜色表，包括"自定"、"黑体"、"灰度"、"色谱"、"系统（Mac OS）"和"系统（Windows）"。

图 2-7-17 索引模式的图像

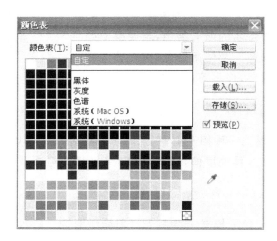

图 2-7-18 颜色表

（1）自定：创建指定的调色板。自定颜色表对于颜色数量有限的索引颜色图像可以产生特殊效果。

（2）黑体：显示基于不同颜色的面板，这些颜色是黑体辐射物被加热时发出的，从黑色到红色、橙色、黄色和白色。

（3）灰度：显示基于从黑色到白色的 256 个灰阶的面板。

（4）色谱：显示基于白光穿过棱镜所产生的颜色的调色板，从紫色、蓝色、绿色到黄色、橙色和红色。

（5）系统（Mac OS）：显示标准的 Mac OS 256 色系统面板。

（6）系统（Windows）：显示标准的 Windows 256 色系统面板。

第二节 常用图像调整命令

执行"图像"→"调整"命令，可以打开图像调整下拉菜单，菜单中包含一系列的图像基本调整命令。

7.2.1 亮度/对比度

"亮度/对比度"命令可以对图像的色调范围进行简单的调整，执行该命令可以打开"亮度/对比度"对话框，如图 2-7-19 所示。向左拖动滑块可降低亮度和对比度，如图 2-7-20 所示；向右拖动滑块则可以增强亮度和对比度，如图 2-7-21 所示。

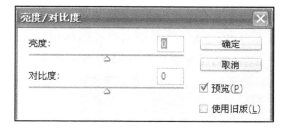

图 2-7-19 "亮度/对比度"对话框

图 2-7-20 降低亮度和对比度

图 2-7-21 增强亮度和对比度

7.2.2 色阶

使用"色阶"命令可以调整图像的阴影、中间调和高光的强度级别,从而校正图像的色调范围和色彩平衡。"色阶"对话框中包含一个直方图,它可作为调整图像基本色调的直观参考依据。

打开一个图像文件,执行"图像"→"调整"→"色阶"命令("Ctrl+L"组合键),可以打开"色阶"对话框,对话框中包含了一个直方图、"输入色阶"和"输出色阶"选项与滑块,此外,还提供了三个吸管工具,如图 2-7-22 所示。

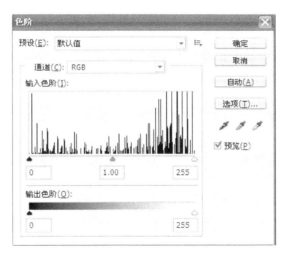

图 2-7-22 色阶

(1)预设:选择"默认值"模式或"自定"模式。

(2)通道:在该选项下拉列表中可以选择要调整的通道。如果要同时编辑多个颜色通道,可在执行"色阶"命令之前,按住 Shift 键在"通道"面板中选择这些通道,之后,"通道"菜单会显示目标通道的缩写。如图 2-7-23 示为同时选择红色和绿色通道。

图 2-7-23 选择红色和绿色通道

（3）直方图：显示了当前图像的直方图，直方图左侧代表阴影区域，中间代表了中间调，右侧代表高光区域。

（4）输入色阶：用来调整图像的阴影、中间调和高光区域，可拖动滑块调整，也可以在滑块下面的数值栏中输入数值进行调整。

（5）输出色阶：用来限定图像的亮度范围，拖动滑块调整，或者在滑块下面的数值栏中输入数值，可以降低图像的对比度。

（6）预设选项▤：单击该按钮，打开"预设选项"命令面板，可以执行对预设存储、载入和删除的设置。

（7）自动：单击该按钮，可应用自动颜色校正。Photoshop 将以 0.5％ 的比例自动调整图像色阶，使图像的亮分布更加均匀。

（8）选项：单击该按钮，可以打开"自动颜色校正选项"对话框，在对话框中可以设置颜色校正算法及目标颜色与修剪。具体内容参考下节"曲线"相同选项。

（9）在图像中取样以设置黑场按钮🖊：点击该按钮，在图像中单击，可将单击点的像素变为黑色，原图像中比该点暗的像素也变成黑色。

（10）在图像中取样以设置灰场按钮🖊：点击该按钮，在图像中单击，可根据单击点的像素的亮度来调整其他中间色调的平均亮度。

（11）在图像中取样以设置白场按钮🖊：点击该按钮，在图像中单击，可将单击点的像素变为白色，原图像中比该点亮度值大的像素也都变为白色。

（12）预览：勾选该项，可以在图像中看到调整的结果。

7.2.3 曲线

与色阶一样，曲线也用于调整图像的色彩与色调，但色阶只有三个调整功能，白场、黑场和灰度系数，而曲线则允许在图像的整个色调范围内最多调整 14 个不同的点。在所有调整工具中，曲线可以提供更为精确的调整结果。

打开一个图像文件，执行"图像"→"调整"→"曲线"命令（"Ctrl＋M"组合键），可以打开"曲线"对话框，如图 2-7-24 示。

（1）预设：单击该选项右侧"选择曲线预设"按钮，可以打开一个下拉列表，如图 2-7-25 所示。选择"默认值"时，可通过拖动曲线来调整图像，调整曲线时，该选项会自动变为"自定"。选择其他选项时，则使用系统预设的调整设置。如图 2-7-26 所示为使用不同预设选项的调整结果。

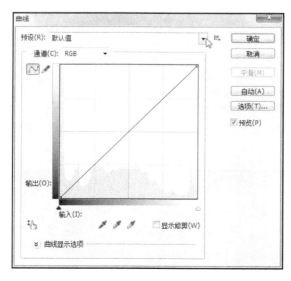

图 2-7-24 "曲线"对话框

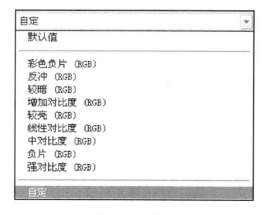

图 2-7-25 自定

(a) 原图　　　　(b) 彩色负片　　　　(c) 反冲　　　　(d) 较暗　　　　(e) 增加对比度

(f) 较亮　　　　(g) 线性对比度　　　　(h) 中对比度　　　　(i) 负片　　　　(j) 强对比度

图 2-7-26　使用不同预设选项的调整结果

（2）预设选项按钮 ：单击该按钮，可以打开一个下拉列表。选择"存储预设"命令可以存储颜色调整设置，以便将它们也用于其他图像；选择"载入预设"命令，可以载入一个预设文件；选择"删除当前预设"命令，则可以删除当前存储的预设。

（3）通道：在该选项下拉列表中可以选择需要调整的通道。RGB 模式的图像可以调整 RGB 复合通道和红色、绿色、蓝色通道；CMYK 模式的图像则可以调整 CMYK 复合通道和青色、洋红色、黄色、黑色通道。

（4）编辑点以修改曲线按钮 ：按下该按钮后，在曲线中单击可添加新的控制点，拖动控制点改变曲线形状可以对图像作出调整。

（5）通过绘制来修改曲线按钮 ：按下该按钮后，可在对话框内绘制手绘效果的自由形状曲线。绘制自由曲线后，单击对话框中的"通过绘制来修改曲线"按钮，可在曲线上显示控制点。

（6）平滑：通过绘制来修改曲线绘制自由形状的曲线后，单击该按钮，可以对曲线进行平滑处理。

（7）输入色阶/输出色阶："输入色阶"显示了调整前的像素值，"输出色阶"显示了调整后的像素值。

（8）高光/中间调/阴影：移动曲线顶部的点可调整图像的高光区域；拖动曲线中间的点，可以调整图像的中间调，拖动曲线底部的点，可以调整图像的阴影区域。

（9）在图像上单击并拖动可以修改曲线按钮 ：按下该按钮，可以用鼠标在图像上单击并拖动，这样可以修改曲线并显示相应的图像效果。

（10）在图像中取样以设置黑场/灰场/白场：与"色阶"对话框中相应工具的作用相同。

（11）显示剪修：选择该项可以显示图像中发生修剪的位置。

（12）自动：单击该按钮，可对图像应用"自动颜色"、"自动对比度"或"自动色阶"校正。具体的校正内容取决于"自动颜色校正选项"对话框的设置。

（13）选项：单击该按钮，可以打开"自动颜色校正选项"对话框，如图 2-7-27 所示。自动颜色校正选项用来控制由"色阶"和"曲线"中的"自动颜色"、"自动色阶"、"自动对比度"和"自动"选项应用的色调和颜色校正。自动颜色校正选项允许指定阴影和高光剪切百分比，并为阴影、中间调和高光指定颜色值。

（14）曲线显示选项：单击"曲线"对话框"曲线显示选项"前的按钮 ，可以显示或隐藏曲线显示选项设置面板。使用"曲线显示选项"可以控制曲线网格显示，如图 2-7-28 所示。

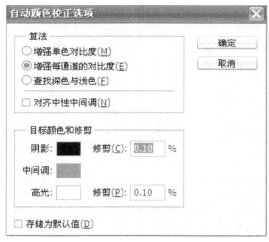

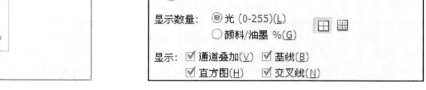

图 2-7-27 "自动颜色校正选项"对话框　　　　　　图 2-7-28　控制曲线网格显示

■显示数量：选择"光（0－255）"或"颜料/油墨量（%）"，可反转强度值和百分比的显示。对于 RGB 图像，显示强度值[从 0 到 255，黑色（0）位于左下角]，显示的 CMYK 图像的百分比范围是 0 到 100，并且高光（0%）位于左下角，将强度值和百分比反转之后，对于 RGB 图像，0 将位于右下角；而对于 CMYK 图像，0% 将位于右下角。

■简单网格/详细网格：按下简单网格按钮⊞，将以 25% 的增量显示网格线；按下详细网格按钮▦，则以 10% 的增量显示网格。

■通道叠加：勾选该项，可显示叠加在复合曲线上方的颜色通道曲线。

■直方图：勾选该项，可显示直方图叠加。

■基线：勾选该项，可在网格上显示以 45° 角绘制的基线。

■交叉线：勾选该项，在调整曲线时，可显示水平线和垂直线，以帮助在相对于直方图或网格进行拖动时将点对齐。

7.2.4　曝光度

"曝光度"是专门用于调整 HDR 图像色调的命令，但它也可以用于 8 位和 16 位图像。打开一个图像文件，执行"图像"→"调整"→"曝光度"命令，可以打开"曝光度"对话框，如图 2-7-29 所示。

图 2-7-29　"曝光度"对话框

（1）预设：该选项设置预设模式，分为"默认值"和"自定"模式。

（2）预设选项：单击"预设选项"按钮▤，可以打开一个下拉列表。选择"存储预设"命令可以存储颜色调整设置，以便将它们也用于其他图像；选择"载入预设"命令，可以载入一个预设文件；选择"删除当前预设"命令，则可以删除当前存储的预设。

（3）曝光度：可调整色调范围的高光端，对极限阴影的影响很轻微。

（4）位移：可以使阴影和中间调变暗，对高光的影响很轻微。

（5）灰度系数校正：使用简单的乘方函数调整图像灰度系数。负值会被视为它们的相应正值（这些值仍然保持为负，但仍然会被调整，就像它们是正值一样）。

（6）吸管工具：使用设置黑场吸管工具 在图像中单击，可以使单击点的像素变为黑色；设置白场吸管工具 可以使单击点的像素变为白色；设置灰场吸管工具 可以使单击点的像素变为中度灰色。

7.2.5 自然饱和度

"自然饱和度"是用来调整图像的色彩饱和度和自然饱和度的命令，执行"图像"→"调整"→"自然饱和度"命令，打开"自然饱和度"对话框，如图 2-7-30 所示。

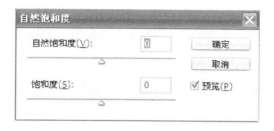

图 2-7-30 "自然饱和度"对话框

（1）自然饱和度：用于调整图像的自然饱和度。

（2）饱和度：主要调整图像颜色的饱和度。

7.2.6 色相/饱和度

"色相/饱和度"命令（"Ctrl＋U"组合键）可以调整图像中特定颜色分量的色相、饱和度和亮度，或者同时调整图像中的所有颜色。该命令尤其适用于微调 CMYK 图像中的颜色，以便它们处在输出设备的色域内。打开一个图像文件，执行"图像"→"调整"→"色相/饱和度"命令，可以打开"色相/饱和度"对话框，如图 2-7-31 所示。

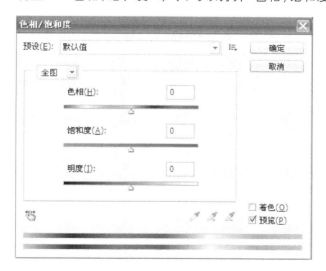

图 2-7-31 "色相/饱和度"对话框

（1）预设/预设选项 ：该两选项与"曝光度"相应选项相同。

（2）编辑：在该选项下拉列表中可以选择要调整的颜色。选择"全图"，可调整图像中所有的颜色，选择其他选项，则可以单独调整红色、黄色、绿色和青色等颜色，如图 2-7-32 所示。

（3）色相：拖动滑块可以改变图像的色相，如图 2-7-33 和图 2-7-34 所示。

图 2-7-32　单独调整颜色

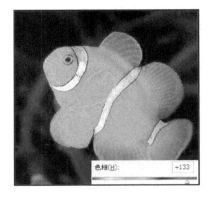

图 2-7-33　色相 1

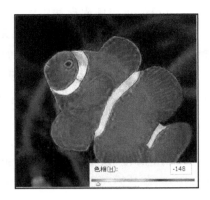

图 2-7-34　色相 2

（4）饱和度：向右拖动滑块可以增加饱和度，向左拖动滑块可减少饱和度。

（5）明度：向右拖动滑块可以增加亮度，向左拖动滑块则降低亮度。

（6）修改饱和度按钮：按下该按钮，可以用鼠标在图像上单击并拖动，这样可以修改图像的饱和度。

（7）着色：勾选该项，可以将图像转换为只有一种颜色的单色图像。变为单色图像后，拖动"色相"滑块可以调整图像的颜色。

（8）吸管工具：如果在"编辑"选项中选择一种颜色，便可以用吸管工具拾取颜色。使用吸管工具，在图像中单击可选择颜色范围；使用"添加到取样"工具，在图像中单击可以增加颜色范围；使用"从取样中减去"工具，在图像中单击可以减少颜色范围。设置了颜色范围后，可以拖动滑块来调整颜色的色相、饱和度或明度。

（9）颜色条：在对话框底部有两个颜色条，它们以各自的顺序表示色轮中的颜色。上面的颜色条显示调整前的颜色，下面的颜色条显示调整如何以全饱和状态影响所有色相。如果在"编辑"选项中选择了一种颜色，对话框中会出现四个色轮值（用度数表示）。它们与出现在这些颜色条之间的调整滑块相对应，两个内部的垂直滑块定义了颜色范围，两个外部的三角形滑块则显了在调整颜色范围时在何处衰减。

7.2.7　色彩平衡

"色彩平衡"命令（"Ctrl＋B"组合键）可以更改图像的总体颜色混合。打开一个图像，执行"图像"→"调整"→"色彩平衡"命令，可以打开"色彩平衡"对话框，如图 2-7-35 所示。

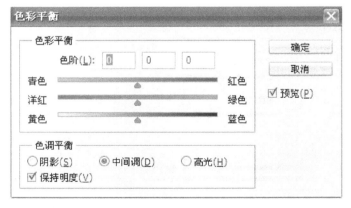

图 2-7-35　"色彩平衡"对话框

（1）色彩平衡：在"色阶"数值栏中输入数值，或者拖动滑块可以向图像中增加或减少颜色。

（2）色调平衡：可选择一个色调范围来进行调整，包括"阴影"、"中间调"和"高光"。如果勾选"保持明度"选项，可防止图像的亮度值随颜色的更改而改变，进而保持图像的色调平衡。

7.2.8 黑白

使用"黑白"命令（"Ctrl＋Shift＋Alt"组合键）可使彩色图像转换为灰度图像，同时保持对各颜色的转换方式的完全控制，也可以通过对图像应用色调来为灰度着色。"黑白"命令可以将彩色图像转换为单色图像，并允许调整颜色通道输入。

打开一个图像文件，执行"图像"→"调整"→"黑白"命令，可以打开"黑白"对话框，如图 2-7-36 所示。Photoshop 将基于图像中的颜色混合执行默认灰度转换。

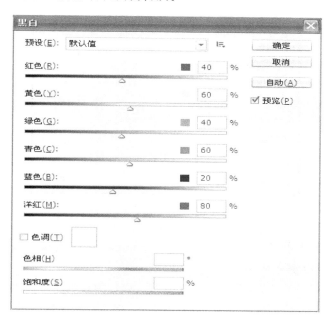

图 2-7-36 "黑白"对话框

（1）预设 /预设选项：可以在"预设"下拉列表中可以选择一个预设的调整设置，而预设选项与"曝光度"相应选项相同。

（2）颜色滑块：拖动滑块可调整图像中特定颜色的灰色调。将滑块向左拖动时，可以使图像的原色的灰色调变暗；向右拖动则使图像的原色的灰色调变暗或变亮。如果将鼠标移至图像上方，光标将变为吸管状。单击某个图像区域并按住鼠标可以高亮显示该位置的主色的色卡。

（3）色调：如果要对灰度应用色调，可勾选"色调"选项，并根据需要调整"色相"滑块和"饱和度"滑块。"色相"滑块可更改色调颜色，而"饱和度"滑块可提高或降低颜色的集中度。单击色卡，可以打开"拾色器"并进一步微调色调颜色。如图 2-7-37 和图 2-7-38 所示为通过添加色调创建的单色调图像。

图 2-7-37 单色调图像 1

图 2-7-38 单色调图像 2

（4）自动：单击该按钮，可设置基于图像的颜色值的灰度混合，并使灰度值的分布最大化。"自动"混合通常会产生极佳的效果，并可以用作使用颜色滑块调整灰度值的起点。

7.2.9　照片滤镜

"照片滤镜"可以模拟通过彩色校正滤镜拍摄照片的效果，该命令还允许用户选择预设的颜色或自定义的颜色向图像应用色相调整。打开一个图像文件，执行"图像"→"调整"→"照片滤镜"命令，打开"照片滤镜"对话框，如图 2-7-39 所示。

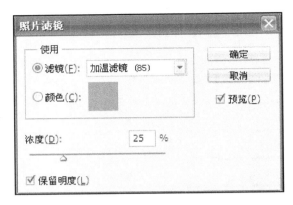

图 2-7-39　"照片滤镜"对话框

（1）滤镜：在该选项下拉列表中可以选择使用的滤镜，Photoshop 可模拟在相机镜头前面加彩色滤镜，以便调整通过镜头传输的光的色彩平衡和色温。

（2）颜色：单击该选项右侧的颜色块，可以在打开的"拾色器"中设置自定义的滤镜颜色。

（3）浓度：可调整应用到图像中的颜色数量，该值越高，颜色的调整幅度就越大。

（4）保留明度：勾选该项，不会因为添加滤镜而使图像变暗。

7.2.10　通道混合器

"通道混合器"可以使用图像中现有颜色通道的混合来修改目标颜色通道，从而控制单个通道的颜色量。

打开一图像文件，执行"图像"→"调整"→"通道混合器"命令，打开"通道混合器"对话框，如图 2-7-40 所示。

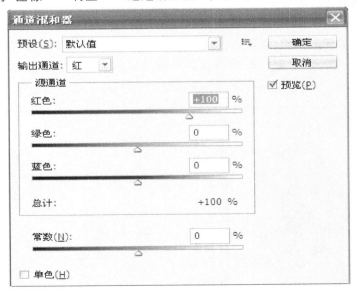

图 2-7-40　"通道混合器"对话框

（1）预设：在该选项的下拉列表中包含了 Photoshop 提供的预设调整设置，可以选择一个设置来直接使用。

（2）输出通道：可以选择要在其中混合一个或多个现有通道的通道。

（3）源通道：用来设置输出通道中源通道所占的百分比。将一个源通道的滑块向左拖移时，可减小该通道在输出通道中所占的百分比；向右拖移则增加百分比，负值可以使源通道在被添加到输出通道之前反相。

（4）总计：显示了源通道的总计值。如果合并的通道值高于 100％，Photoshop 会在总计旁边显示一个警告图标。

（5）常数：用来调整输出通道的灰度值。负值增加更多的黑色，正值增加更多的白色。－200％值使输出通道成为全黑，＋200％值使输出通道成为全白。

（6）单色：勾选该项，可将彩色图像变为黑白图像。

7.2.11　反相

"反相"（Ctrl＋I）命令可以反转图像的颜色，创建负片效果。在对图像进行反相时，通道中每个像素的亮度值都会转换为 256 级颜色值刻度上相反的值。例如，值为 255 的正片图像中的像素会被转换为 0，值为 5 的像素会被转换为 250。如图 2-7-41 所示为原图像和执行"反相"命令后的效果。再次执行该命令可以恢复图像为原来的效果。

图 2-7-41　"反相"效果

7.2.12　色调分离

"色调分离"命令可以按照指定的色阶数减少图像的颜色，在照片中创建特殊效果。打开一个图像文件，执行"图像"→"调整"→"色调分离"命令，可以打开"色调分离"对话框，拖动色阶滑块或者输入不同的色阶参数，图像显示不同的色调分离效果，如图 2-7-42 和图 2-7-43 所示。

图 2-7-42　色调分离效果 1　　　　　图 2-7-43　色调分离效果 2

7.2.13　阀值

"阀值"命令可以删除图像的色彩信息，将图像转换为只有黑白两色。打开一个图像文件，执行"图像"→

"调整"→"阈值"命令,可以打开"阀值"对话框,如图 2-7-44 所示。输入"阀值色阶"值或拖动直方图下面的滑块,可以设定黑白之间的分界点。亮度值大于"阀值色阶"的像素被转换为白色,小于"阀值色阶"的像素转换为黑色,如图 2-7-45 所示。

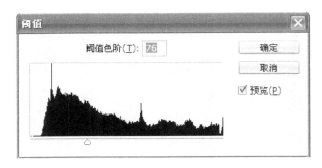

图 2-7-44 "阈值"对话框

图 2-7-45 效果图

7.2.14 渐变映射命令

"渐变映射"命令将相等的图像灰度范围映射到指定的渐变填充色。如果指定双色渐变填充,例如图像中的阴影映射到渐变填充的一个端点颜色,高光映射到另一个端点颜色,而中间调映射到两个端点颜色之间的渐变。

打开一个图像文件,执行"图像"→"调整"→"渐变映射"命令,打开"渐变映射"对话框,如图 2-7-46 所示。

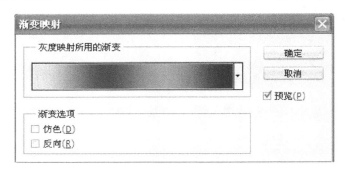

图 2-7-46 "渐变映射"对话框

（1）灰度映射所用的渐变:用来设置渐变色彩,单击相应色带,可以打开"渐变编辑器"对话框,相关设置参考"渐变工具"。

（2）仿色:勾选"渐变选项"下的"仿色",可添加随机的杂色来平滑渐变填充的外观,减小带宽效应。

（3）反相:句选"渐变选项"下的"反相",可切换渐变填充的方向。

7.2.15 可选颜色

可选颜色校正是高端扫描仪和分色程序使用的一种技术,用于在图像中的每个主要原色成分中更改印刷色数量。使用"可选颜色"命令可以有选择地修改任何主要颜色中的印刷色数量,而不会影响其他主要颜色。打开一个图像文件,执行"图像"→"调整"→"可选颜色"命令,可以打开"可选颜色"对话框,如图 2-7-47 所示。

（1）预设 /预设选项:参考"曝光度"命令。

（2）颜色:在该选项下拉列表可以选择需要调整的颜色。选择颜色后,可拖动"青色"、"洋红色"、"黄色"和"黑色"滑块来调整这四种印刷色的数量。

（3）方法:用来设置色值的调整方式。选择"相对"时,可按照总量的百分比修改现有的青色、洋红色、黄色点黑色的量。选择"绝对"时,则采用绝对值调整颜色。

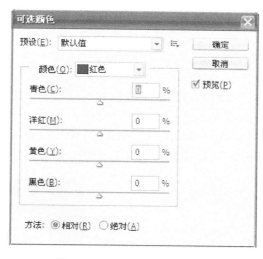

图 2-7-47　"可选颜色"对话框

7.2.16　阴影/高光

"阴影/高光"命令能够基于阴影或高光中的局部相邻像素来校正每个像素,从而调整图像的阴影和高光区域。该命令适用于校正由强逆光而形成剪影的照片,或者校正由于太接近相机闪光灯而有些发白的焦点。在用其他方式采光的图像中,这种调整也可用于使阴影区域变亮。

打开一个图像文件,执行"图像"→"调整"→"阴影/高光"命令,可以打开"阴影/高光"对话框。勾选"显示其他选项",可以显示完整的对话框,如图 2-7-48 所示。对话框中的默认值可以校正有逆光问题的图像。

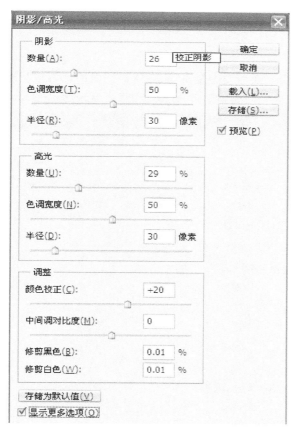

图 2-7-48　"阴影/高光"对话框

（1）阴影：用来调整图像的阴影区域。"数量"可以控制调整的强度，该值越高，图像的阴影区域越亮；"色调宽度"可以控制色调的修改范围，较小的值会限制只对转暗的区域进行校正，较大的值会影响更多的色稠；"半径"可以控制每个像素周围的局部相邻像素的大小，相邻像素用于确定像素是在阴影还是在高光中。

（2）高光：用来调整图像的高光区域。"数量"可以控制调整的强度，该值越高，图像的高光区域越暗，"色调宽度"可以控制色调的修改范围，较小的值会限制只对较亮的区域进行校正，较大的值会影响更多的色调；"半径"可以控制每个像素周围的局部相邻像素的大小。

（3）颜色校正：可以调整已修改区域的色彩。例如，如图2-7-49所示为通过增大阴影的"数量"使得原图像中较暗的颜色显示出来，此时调整"颜色校正"选项可以使这些颜色更暗淡或更鲜艳，图2-7-50所示为原图。

图 2-7-49　效果图　　　　　　　　　　图 2-7-50　原图

（4）中间调对比：用来调整中间调的对比度。向左侧拖动滑块会降低对比度，向右侧拖动滑块可增加对比度。

（5）修剪黑色/修剪白色：可指定在图像中会将多少阴影和高光剪切到新的极端阴影（色阶为0）和高光（色阶为255）颜色。该值越高，生成的图像的对比度越大。

（6）存储为默认值：单击该按钮，可以将当前的参数设置存储。再次打开"阴影/高光"对话框时，会显示该参数。如果要恢复为默认的数值，可按住Shift键，该按钮将变为"复位默认值"按钮，单击它便可以进行恢复。

7.2.17　HDR 色调

"HDR色调"是Photoshop CS5新增的调整命令，主要对图像的色调与明暗对比度进行调整。

打开一个图像文件，执行"图像"→"调整"→"HDR色调"命令，打开"HDR色调"对话框，如图2-7-51所示。

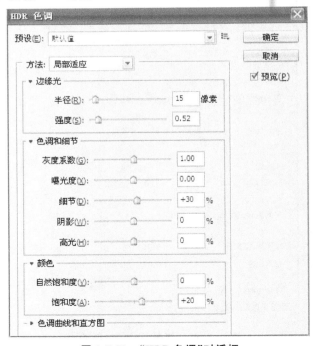

图 2-7-51　"HDR 色调"对话框

（1）方法：选择"HDR 色调"设置的方法。每种方法，都有一个不同的面板。

（2）边缘光：设置"边缘光"下的"半径"、"强度"值可以对图像的亮度与灰度进行调整。

（3）色调和细节：通过对"灰度系数"、"曝光度"、"细节"、"阴影"和"高光"值的设置，可以调整图像的颜色与细节。

（4）颜色：通过设置参数，来调整图像的画面饱和度。

（5）色调曲线和直方图：单击该选项，打开曲线调整面板，对图像的明暗对比度进行调整，如图 2-7-52 所示。如图 2-7-53 为调整曲线后图像的对比效果。

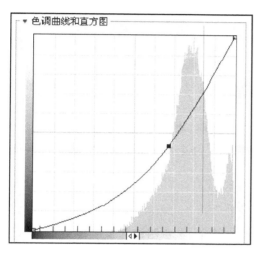

图 2-7-52　对图像的明暗对比度进行调整

(a) 原图

(b) 处理后

图 2-7-53　对比效果

7.2.18　变化

在使用"变化"命令处理图像时，可以通过图像的缩览图来调整图像的色彩平衡、对比度和饱和度。它对于不需要精确颜色调整的平均色调图像最为有用，通过该命令还可以消除图像的色偏。

打开一个图像文件，执行"图像"→"调整"→"变化"命令，可以打开"变化"对话框，如图 2-7-54 所示。

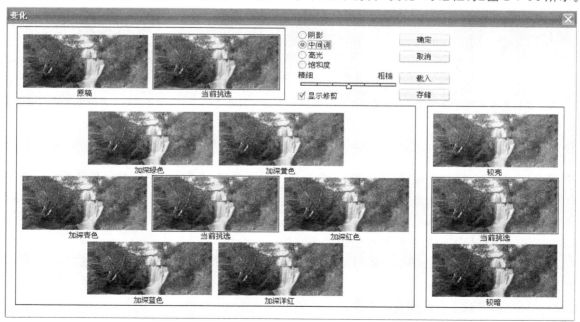

图 2-7-54　"变化"对话框

（1）原稿/当前挑选：对话框顶部的"原稿"缩览图显示了原始图像，"当前挑选"缩览图则显示了图像的调整结果。第一次打开该对话框时，这两个图像是一样的，但"当前挑选"图像将随着调整的进行而实时显示当前的处理效果。如果单击"原稿"缩览图，则可将图像恢复为调整前的状态。

（2）其他缩览图：在对话框左侧的7个缩览图中，位于中间的"当前挑选"缩览图也是用来显示调整结果的，另外6个缩览图用来调整颜色。单击其中任何一个缩览图都可将相应的颜色添加到图像中，连续单击则可以累积添加颜色。如果要减少一种颜色，可单击与其相反颜色的缩览图。

（3）阴影/中间/调高光：选择相应的选项，可调整图像的阴影、中间调和高光。

（4）饱和度：用来调整图像的饱和度。勾选该项后，对话框会显示三个缩览图，中间的"当前挑选"缩览图显示了调整结果。单击"减少饱和度"和"增加饱和度"缩览图可减少或增加图像的饱和度。在增加饱和度时，如果超出了最大的颜色饱和度，则颜色会被剪切。

（5）精细/粗糙：用来控制每次调整的量，每移动一格滑块，可以使调整量双倍增加。

（6）显示修剪：如果想要显示图像中将由调整功能剪切（转换为纯白或纯黑）的区域的预览效果，可勾选"显示修剪"选项。

"变化"命令是基于色轮来进行颜色的调整的，因此，增加一种颜色，将自动减少该颜色的补色。例如，增加红色将减少青色，增加绿色将减少洋红色，增加蓝色将减少黄色。反之亦然。了解这个规律后，再进行颜色的调整时就会有的放矢了。

7.2.19　去色

执行"去色"命令（"Shift＋Ctrl＋V"组合键）可以删除图像的颜色，彩色图像将变为黑白图像，但不会改变图像的色彩模式。如图2-7-55和图2-7-56所示分别为执行该命令前后的图像效果。

如果在图像内创建选区，则执行该命令时，可去除选区内图像的颜色，如图2-7-57所示。

图2-7-55　执行命令前的图像效果　　　图2-7-56　执行命令后的图像效果　　　图2-7-57　去除选区内图像的颜色

7.2.20　匹配颜色

"匹配颜色"命令可以将一个图像（源图像）的颜色与另一图像（目标图像）中的颜色相匹配。该命令比较适合使多个图片的颜色保持一致。打开一个图像文件，执行"图像"→"调整"→"匹配颜色"命令，打开"匹配颜色"对话框，如图2-7-58所示。

（1）目标：显示了目标图像的名称和颜色模式等信息。

（2）应用调整时忽略选区：如果当前图像中包含选区，勾选该项可忽略目标图像中的选区，并将调整应用于整个目标图像。

（3）亮度：可增加或减小目标图像的亮度。

（4）颜色强度：用来调整目标图像的色彩饱和度。

图 2-7-58 "匹配颜色"对话框

（5）渐隐：可控制应用于图像的调整量，该值越高，调整的强度越弱。

（6）中和：勾选该项可消除图像中的色彩偏差。

（7）使用原选区计算颜色：如果在源图像中创建了选区，勾选该项，可使用选区中的图像匹配颜色；取消勾选，则会使用整幅图像进行匹配。

（8）使用目标选区计算调整：如果在源图像中创建了选区，勾选该项，可使用选区中的图像匹配亮度和颜色强度；取消勾选，则会使用整幅图像进行匹配。

（9）源：可选择要将颜色与目标图像中的颜色相匹配的源图像。

（10）图层：用来选择需要匹配的颜色的图层。如果要将"匹配颜色"命令应用于目标图像中的特定图层，应确保在执行"匹配颜色"命令时该图层处于当前选择状态。

（11）存储统计数据/载入统计数据：单击"存储统计数据"按钮，将当前的设置保存；单击"载入统计数据"按钮，可载入已存储的设置。使用载入的统计数据时，无需在 Photoshop 中打开源图像，就可以完成匹配当前目标图像的操作。

7.2.21 换颜色

使用"替换颜色"命令可以在图像中选择特定的颜色，然后将其替换。打开一个图像文件，执行"图像"→"调整"→"替换颜色"命令，打开"替换颜色"对话框，如图 2-7-59 所示。

（1）吸管工具：用吸管工具在图像上单击，可以选择由蒙版显示的区域；用添加到取样工具在图像中单击，可以添加颜色；用从取样中减去工具在图像中单击，可以减少颜色。

（2）颜色容差：可调整蒙版的容差，控制颜色的选择精度。该值越高，包括的颜色范围越广。

（3）选区/图像：勾选"选区"，可在预览区中显示蒙版。其中黑色代表未被选择的区域，白色代表了被选择的区域，灰色代表了被部分选择的区域；如果勾选"图像"，则预览区中可显示图像。

（4）替换：用来设置用于替换的颜色的色相、饱和度和明度。

图 2-7-59　"替换颜色"对话框

7.2.22　色调均化

　　"色调均化"命令可以在图像过暗或过亮时,通过平均值调整图像的整体亮度。在颜色对比较强的时候,可以通过平均值亮度,使高光部分略暗,使阴影部分略亮,如图 2-7-60 所示。

(a) 原图　　　　　　　　　　(b) 色调均化效果

图 2-7-60　效果对比

第三节　图像自动调整命令

7.3.1　自动色阶

　　"自动色阶"命令("Shift＋Ctrl＋L"组合键)可以自动调整图像中的黑场与白场,将每个颜色通道中最亮和最暗的像素映射到纯白(色阶为 255)和纯黑(色阶为 0),中间像素值按比例重新分布。

使用"自动色阶"命令可以增强图像的对比度,在像素值平均分布并且需要以简单的方式增加对比度的特定图像中,该命令可以提供较好的结果。

7.3.2　自动对比度

"自动对比度"命令("Alt＋Shift＋Ctrl＋L"组合键)可以自动调整图像的对比度,使高光看上去更亮,阴影看上去更暗。该命令可以改进许多摄影或连续色调图像的外观,但无法改善单调颜色图像。

7.3.3　自动颜色命令

"自动颜色"命令("Shift＋Ctrl＋B"组合键)可以自动搜索图像来标志阴影、中间调和高光,从而调整图像的对比度和颜色。

第四节　颜色取样器工具

"颜色取样器工具",可以在图像上放置取样点,每一个取样点的颜色信息都会显示在"信息"面板中。通过设置取样点,可以在调整图像的过程中观察到颜色值的变化情况。

选择"颜色取样器工具",在需要取样的位置单击鼠标,可建立取样点,一个图像最多可以放置 4 个取样点。在建立取样点时,会自动打开"信息"面板,信息面板上同时显示当前鼠标位置信息和所有取样点的信息,如图 2-7-61 所示。

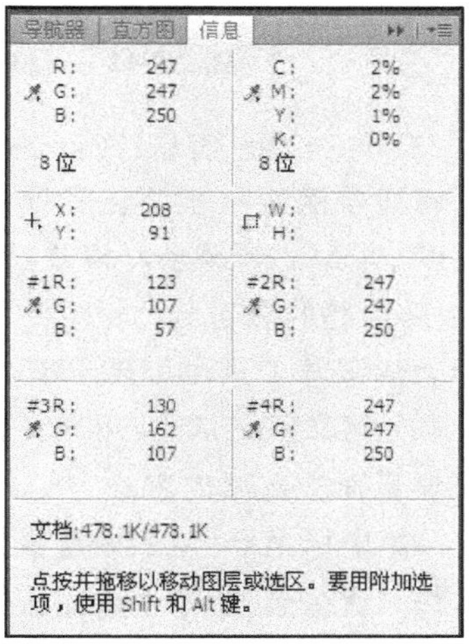

创建取样点后,可以根据需要移动它们的位置。将光标移至一个取样点上,单击并拖动鼠标可将其移动。取样点的位置移动后,拾取的颜色信息也会随之变化。按住 Alt 键单击颜色取样点,可以将其删除。如果要删除所有颜色取样点,可单击工具选项栏中的"清除"按钮。如果要在调整对话框处于打开状态时删除颜色取样点可按住"Alt＋Shift"组合键单击取样点。

(1) 光标信息:"R、G、B"值,表示当前光标 RGB 色彩模式下色彩信息,称为"第一颜色信息";"C、M、Y、K"值,表示当前光标 CMYK 色彩模式下色彩的信息,称为"第二颜色信息";"X、Y"值则表示当前光标所在位置的水平与垂直坐标。

(2) ♯1R～♯4R:表示当前图像上有四个取样点,而"R、G、B"值,则表示这些取样点当前位置 RGB 色彩模式的色彩信息。

图 2-7-61　信息面板上的显示

第五节　信 息 面 板

"信息"命令则以面板的形式来显示光标下面的颜色值,以及其他有用的信息,例如,文档的状态信息、当前工具的使用提示等。

执行"窗口"→"信息"命令(F8),可以打开"信息"面板,如图 2-7-62 所示。

(1) 第一颜色信息/第二颜色信息:显示光标下面的颜色值。可以在"信息面板选项"对话框中为"第一颜色信息"和"第二颜色信息"设置显示的选项。

(2) 鼠标坐标:显示了光标当前位置的 x 和 y 坐标值,数值会随着光标的移动而同时变化。

(3) 变换宽度和高度:显示了当前选区或者定界框的宽度(W)和高度(H)。

(4) 状态信息:显示了文档的信息。

（5）工具提示：显示了当前选择的工具的使用提示信息。

执行"信息"面板菜单中的"信息面板选项"命令，可以打开"信息面板选项"对话框如图 2-7-63 所示。

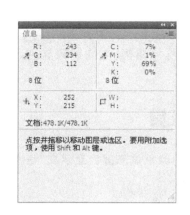

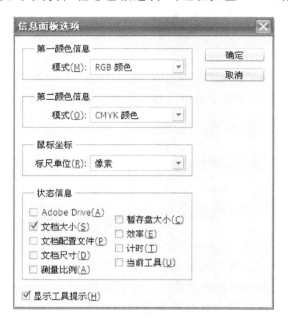

图 2-7-62　"信息"面板　　　　　　　　图 2-7-63　"信息面板选项"对话框

（1）第一颜色信息：在该选项的下拉列表值可以设置面板中第一个吸管显示的颜色信息。选择"实际颜色"，可显示图像的当前色彩模式下的值；选择"校样颜色"，可显示图像的输出颜色空间的值，选择"灰度"、"RGB"、"CMYK"等色彩模式，可显示该色彩模式下的颜色值；选择"油墨总量"，可显示指针当前位置的所有 CMYK 油墨的总百分比；选择"不透明度"，可显示当前图层的不透明度，该选项不适用于背景。鼠标单击信息面板上的吸管工具也可显示该内容。

（2）第二颜色信息：用来设置面板中第二个吸管显示的颜色信息。同样，鼠标单击信息面板上的吸管工具也可显示面板选项内容。

（3）鼠标坐标：用来设置鼠标光标位置的测量单位。鼠标单击信息面板上的"＋"号也可显示测量单位。

（4）状态信息：可设置面板中"状态信息"处的显示内容。

（5）显示工具提示：勾选该项，可在面板底部显示当前选择的工具的提示信息。取消勾选，则信息消失。

第六节　直方图面板

"直方图"用图形表示图像的每个亮度级别的像素数量，显示了像素在图像中的分布情况。通过查看直方图，可以判断出图像在阴影、中间调和高光中包含的细节是否充足，以便对图像进行适当的调整。

打开一个图像文件，执行"窗口"→"直方图"命令，可以打开"直方图"面板，如图 2-7-64 所示。

（1）通道：在该选项的下拉列表中选择一个通道后（包括颜色通道，Alpha 通道和专色通道），"直方图"面板中可以单独显示该通道的直方图。如果选择"亮度"，可以显示复合通道的亮度或强度值；如果选择"颜色"，则可以显示颜色中单个颜色通道的复合直方图。

（2）"不使用高速缓存的刷新" 🔄 按钮：单击该按钮可刷新直方图，显示当前状态下最新的统计结果。

（3）"高速缓存数据警告" ⚠ 标志：从高速缓存而非文档的当前状态中读取直方图时，是通过对图像中的像素进行典型性取样而生成的。此时直方图的显示速度较快，但并不能及时显示统计结果，面板中便会显示"高速缓存数据警告"标志，单击该标志，可刷新直方图。

（4）统计：显示了直方图中的统计数据。

（5）"直方图"面板显示方式：在"直方图"面板菜单中可以选择直方图的显示方式，如图 2-7-65 所示。"直方图"面板有三种显示方式，包括"紧凑视图"、"扩展视图"和"全通道视图"。"紧凑视图"是默认的显示方式，它显示的是不带统计数据或控件的直方图；"扩展视图"显示的是带有统计数据和控件的直方图；"全通道视图"显示的是带有统计数据和控件的直方图，同时还显示每一个通道的单个直方图（不包括 Alpha 通道、专色通道和蒙版），如果选择面板菜单中的"用原色显示直方图"命令，可以用彩色方式查看通道直方图。

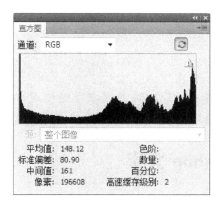

图 2-7-64 "直方图"对话框

图 2-7-65 直方图显示方式

（6）"直方图"信息反馈：在"直方图"面板中，直方图的左侧代表图像的阴影区域，中间代表中间调，右侧代表高光区域，如图 2-7-64 所示。在直方图中，较高的山峰代表像素的数量较多，而较低的山峰则表示像素的数量较少。当尖峰分布在直方图左侧时，说明图像的阴影区域包含较多的细节。当尖峰分布在直方图右侧时，说明图像的高光区域包含较多的细节。当尖峰分布在直方图中间时，说明图像的细节集中在中间色调处，一般情况下，这表示图像的调整效果较好，但也有可能缺少色彩的对比。当尖峰分布在直方图的两侧时，说明图像的细节集中在阴影处和高光区域，中间调缺少细节。

（7）数据统计：如果以"扩展视图"和"全都通道视图"显示"直方图"面板，便可以在面板中查看直方图的统计数据，如图 2-7-64 下方所示。默认情况下，直方图显示的是整个图像的色调范围。在直方图上单击并拖动鼠标，可以显示图像某一部分的直方图数据。

■ 平均值：表示像素的平均亮度值。

■ 标准偏差：表示亮度值的变化范围。

■ 中间值：显示亮度值范围内的中间值。

■ 像素：表示用于计算直方图的像素的总数。

■ 色阶：显示光标下面的区域的亮度级别。

■ 数量：表示相当于光标下面亮度级别的像素总数。

■ 百分位：显示光标所指的级别或该级别以下的像素累计数，该值表示为图像中所有像素的百分数，从最左侧的 0% 到最右侧的 100%。

■ 高速缓存级别：显示当前用于创建直方图的图像高速缓存级别。当高速缓存级别大于 1 时，可对图像中的像素进行典型性取样（取决于放大率）来生成直方图，直方图的显示速度较快，但生成的直方图并不十分精确。单击"不使用高速缓存的刷新"按钮，可以使用实际的图像像素重绘直方图。

第八章

文　字 《《《

■■本章内容

了解文本的类型,学习文字工具的使用方法,了解点文字、段落文字、路径文字的创建与编辑方法,掌握文字的变形方法,学习格式化字符与格式化段落,了解文字的编辑命令。

第一节　Photoshop 文字

文字是平面设计作品的重要组成部分,它不仅可以传达信息,而且能起到美化版面、强化主题的作用。Photoshop 提供了多个用于创建文字的工具,文字的编辑和修改方法也非常灵活。

8.1.1　文字的类型

Photoshop 中的文字是由以数学方式定义的形式组成的,当在图像中创建文字时,字符由像素组成,并且与图像文件具有相同的分辨率。但是,在将文字栅格化之前,Photoshop 会保留基于矢量的文字轮廓。因此,即使是对文字进行缩放或调整大小,文字也不会因分辨率的限制而出现锯齿现象。

文字的划分方式有很多种。如果从排列方式上划分,可以将文字分为横排文字和直排文字;如果从文字的类型上划分,可以将其分为文字和文字蒙版;如果从创建的内容上划分,可以将其分为点文字、段落文字和路径文字;如果从样式上划分,可将其分为普通文字和变形文字。

8.1.2　文字工具选项栏

Photoshop 中包含 4 种文字工具,其中"横排文字工具"和"直排文字工具"用来创建点文字、段落文字和路径文字,"横排文字蒙版工具"和"直排文字蒙版工具"用来创建文字选区。如图 2-8-1 所示为文字工具的工具选项栏。

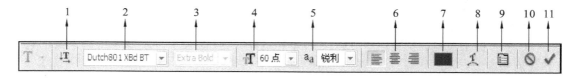

图 2-8-1　文字工具的工具选项栏

(1) 改变文本方向:单击"改变文本方向"按钮,可将当前文字改变方向,即横排转换为直排或直排转换为横(与"图层"→"文字"→"水平/垂直"命令相同)。

(2) 设置字体:在该选项下拉列表中可以选择字体。

(3) 设置字体样式:用来为字符设置样式,包括 Regular(规则的)、Italic(斜体)、Bold(粗体)和 Bold Italic(粗斜体)等。该选项只对部分英文字体有用。

(4) 设置字体大小:在该选项下拉列表中可以选择字体的大小,也可以直接输入数值来进行调整。

（5）设置消除锯齿的方法按钮 $\boxed{a_d}$：用来为文字消除据齿选择一种方法。Photoshop 可以通过部分地填充边缘像素来产生边缘平滑的文字，这样，文字边缘就会混合到背景中。

（6）设置文本对齐：根据输入文字的光标的位置来设置文本的对齐方式，包括"左对齐文本" $\boxed{≡}$、"居中对齐文本" $\boxed{≡}$ 和"右对齐文本" $\boxed{≡}$。

（7）设置文本颜色：单击该选项中的颜色块，可在打开的"拾色器"中设置文字的颜色。

（8）创建变形字体按钮 $\boxed{1}$：单击该按钮，可在打开的"变形文字"对话框中为文本设置变形样式，进而创建变形文字，如图 2-8-2 所示。建立文字图层后，执行"图层"→"文字"→"文字变形"命令也可以编辑变形文字。

图 2-8-2 变形文字

■样式：选择文字变形的样式，比如"扇形"、"拱形"等。

■水平/垂直：变形的方向选择。图 2-8-3 和图 2-8-4 所示为不同方向的"鱼形"文字。

图 2-8-3 "鱼形"文字 1　　　　　　　图 2-8-4 "鱼形"文字 2

■弯曲：通过输入－100～＋100 值，调整文字弯曲程度。

■水平/垂直扭曲：通过输入－100～＋100 值，调整水平方向或垂直方向的扭曲程度。

（9）显示/隐藏字符和段落面板按钮 $\boxed{≣}$：单击该按钮，可以显示或隐藏"字符"和段落"面板"。

（10）取消所有当前编辑按钮 $\bigcirc$：单击该按钮，可取消当前文字的输入操作。

（11）提交所有当前编辑按钮 $\checkmark$：单击该按钮，可以确认文本的输入操作，"图层"面板中会创建一个文字图层。

8.1.3 消除锯齿命令

Photoshop 中的文字是使用 PostScript 信息从数学上定义的直线或曲线来表示的，如果没有设置消除锯齿，文字的边缘便会产生硬边和锯齿。输入文字后，执行"图层"→"文字"命令，在下拉菜单中也可以选择一种消除锯齿的方法，如图 2-8-5 所示。

（1）消除锯齿方式为无：不进行消除锯齿处理。

（2）消除锯齿方式为锐利：轻微使用消除锯齿，文本的效果显得锐利。

（3）消除锯齿方式为犀利：轻微使用消除锯齿，文本的效果显得稍微锐利。

（4）消除锯齿方式为深厚：大量使用消除锯齿，文本的效果显得更粗重。

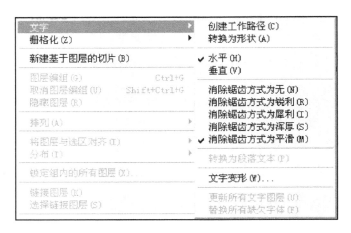

图 2-8-5 选择消除锯齿的方法

（5）消除锯齿方式为平滑：大量使用消除锯齿，文本的效果显得更平滑。

图 2-8-6 和图 2-8-7 为消除锯齿前后效果的对比。

图 2-8-6 效果 1

图 2-8-7 效果 2

第二节 文字编辑

8.2.1 点文字

点文字是最简单的文字，在处理标题等字数较少的文字时，可以通过点文字来完成。选择横排文字工具，在工具选项栏中设置文字的字体、字号和颜色等属性，在需要输入文字的位置单击鼠标，为文字设置插入点。此时插入点会显示为闪烁的文字输入状态，输入文字，如图 2-8-8 所示。如果要换行，需要按下回车键。文字输入完成后，单击工具选项栏中的提交所有当前编辑按钮，或者按下 Ctrl＋Enter 键即可创建点文字。Photoshop会自动在"图层"面板中创建一个文字图层，如图 2-8-9 所示。

图 2-8-8 输入文字

图 2-8-9 图层

8.2.2 段落文字

段落文字是在定界框内输入的文字，它具有自动换行、可调整文字区域大小等优势。在需要处理文字量较大的文本时,可以使用段落文字来完成。

选择"横排文字工具" T ,在工具选项栏中设置文字的字体、字号和颜色等属性,然后在画面中单击鼠标并向右下角拖动至出现一个定界框,如图 2-8-10 所示,此时画面中会呈现闪烁的文本输入状态,这时就可以在定界框内输入文字,如图 2-8-11 所示。输入完成后,按下 Ctrl＋Enter 键,可创建段落文字。创建段落文字后,可以根据需要调整定界框的大小,文字会自动在调整后的定界框内重新排列。通过定界框还可以旋转、缩放和斜切文字。

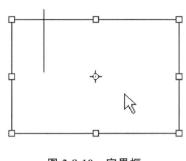

图 2-8-10　定界框

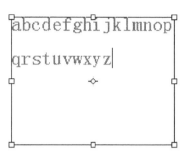

图 2-8-11　输入文字

8.2.3　转换为点文本/转换为段落文本命令

Photoshop 中的点文字和段落文字是可以互相转换的。如果是点文字,可执行"图层"→"文字"→"转换为段落文本"命令,将其转换为段落文字。转换为段落文本后,文本各行彼此独立地排列;如果是段落文字,可执行"图层"→"文字"→"转换为点文本"命令,将其转换为点文字。

在将段落文字转换为点文字时,所有溢出定界框的字符都会被删除,因此,为避免丢失文字,应首先调整定界框,使所有文字在转换前都显示出来。

8.2.4　文字选区

使用"横排文字蒙版工具" 和"直排文字蒙版工具" 可以创建文字选区。选择一个文字蒙版工具后,在画面单击鼠标输入文字即可创建文字选区,也可以使用创建段落文字的方法,在画面中单击并拖曳出一个矩形定界框,在定界框内输入文字创建文字选区,如图 2-8-12 所示。文字选区可以像任何其他选区一样被移动、拷贝、填充或描边。

图 2-8-12　创建文字选区

8.2.5　路径文字

路径文字是指创建在路径上的文字,它可以使文字沿所在的路径排列出图形效果。路径文字的特点是:文字会沿着路径排列,移动路径或改变其形状时,文字的排列方式也会随之变化。一直以来,路径文字都是矢量软件才具有的功能,Photoshop CS5 中增加了路径文字功能后,文字的处理方式就变得更加灵活了。

(1)排列文字:用钢笔工具在图像中绘制一路径,选择文字工具,单击路径,光标变为路径输入样式后输入文字,则文字的排列就沿着路径的方向排列。文字排列的多少是以路径的长短为准,多出的文字不会显示,如

图 2-8-13 所示。单击图层面板空白处,路径隐藏。

(2)移动文字:单击"路径选择工具",移动鼠标,当光标变为移动样式后,单击并沿路径拖动鼠标可以沿路径移动文字;或者直接插入光标,点击空格键也可移动文字。

(3)翻转文字:单击"路径选择工具"▶,移动鼠标,将光标移至路径文字上,光标在路径上会显示为移动样式,单击并向路径内部拖动鼠标即可沿路径翻转文字,如图 2-8-14 所示。

图 2-8-13　排列文字　　　　　　　　　图 2-8-14　翻转文字

(4)编辑路径:在"图层"面板中选择文字图层,在画面中会显示路径。选择"直接选择工具"▶,在路径上单击,显示出锚点,移动锚点的位置,可以修改路径的形状,文字会沿修改后的路径重新排列。

第三节　格式化字符

格式化字符是指设置字符的属性,包括字体、大小,颜色、行距等。输入文字之前可以在工具选项栏中设置文字属性,也可以在输入文字之后为选择的文本或字符重新设置这些属性。除了在工具选项栏中设置字符属性外,"字符面板"提供了更多的选项。

8.3.1　字体、大小和颜色

在"字符"面板中,可以通过"字体系列"和"字体大小"选项设置字体和字号,在"颜色"选项中设置文字的颜色。

8.3.2　字符的其他属性

"字符"面板中的其他选项还包括"行距"、"字距微调"、"字距调整"和"基线偏移"等内容,通过这些选项可以对文本的字距和字符等进行细致的调整。

(1)行距🅰A:是指文本中各个文字行之间的垂直间距。在行距下拉列表中可以为文字设置行距,也可以在数值栏中输入数值来设置行距。

(2)水平缩放🆃与垂直缩放🆃T:通过水平缩放选项可以调整字符的宽度;通过垂直缩放选项可以调整字符的高度。

(3)比例间距🔠:用来调整字符之间的比例间距,比例值为0~100%。当比例为 0 时,字符间距最大;当比例为 100% 时,字符间距最小,但相邻字符之间不会重叠。

(4)字距调整🆎:用来设置整个文本中所有字符,或者被选择的字符之间的间距。

(5)字距微调🆎:用来调整两个字符之间的间距。在处理时需要在两个字符之间设置插入点,然后再进行调整。

(6)基线偏移🅰:用来控制文字与基线的距离,它可以升高或降低选定的文字,从而创建上标或下标。当该值为正值时,横排文字上移,直排文字移向基线右侧;该值为负值时,横排文字下移,直排文字移向基线左侧。

8.3.3　字体样式

"字符"调板下面的一排"T"状按钮用来创建仿粗体、斜体等文字样式,以及为字符添加上下划线或删除线。选择文字后,单击相应的按钮即可为其添加样式。

第四节 格式化段落

段落是指末尾带有回车符的任何范围的文字。对于点文本来说,每行便是一个单独的段落,而段落文本则由于定界框大小的不同,一段可能有多行。

图 2-8-15 "段落"面板

格式化段落是指设置文本中的段落属性,例如设置段落的对齐,缩进和文字行间距等。"段落"面板用来设置段落属性,单击文字工具选项栏上的"切换字符和段落面板"按钮或执行"窗口"→"段落"命令,可以打开"段落"面板,如图 2-8-15 所示。

在设置段落的属性时,可以选择文字图层中的单个段落、多个段落或全部段落设置格式选项。要设置单个段落的格式选项,应使用文字工具在该段落中单击鼠标,设置文字插入点并显示定界框;要设置多个段落的格式选项,应在段落范围内选择字符;要设置图层中的所有段落的格式选项,则应在"图层"面板中选择该文字图层。

8.4.1 段落的对齐

"段落"面板中最上面一行按钮用来设置对齐方式,通过它们可以将文字与段落的某个边缘对齐。

(1) 左对齐文本 ▤:将文字左对齐,段落右端不一定对齐。

(2) 居中对齐文本 ▤:将文字居中对齐,段落两端不一定对齐。

(3) 右对齐文本 ▤:将文字右对齐,段落左端不一定对齐。

(4) 最后一行左对齐 ▤:文本中最后一行左对齐,其他行左右两端强制对齐。

(5) 最后一行居中对齐 ▤:文本中最后一行居中对齐,其他行左右两端强制对齐。

(6) 最后一行右对齐 ▤:文本中最后一行右对齐,其他行左右两端强制对齐。

(7) 全部对齐 ▤:通过在字符间添加额外的间距方式,使文本左右两端强制对齐。

8.4.2 段落缩进

缩进用来指定文字与定界框之间或与包含该文字的行之间的间距离。"段落"面板中控制段落缩进的按钮包括"左缩进" ▥、"右缩进" ▥ 和"首行缩进" ▥。

(1) 左缩进:横排文字从段落的左边缩进,直排文字则从段落的顶端缩进。

(2) 右缩进:横排文字从段落的右边缩进,直排文字则从段落的底部缩进。

(3) 首行缩进:可缩进段落中的首行文字。对于横排文字,首行缩进与左缩进有关,对直排文字,首行缩进与顶端缩进有关。

8.4.3 段落间距

段落间距用来控制段落上下的间距。"段落"面板中控制段落间距的按钮包括"段落前添加空格" ▥ 和"段落后添加空格" ▥。

另外,"段落"面板中的"避头尾法则设置"是用来设置段落的头尾方式,包括"无"、"JIS 宽松"和"JIS 严格";"间距组合设置"是用来设置段落字符间距组合形式的,包括"无"和"间距组合 1～4"。

8.4.4 连字

连字符是在每行末端断开的单侧间添加的标记。在将文本强制对齐时,为了对齐的需要,会将某一行末端的文字断开至下一行,使用连字符便可在断开的文字间显示连字标记。勾选"字符"面板中的"连字"选项即可启用连字符。

第五节　编辑文字的命令

除了可以在"字符"和"段落"面板中编辑文字外,Photoshop 还提供了用于编辑文字的命令,例如"拼写检查"、"查找和替换文本"等。

8.5.1　拼写检查

执行"编辑"→"拼写检查"命令,可以检查当前文本中英文单词的拼写是否有误,如果检查到错误,Photoshop 还会提供修改建议。选择需要检查拼写错误的文本后,执行该命令可以打开"拼写检查"对话框,如图 2-8-16 所示。

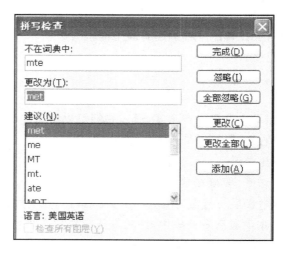

图 2-8-16 "拼写检查"对话框

(1) 不在词典中:系统会将查出的拼写错误的单词显示在该列表中。

(2) 更改为:可输入用来替换错误单词的正确单词。

(3) 建议:在检查到错误单词后,系统会将修改建议显示在该列表中。

(4) 检查所有图层:勾选该项,可检查所有图层上的文本,否则只检查当前选择的文本。

(5) 完成:可结束检查并关闭对话框。

(6) 忽略:忽略当前检查的结果。

(7) 全部忽略:可忽略所有检查的结果。

(8) 更改:单击该按钮,可使用"建议"列表中提供的单词替换掉查找到的错误单词。

(9) 更改全部:使用拼写正确的单词替换掉文本中所有的错误的单词。

(10) 添加:如果被查找到的单词拼写正确,则可以单击该按钮,将该单词添加到 Photoshop 词典中。以后再查找到该单词后,Photoshop 将确认其为正确的拼写形式。

8.5.2　查找和替换文本

"编辑"→"查找和替换文本"命令也是一项基于单词的查找功能,使用它可以查找到当前文本中需要修改的文字、单词、标点或字符,并将其替换为正确的内容。如图 2-8-17 所示为"查找和替换文本"对话框。

在进行查找时,只需在"查找内容"选项内输入要替换的内容,然后在"更改为"选项内输人用来替换的内容,最后单击"查找下一个"按钮,Photoshop 会将搜索到的内容高亮显示,单击"更改"按钮即可将其替换。如果

图 2-8-17 "查找和替换文本"对话框

单击"更改全部"按钮,则搜索并替换所找到文本的全部匹配项。

在 Photoshop 中,如果文字已经被栅格化,则"查找和替换文本"命令不可用。

8.5.3 将文字创建为工作路径

执行"图层"→"文字"→"创建工作路径"命令,可以基于文字创建工作路径。原文字图层保持不变,并且可修改字符。工作路径可以应用填充和描边,以及进行其他的编辑操作。如图 2-8-18 所示为创建的文字,图 2-8-19 为转换文字得到的路径。

图 2-8-18 创建文字

图 2-8-19 转换文字得到的路径

8.5.4 将文字转换为形状

执行"图层"→"文字"→"转换为形状"命令,可以将文字图层替换为具有矢量蒙版的图层。在转换后,可以使用锚点编辑工具修改矢量蒙版,这样可以基于文字的轮廓制作出变化更为丰富的变形文字轮廓。如图 2-8-20 所示为转换前"图层"面板中文字图层状态,如图 2-8-21 所示为执行该命令后文字图层的状态。

图 2-8-20 文字图层状态 1

图 2-8-21 文字图层状态 2

8.5.5 更新所有文字图层

执行"图层"→"文字"→"更新所有文字图层"命令,可以更新当前文件中所有文字图层的属性。

8.5.6 替换所有缺欠字体

如果某一文档使用了系统上未安装的字体,则在打开该文档时将看到一条警告信息。Photoshop 会指明缺少哪些字体,并使用可用可匹配字体替换缺少的字体。如果出现这种情况,可以选择文本并应用任何其他可用的字体。执行"编辑"→"替换所有欠缺字体"命令可使用系统中安装的字体匹配并替换当前文档中使用的系统尚未安装的字体。

第九章

图 层 《《《

本章内容

了解图层的原理与围层的类型,学习图层的创建方法,掌握图层的基本编辑方法,学习使用图层,组管理图层,了解图层复合的用途,了解各种图层样式的特征,学习图层样式的创建与编辑方法,了解"样式"面板。了解图层混合模式的特点,学习使用填充图层,掌握调整图层的创建和编辑方法。了解智能对象的优势,学习智能对象的创建和编辑方法,学习智能滤镜的创建和编辑方法。了解中性色图层的优势,了解高级混合选项的作用。

第一节 图层的概念

图层是 Photoshop 最为核心的功能之一,它承载了几乎所有的编辑操作。如果没有图层,所有的图像都将处在同一个平面上,这对于图像的编辑来讲,简直是无法想象的,正是因为有了图层功能,Photoshop 才变得如此强大。本章介绍如何创建图层、编辑图层和管理图层,还要了解围层样式的有关内容。

9.1.1 图层的原理

图层的原理艰简单,可以将图层想象为一张张堆叠在一起的透明的纸,每一张纸(图层)上都保存着不同的图像,上面纸张(图层)的透明区域会显示出下面纸张(图层)中的内容,看到的图像便是这些纸张(图层)堆叠在一起时的效果,如图 2-9-1 所示。

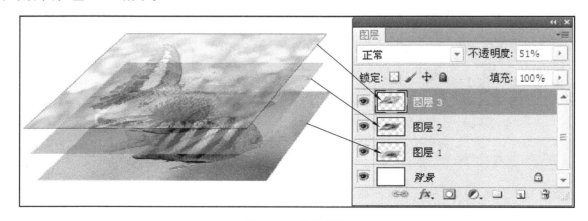

图 2-9-1 堆叠效果

9.1.2 图层的类型

在 Photoshop 中可以创建多种类型的图层,每种类型的图层都有不同的功能和用途,它们在"图层"面板中的显示状态也各不相同。

（1）当前图层：当前选择的图层，在对图像处理时，编辑操作将在当前图层中进行。

（2）中性色图层：填充了黑色、白色或灰色的特殊图层，结合特定图层混合模式可用于承载滤镜或在上面绘画。

（3）链接图层：保持链接状态的图层。

（4）剪贴蒙版：蒙版的一种，下面图层中的图像可以控制上面图层的显示范围，常用于合成图像。

（5）智能对象图层：包含有嵌入的智能对象的图层。

（6）调整图层：可以调整图像的色彩，但一直不会更改像素值。

（7）填充图层：通过填充"纯色"、"渐变"或"图案"而创建的特殊效果的图层。

（8）图层蒙版图层：添加了图层蒙版的图层，通过对图层蒙版的编辑可以控制图层中图像的显示范围和显示方式，是合成图像的重要方法。

（9）矢量蒙版图层：带有矢量形状的蒙版图层。

（10）图层样式图层：添加了图层样式的图层，通过图层样式可以快速创建特效。

（11）图层组：用来组织和管理图层，以便于查找和编辑图层。

（12）变形文字图层：进行了变形处理的文字图层。与普通的文字图层不同，变形文字图层的缩览图上有一个弧线形的标志。

（13）文字图层：使用文字工具输入文字时，创建的文字图层。

（14）背景图层："图层"面板中最下面的图层，名称为"背景"两个字，且这两个字显示为斜体。

9.1.3　图层面板

"图层"面板用来创建、编辑和管理图层，以及为图层添加样式。如图 2-9-2 所示为"图层"面板，如图 2-9-3 所示为面板菜单。

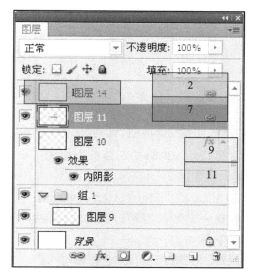
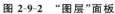

图 2-9-2　"图层"面板

图 2-9-3　面板菜单

（1）设置图层混合模式：用来设置当前图层中的图像与下面图层的混合模式。

（2）设置图层不透明度：用来设置当前国层的不透明度。

（3）锁定透明像素□：用来锁定当前图层的透明区域，使其不会受到修改。

（4）锁定图像像素：用来锁定当前图层中的图像，以防止绘画工具修改。

（5）锁定位置：用来锁定当前图层中图像的位置，以防止图像被移动。

（6）锁定全部：单击该按钮，可以锁定以上的全部选项，使图层处于完全锁定状态。

（7）设置填充不透明度：用来设置当前图层的填充百分比。

（8）指示图层可见性：当图层前显该标志时，表示该图层为可见图层。用鼠标单击可以取消该标志的显示，从而隐藏图层。

（9）图层链接：显示该标志的图层为链接图层，它们可以一同移动，或者进行变换操作。单击该标志可取消链接。

（10）展开/折叠图层组：单击该标志可以展开图层组，从而显示出图层组中包含的图层。再次单击可折叠图层组。

（11）图层样式：显示该标志时，表示图层已经进行过样式设置。

（12）展开/折叠图层样式：单击该标志可以展开图层样式，从而显示出当前图层添加的样式。再次单击可折叠图层样式。

（13）图层锁定：显示该标志时，表示图层处于部分锁定状态。

（14）链接图层：用来链接当前选择的多个图层。

（15）添加图层样式：单击该按钮，在打开的下拉到表中可以为当前图层添加图层样式。

（16）添加矢量蒙版：单击该按钮，可以为当前图层添加图层蒙版。

（17）创建新的填充或调整图层：单击该按钮，在打开的下拉列表中可以选择创建新的填充图层或调整图层。

（18）创建新组：单击该按钮可以创建一个新的图层组。

（19）创建新图层：单击该按钮可以新建一个图层。

（20）删除图层：单击该按钮可以删除当前选择的图层或图层组。

第二节 创 建 图 层

在"图层"面板中，可以通过各种方法来创建图层。在编辑图像的过程中可以创建图层，如从其他图像中复制图层，粘贴图像时自动生成图层等，下面介绍图层的具体创建方法。

9.2.1 新建图层

（1）"图层"面板新建图层：单击"图层"面扳中的"创建新图层"按钮，即可新建一个图层。Photoshop 会将新建的图层放置在当前图层的上面，并将其设置为当前图层。如果想要在当前图层的下面新建图层，可以按住 Ctrl 键单击创建新图层按钮。但"背景"图层下面不能创建图层。

（2）"新建"命令新建图层：执行"图层"→"新建"→"图层"命令（"Shift＋Ctrl＋N"组合键），打开"新建图层"对话框，在对话框中设置选项后，单击"确定"按钮可以创建一个新的图层。这些选项包括图层的"名称"、"颜色"、"样式"和"模式"等。如图 2-9-4 所示为设置的图层名称等内容。

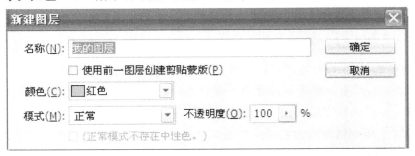

图 2-9-4　"新建图层"对话框

9.2.2 通过拷贝的图层

如果在图像中创建了选区,执行"图层"→"新建"→"通过拷贝的图层"命令("Ctrl+J"组合键),可以将选区内的图像复制到一个新的图层中,原图层中的图像保持不变,如图 2-9-5 所示。

如果没有创建选区,则执行"通过拷贝的图层"命令时,可以快速复制当前图层,如图 2-9-6 所示。

图 2-9-5 图像保持不变

图 2-9-6 快速复制当前图层

9.2.3 通过剪切的图层

如果在图像中创建了选区,执行"图层"→"新建"→"通过剪切的图层"命令("Shift+Ctrl+J"组合键),可以将选区内的图像剪切到一个新的图层中。如图 2-9-7 所示为创建的选区,图 2-9-8 所示为执行该命令后,用移动工具移开新建图层中的图像,可以看到,原图层中选区内的图像已被剪切掉了。

图 2-9-7 创建的选区

图 2-9-8 新建图层中的图像

9.2.4 创建背景图层

使用白色背景或彩色背景创建新图像时,"图层"面板中最下面的图像为背景。在创建包含透明内容的新图像时,图像中没有"背景"图层。

如果当前文件中没有"背景"图层,可选择一个图层,然后执行"图层"→"新建"→"背景图层"命令,将该图层创建为"背景"图层。

9.2.5 将背景图层转换为普通图层

"背景"图层是较为特殊的图层,无法修改它的堆叠顺序、混合模式和不透明度。要进行这些操作,需将"背景"图层转换为普通图层。双击"背景"图层,在打开的"新建图层"对话框中为它设置一个名称即可将其转换为普通图层,如图 2-9-9 所示。一个图像中可以没有"背景"图层,但最多只能有一个"背景"图层。

图 2-9-9 "新建图层"对话框

第三节 编 辑 图 层

下面介绍如何选择图层、复制图层、链接图层、显示与隐藏图层、栅格化图层等图层的基编辑作方法。

9.3.1 选择图层

如果要选择图层,可根据需要采用下面的方法进行操作。

图 2-9-10 设置当前图层

(1)选择一个图层:单击"图层"面板中的一个图层即可选择该图层,并将其设置为当前图层。也可在图像上单击鼠标右键,在下拉列表中选择需要编辑的图层,则该图层被设置为当前图层,如图 2-9-10 所示。

(2)选择多个图层:要选择多个连续的图层,可以单击第一个图层,然后按住 Shift 键单击要选择图层的最后一个图层即可;如果要选择多个非连续的图层,可按住 Ctrl 键用鼠标单击这些图层即可。

(3)选择所有图层:执行"选择"→"所有图层"命令("Alt+Ctrl+A"组合键),可以选择"图层"面板中所有的图层。也可以单击第一个或最后一个图层后按住 Shift 键单击最后一个或第一个图层即可,当然也可以按住 Ctrl 键点击全部图层即可。

(4)选择相似图层:要选择类型相似的所有图层,例如,选择所有文字图层,可在选择了一个文字图层后,执行"选择"→"相似图层"命令来选择其他文字图层。

(5)选择链接图层:选择了一个链接图层后,执行"图层"→"选择链接图层"命令可以选择所有与该图层链接的图层。

9.3.2 取消选择图层

如果不想选择任何图层,可在"图层"面板中的背景图层或底部图层下方空白处单击,也可执行"选择"→"取消选择图层"命令操作。

9.3.3 复制图层

(1)在面板上复制图层:将需要复制的图层拖至"图层"面板中的创建新图层按钮 上,即可复制该图层,如图 2-9-11 所示。

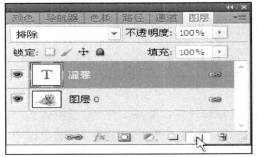

图 2-9-11 复制图层

（2）"复制图层"命令复制图层：选择了一个图层后，执行"图层"→"复制图层"命令，可以打开如图 2-9-12 所示对话框。设置选项后，单击"确定"按钮可复制图层。

图 2-9-12 "复制图层"对话框

■为：在该选项中可以设置复制后的图层的名称。

■文档：在该选项的下拉列表中选择其他打开的文档，可将图层复制到该文档中。如果选择"新建"，可将图层内容创建为一个新建的文件。

■名称：可以为新建图层命名。

9.3.4 链接图层

如果要同时处理多个图层，例如，同时移动、应用变换或创建剪贴蒙版，可以将这些图层链接在一起。

在"图层"面板中选择两个或多个图层后，单击面板中的"链接图层" 按钮，或者执行"图层"→"链接图层"命令，可将它们链接。被链接的图层会显示链接状图标，如图 2-9-13 所示。

如果要取消链接，可以选择一个链接的图层，然后单击面板中的链接图层按钮即可，或者执行"图层"→"取消图层链接"命令亦可。

图 2-9-13 显示链接状图标

9.3.5 修改图层的名称与颜色

如果要修改一个图层的名称，可以在"图层"面板中双击该图层的名称，然后在显示的文本框中输入新名称，如图 2-9-14 所示。

如果要修改图层的颜色，可执行"图层"→"图层属性"命令，打开"图层属性"对话框，如图 2-9-15 所示。在对话框中可以设置当前图层颜色，也可以修改图层的名称。

图 2-9-14 输入新名称

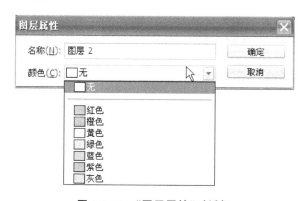

图 2-9-15 "图层属性"对话框

9.3.6　显示与隐藏图层

图层前的眼睛👁图标用来控制图层的可见性。显示该图标的图层为可见图层；无该图标的图层为隐藏的图层。单击眼睛图标即可进行图层显示与隐藏的切换。

执行"图层"→"隐藏图层"命令也可以隐藏当前选择的图层，如果当前选择多个图层，则执行该命令可以隐藏所有被选择的图层。

9.3.7　锁定图层

"图层"面板中提供了用于保护图层透明区域、图像像素和位置的锁定功能，如图 2-9-2 所示。可以根据需要完全或部分锁定图层，以免因编辑操作失误而对图层的内容造成改动。

（1）锁定透明像素▣：按下该按钮后，编辑范围将被限制在图层的不透明区域，图层的透明区域会受到保护。

（2）锁定图像像素🖌：按下该按钮后，只能对图层进行移动和变换操作，但不能使用绘画工具修改图层中的像素，例如，不能在图层上进行绘画、擦除或应用滤镜。

（3）锁定位置✛：按下该按钮后，图层将不能被移动。对于设置了精确位置的图像，将它的位置锁定后就不必担心被意外移动。

（4）锁定全部🔒：按下该按钮后，可锁定以上的全部选项。

图层被锁定后，图层名称的右边会出现一个锁状图标，当图层被完全锁定时，锁定图标显示为实心锁状🔒；当图层被部分锁定时，锁定图标显示为空心锁状🔓。

如果将多个图层创建在一个图层组内，可以执行"图层"→"锁定组内的所有图层"命令，打开"锁定组内的所有图层"对话框。对话框中显示了各个锁定选项，勾选某一选项可启用该锁定功能，从而锁定图层组内所有图层的这一属性，如图 2-9-16 所示。

图 2-9-16　"锁定组内的所有图层"对话框

9.3.8　删除图层

将需要删除的图层拖至"图层"面板中的"删除图层"按钮🗑上，即可删除该图层。执行"图层"→"删除"下拉菜单中的命令，也可以删除当前图层或面板中隐藏的图层。

9.3.9　栅格化图层内容

如果要在文字图层、形状图层、矢量蒙版或智能对象等包含矢量数据的图层，以及填充图层上使用绘画工具绘制或滤镜处理，应先将图层栅格化，使图层中的内容转换为光栅图像，然后才能够进行编辑。执行"图层"→"栅格化"下拉菜单中的命令也可以栅格化图层中的内容，如图 2-9-17 所示。

（1）文字：栅格化文字图层，被栅格化的文字将变为光栅图像，不能再修改文字内容。如图 2-9-18 所示为原文字图层，如图 2-9-19 所示为栅格化后的图层。

图 2-9-17 "栅格化"对话框

图 2-9-18 原文字图层

（2）形状/填充内容/矢量蒙版：执行"形状"命令，可栅格化形状图层；执行"填充内容"命令，可栅格化形状图层的填充内容，但保留矢量蒙版；执行"矢量蒙版"命令，可栅格化形状图层的矢量蒙版，同时将其转换为图层蒙版。

（3）智能对象：可栅格化智能对象图层。如图 2-9-20 所示为原智能对象图层，栅格化后的图层和图 2-9-19 一样。

图 2-9-19 栅格化后的图层

图 2-9-20 原智能对象图层

（4）图层/所有图层：执行"图层"命令，可以栅格化当前选择的图层，执行"所有图层"命令，可栅格化包含矢量数据、智能对象和生成的数据的所有图层。

9.3.10 清除图像的杂边

当移动或粘贴选区时，选区边框周围的一些像素也会包含在选区内，同此，粘贴选区的边缘周围会产生边缘或晕圈。执行"图层"→"修边"下拉菜单中的命令可以去除这些多余的像素，如图 2-9-21 所示。

图 2-9-21 "修边"对话框

（1）颜色净化：可以使移动或粘贴的选区内容颜色更纯净。

（2）去边：用包含纯色（不含背景色的颜色）的邻近像素的颜色替换任何边缘像素的颜色。例如，如果在蓝色背景上选择黄色对象，然后移动选区，则一些蓝色背景被选中并随着对象一起移动，"去边"命令可以用黄色像素替换蓝色像素。

（3）移去黑色杂边：如果将黑色背景上创建的消除锯齿的选区粘贴到其他颜色的背景上，可执行该命令来消除黑色杂边。

（4）移去白色杂边：如果将白色背景上创建的消除锯齿的选区粘贴到其他颜色的背景中，可执行该命令来消除白色杂边。

第四节　图层的排列与分布

　　"图层"面板中的图层是按照从上到下的顺序堆叠排列的,上面图层中的不透明部分会遮盖下面图层中的图像,因此,如果改变面板中图层的堆叠顺序,图像的效果也会发生变化。

9.4.1　改变图层的顺序

　　(1)在"图层"面板中改变图层顺序:在"图层"面板中,将一个图层的名称拖至另外一个图层的上面(或图层下面),当突出显示的线条出现在要放置图层的位置时,放开鼠标即可调整图层的堆叠顺序。如图 2-9-22 和图 2-9-23 所示为改变图层 1、图层 2 的效果。

图 2-9-22　图层 1 的效果

图 2-9-23　图层 2 的效果

　　(2)通过"排列"命令改变图层顺序:执行"图层"→"排列"下拉菜单中的命令,也可以调整图层的排列顺序,如图 2-9-24 所示。

图 2-9-24　"排列"对话框

　　■置为顶层:将选择的非顶层图层调整到顶层。

　　■前移一层:将选择的非顶层图层向上移动一层。

　　■后移一层:将选择的非底层图层向下移动一层。

　　■置为底层:将选择的非底层图层调整到底层。

■反向：如果在"图层"面板中选择了多个图层，则执行该命令可以反转被选择图层的排列顺序。

在执行"图层"→"排列"下拉菜单中的命令调整图层顺序时，如果选择的图层位于图层组中，则执行"置为顶层"和"置为底层"命令时，可以将图层调整到当前图层组的最顶层或最底层。

9.4.2 对齐图层

"图层"→"对齐"下拉菜单中的命令用来对齐当前选择的多个图层。如果当前选择的图层与其他图层链接，则可以对齐与之链接的所有图层，如图 2-9-25 所示。

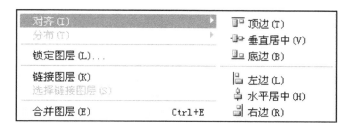

图 2-9-25 "对齐"对话框

（1）顶边：可以将选定所有图层的顶端对齐，如图 2-9-26 所示。

（2）垂直居中：可以将所有选定图层的垂直中心对齐. 如图 2-9-27 所示。

图 2-9-26 顶边　　　　　　　　　　　图 2-9-27 垂直居中

（3）底边：可以将所有选定图层的底端对齐，如图 2-9-28 所示。

（4）左边：可以将选定图层左端与最左端图层的左端对齐，如图 2-9-29 所示。

图 2-9-28 底边　　　　　　　　　　　图 2-9-29 左边

（5）水平居中：可将选定图层的水平中心对齐，如图 2-9-30 所示。

（6）右边：可以将选定图层右端与最右端图层的右端对齐，如图 2-9-31 所示。

图 2-9-30　水平居中　　　　　　　　　　　　**图 2-9-31　右边**

如果在执行对齐命令前选择所有图层进行链接,然后单击其中的一个链接的图层,再执行"对齐"命令时,将以该图层为基准进行对齐。

9.4.3　图层分布

执行"图层"→"分布"下拉菜单中的命令可以均匀分布三个以上选择的图层或链接的图层,如图 2-9-32 所示。

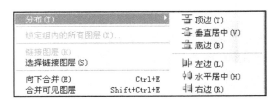

图 2-9-32　"分布"对话框

(1)顶边:可以从每个图层的顶端开始,间隔均匀地分布图层,如图 2-9-33 所示。
(2)垂直居中:可以从每个图层的垂直中心开始,间隔均匀地分布图层,如图 2-9-34 所示。

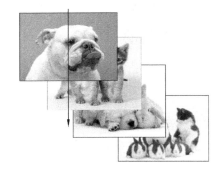

图 2-9-33　顶边　　　　　　　　　　　　**图 2-9-34　垂直居中**

(3)底边:可以从每个图层的底端开始,间隔均匀地分布图层,如图 2-9-35 所示。
(4)左边:可以从每个图层的左端开始,间隔均匀地分布图层,如图 2-9-36 所示。

图 2-9-35　底边　　　　　　　　　　　　**图 2-9-36　左边**

（5）水平居中：可以从每个图层的水平中心开始，间隔均匀地分布图层，如图 2-9-37 所示。

（6）右边：可以从每个图层的右端开始，间隔均匀地分布图层，如图 2-9-38 所示。

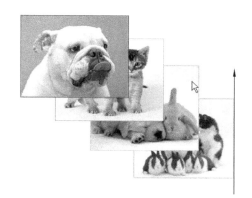

图 2-9-37　水平居中　　　　　　　　　　图 2-9-38　右边

第五节　合并与盖印图层

在 Photoshop 中，过多图层会占用更多的计算机存储空间，同时也不便于操作，合并图层可以有效地减小文件的大小，如果合并了图层，并将文档保存了，再次打开该文档对，是不能将图层恢复到未合并时的状态的。因此，在合并图层之前，应确保被合并的图层中没有需要单独保存的重要信息，否则应谨慎操作。

9.5.1　合并图层

如果要合并两个或多个图层，可以在"图层"面板中将它们选择，然后执行"图层"→"合并图层"命令（"Ctrl＋E"组合键），将它们合并为一个图层。

9.5.2　向下合并图层

如果想要将一个图层与它下面的图层合并，可以选择该图层，然后执行"图层"→"向下合并"命令，或者按"Ctrl＋E"快捷键进行合并。

9.5.3　合并可见图层

如果要合并"图层"面板中所有可见的图层，可以执行"图层"→"合并可见图层"命令，或按下"Shift＋Ctrl＋E"组合键，可以看到，除被隐藏的图层外，其他的可见图层全部被合并到"背景"图层中了。

9.5.4　拼合图像

如果要拼合所有的图层，可以执行"图层"→"拼合图像"命令，将当前文件的所有图层拼合到"背景"图层中。图层中的透明区域将以白色填充。

9.5.5　盖印图层

盖印图层是一种特殊的合并图层的方法，它可以将多个图层的内容合并为一个目标图层，同时使其他图层保持完好。想要得到某些图层的合并效果，而又要保持原图层完整时，盖印图层是最佳的解决办法。

按下"Ctrl＋Alt＋E"组合键，可以将当前图层中的图像盖印至下面图层中，当前图层保持不变。

如果当前选择了多个图层，则按下"Ctrl＋Alt＋E"组合键后，Photoshop 会创建一个包含合并内容的新图层，而原图层的内容保持不变。

按下"Shift＋Ctrl＋Alt＋E"组合键后,所有可见图层将被盖印至一个新建的图层中,原图层内容保持不变。

第六节　用图层组管理图层

随着图像编辑的深入,图层的数量会逐渐增加,要在数量众多的图层中找到需要的图层,将会是非常麻烦的一件事。如果使用图层组来组织和管理图层,就可以使"图层"面板中的图层结构更加清晰,也便于查找需要的图层。

9.6.1　创建图层组

(1) 在图层面板中创建图层组:单击"图层"面板中的"创建图层组"  按钮,可以创建一个空的图层组。

(2) 通过命令创建图层组:执行"图层"→"新建"→"组"命令,可以打开如图 2-9-39 所示对话框。在对话框中输入图层组的名称,单击"确定"按钮,可以创建一个图层组。

图 2-9-39　"新建组"对话框

■名称:用来设置图层组的名称。

■颜色:用来设置图层组在"图层"面板中的显示颜色。

■模式:用来设置图层组的混合模式,系统默认为"穿透",表示图层组不会产生混合模式,如果选择其他模式,则该组中的图层将以该组的混合模式与下面的图层产生混合效果。

■不透明度:用来设置图层组的不透明度。

9.6.2　从选择的图层创建图层组

如果要将多个图层创建在一个图层组内,可选择这些图层,然后执行"图层"→"图层编组"命令,或者按下"Ctrl＋G"组合键,即可将它们创建在同一个图层组中,如图 2-9-40 和图 2-9-41 所示。

如果执行"图层"→"新建"→"从图层建立组"命令,可以打开"从图层新建组"对话框,在对话框中可以设置图层组的名称、颜色和模式等属性,可将选择的图层创建在设置了特定属性的图层组内,其对话框与"组"相同。

图 2-9-40　图层 1

图 2-9-41　图层 2

9.6.3　创建嵌套结构的图层组

创建了图层组后,在图层组内还可以继续创建新的图层组,这种多级结构的图层组被称为嵌套图层组。嵌套结构的图层组最多可以达到 5 级,如图 2-9-42 所示。

图 2-9-42　图层

9.6.4　将图层移入或移出图层组

单击图层组前面的三角按钮可以关闭或展开图层组。展开图层组后,可以显示出该组中的图层。

将一个图层拖入图层组内,可将其添加到图层组中,将图层组中的图层拖出到组外,可将其从图层组中移出。

9.6.5　取消图层编组

如果要取消图层编组,可选择该图层组,然后执行"图层"→"取消图层编组"命令,也可以在选择了图层组后单击"图层"面板中的删除图层按钮,弹出提示对话框,如图 2-9-43 所示。单击"仅组"按钮可删除图层组,但保留组中的图层;单击"组和内容"按钮,可删除图层组及组中所有的图层。

图 2-9-43　弹出提示对话框

第七节　图层复合

图层复合是图层面板状态的快照,它记录了当前文件中图层的可视性、位置和外观(例如图层的不透明度、混合模式及图层样式等)。通过图层复合可以快速地在文档中切换不同版面的显示状态。当设计师向客户展示设计方案的不同效果时,只需通过"图层复合"面板便可以在单个文件中显示版面的多个版本,而在以往,这种展示通常需要创建多个合成的图稿。

9.7.1　图层复合面板

执行"窗口"→"图层复合"即可打开"图层复合"面板,如图 2-9-44 所示。

"图层复合"面板用来创建、编辑、显示和删除图层复合。图 2-9-45 所示为面板菜单。

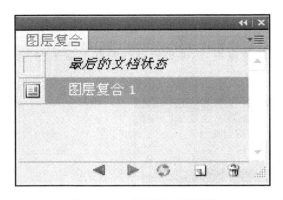
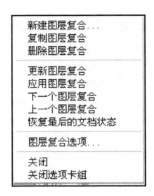

图 2-9-44 "图层复合"面板   图 2-9-45   面板菜单

（1）应用图层复合标志：显示该标志的图层复合为当前使用的图层复合。

（2）应用选中的上一图层复合：切换到上一个图层复合。

（3）应用选中的下一图层复合：切换到下一个图层复合。

（4）更新图层复合：如果更改了图层复合的配置，单击该按钮可进行更新。

（5）创建新的图层复合：用来创建一个新的图层复合。

（6）删除图层复合：用来删除当前创建的图层复合。

9.7.2 创建图层复合

点击"图层复合"面板下方的"创建新的图层复合"按钮或执行"图层复合"下拉菜单中的"新建图层复合"命令，打开"新建图层复合"对话框，然后可以编辑图层复合，如图 2-9-46 所示。

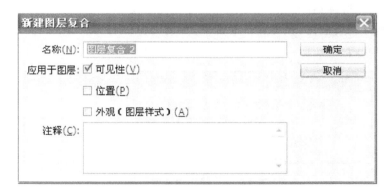

图 2-9-46 "新建图层复合"对话框

（1）名称：用来设置图层复合的名称。

（2）可视性：用来记录图层是显示或是隐藏。

（3）位置：用来记录图层在文档中的位置。

（4）外观：用来记录是否将图层样式应用于图层和图层的混合模式。

（5）注释：用来添加说明性注释。

9.7.3 更新图层复合

创建了图层复合后，如果在"图层"面板中执行删除了图层、合并图层、将图层转换为背景，或者转换颜色模式等操作，有可能会影响其他图层复合所涉及的图层，甚至不能够完全恢复图层复合。在这种情况下，图层复合名称后则会出现警告标志，如图 2-9-47 所示。

可以采用以下方法来处理图层复合警告。

（1）忽略警告：如果不对警告进行任何处理，可能会导致丢失一个或多个图层，而其他已存储的参数可能会保留下来。

（2）更新复合：单击更新图层复合按钮 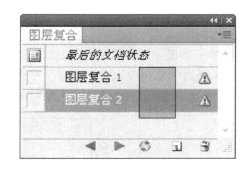，对图层复合进行更新，这可能导致以前记录的参数丢失，但可以使复合保持最新状态。

（3）单击警告标志：单击警告标志可以显示如图 2-9-48 所示的提示信息。该信息说明图层复合无法正常恢复。单击"清除"可清除警告，并使其余的图层保持不变。

图 2-9-47 "图层复合"对话框

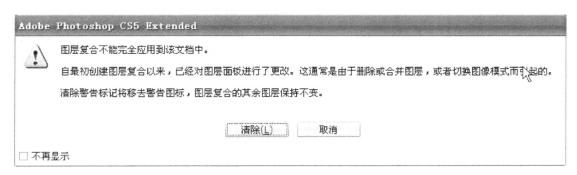

图 2-9-48 提示信息

（4）右键单击警告标志：右键单击警告标志可以打开如图 2-9-49 所示的下拉菜单，在菜单中可以选择是清除当前图层复合的警告，还是清除所有图层复合的警告。

图 2-9-49 下拉菜单

9.7.4 删除图层复合

将需要删除的图层复合拖至"图层复合"面板中"删除图层复合"按钮上，可将其删除。也可以选择图层复合，然后单击删除图层复合按钮进行删除，或者右键单击图层复合在下拉菜单中选择"删除图层复合"命令进行删除。

第八节 图 层 样 式

图层样式也称图层效果，它是创建图像特殊效果的重要手段，也是 Photoshop 最具吸引力的功能之一。使用投影、内阴影、外发光、浮雕、光泽等样式，可以创建具有真实质感的材质效果。图层样式可以随时修改、隐藏或删除，具有非常强的灵活性。使用系统预设的样式，或者载入外部样式，只需轻点鼠标，便可以将效果应用于图像。

9.8.1 添加图层样式

如果要为图层添加样式,可以选择这一图层,然后采用下面任意一种方式都可以打开"图层样式"对话框。

(1)图层样式命令:执行"图层"→"图层样式"下拉菜单中的样式命令,可打开"图层样式"对话框,并进入到相应的"图层样式"设置面板,如图2-9-50和图2-9-51所示。

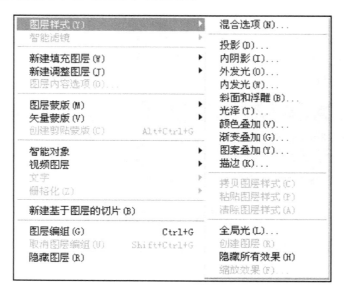

图 2-9-50 "图层样式"对话框

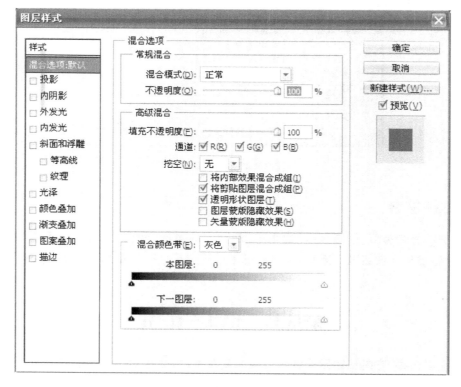

图 2-9-51 "图层样式"设置面板

(2)添加图层样式按钮:在"图层"面板中单击"添加图层样式" *fx* 按钮,在打开的下拉列表中选择一个样式命令,也可以打开"图层样式"对话框,并进入到相应的样式设置面板,如图2-9-52所示。

图 2-9-52　设置面板

（3）双击图层：双击需要添加样式的图层，可打开"图层样式"对话框，并进入到相应的样式设置面板。

在对话框中设置样式的参数后，关闭对话框即可为图层添加样式。将样式应用于图层后，图层右侧会显示出一个图层样式 fx 标志。单击该标志右侧的三角形按钮可折叠或展开样式列表，展开样式列表后，可以显示当前图层所使用的样式名称。

在图层面板中，背景图层是不能够添加图层样式的。

9.8.2　图层样式对话框

打开"图层样式"对话框后，单击对话框左侧的各个样式选项，可勾选该选项，并切换到相应的设置面板，然后就可以进行图层样式的设置了。

（1）投影："投影"样式可以为图层内容添加投影，还可以控制投影的颜色、方向和大小等，如图 2-9-53 所示。

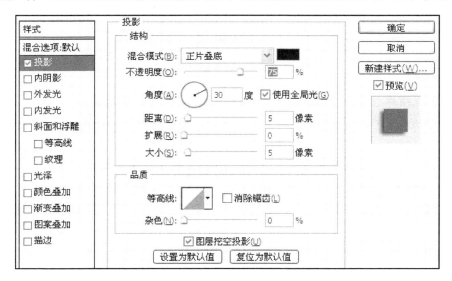

图 2-9-53　"投影"对话框

■混合模式：用来设置投影的混合模式，默认的模式为"正片叠底"。

■投影颜色：单击"混合模式"选项右侧的颜色块，可以在打开的"拾色器"中设置投影的颜色。

■不透明度：拖动滑块或输入数值可以设置投影的不透明度，该值越高，投影越暗。

■角度：在数值栏中输入数值，或者拖动圆形图标内的指针可以调整投影的角度。

■使用全局光：勾选该选项后，可以保证所有光照的角度保持一致，取消勾选则可以为不同的图层分别设置光照角度。

■距离：用来设置投影与对象间的距离，该值越高，投影离对象越远。

■扩展/大小:"扩展"用来设置投影的扩展范围,该选项效果会受到"大小"选项的影响,在"大小"值不为0的情况下,该值越大,投影就越清晰。"大小"用来设置投影的模糊范围,该值趣高,模糊的范围越大,该值越小,投影越清晰。

■等高线:通过等高线可以控制投影的形状。

■消除锯齿:勾选该项可以增加投影效果的平滑度,从而消除投影的锯齿。

■杂色:用来在投影中添加杂色,当该值较高时,投影将显示为点状。

■图层挖空投影:如果当前图层的填充不透明度小于100%,勾选该项可以防止投影在呈透明状态的图像区域中显示。

(2)内阴影:"内阴影"样式可以在紧靠图层内容的边缘内添加阴影,使图层产生凹陷效果,如图2-9-54所示。该样式的大部分选项都与"投影"的选项相同。

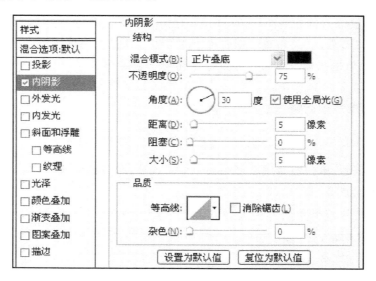

图 2-9-54 "内阴影"对话框

■阻塞:用来设置在模糊之前收缩内阴影的边界,该值越高,投影效果越强烈。

(3)外发光:"外发光"样式可以沿图层内容的边缘向外创建发光效果。该样式的部分选项与"投影"的选项相同。

■发光颜色:"杂色"选项下面的颜色块和颜色条可以设置发光颜色。单击左侧的颜色块,可在打开的"拾色器"中设置颜色,创建单色发;单击右侧的渐变条,可以在打开的"渐变编辑器"中设置渐变色,创建渐变发光。

■方法:用来设置发光的方法,控制发光的准确程度。选择"柔和",可以得到柔和的边缘;选择"精确",则得到精确的边缘。

(4)内发光:"内发光"样式可以沿图层内容的边缘向内创建发光效果。该样式的大部分选项都与"外发光"的选项相同。

■源:选择"居中",表示从图像的中央向外应用发光效果,此时如果增加"大小"值,发光效果会向图像的中心收缩;选择"边缘",表示从图像的边缘向内应用发光效果,此时如果增加"大小"值,发光效果会向图像的中央扩展。

(5)斜面和浮雕:"斜面和浮雕"样式可对图层添加高光与阴影的各种组合,使图层内容呈现立体的浮雕效果,非常适合制作各种立体按钮和立体的特效文字,如图2-9-55所示。

■样式:在该选项下拉列表中可以选择斜面和浮雕的样式。选择不同的样式,结合下面的设置,会出现不同的斜面和浮雕效果。

■方法:用来设置斜面和浮雕的精确程度。

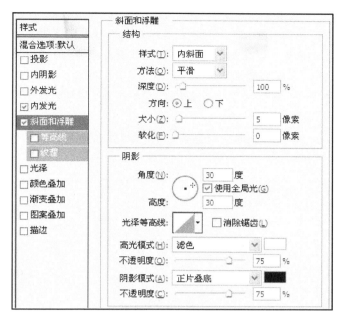

图 2-9-55　"斜面和浮雕"对话框

■深度：用来设置浮雕斜面的应用深度，该值越高，浮雕的立体感越强。

■方向：用来设置斜面和浮雕的方向。

■大小：用来设置斜面和浮雕的大小，该值越高，斜面和浮雕的范围越广。

■软化：用来设置斜面和浮雕的柔和程度，该值越高，效果越柔和。

■角度：用来设置光源的照射角度，可以在数值栏中输入数值，也可以拖动圆形图标内的指针来进行调整。

■高度：用来设置光源的高度。将该值设置为 90°时，光源将垂直照射图像。

■光泽等高线：可以选择一个等高线样式，为斜面和浮雕表面添加光泽效果，创建具有光泽的金属外观的浮雕效果。

■消除锯齿：可以消除由于设置了光泽等高线而产生的锯齿。

■高光模式：用来设置高光的混合模式、颜色和不透明度。

■阴影模式：用来设置阴影的混合模式、颜色和不透明度。

（6）等高线：为"斜面和浮雕"分选项。通过设置等高线可以控制斜面与浮雕的轮廓。

（7）纹理：和"等高线"一样，为"斜面和浮雕"分选项。通过设置纹理可以为斜面与浮雕设置图案效果。

■图案：单击图案图标，可以在打开的下拉面板中选择一个图案，将其应用在斜面和浮雕上。

■从当前图案创建新的预设 🔲：单击该按钮，可基于当前的设置创建一个新的图案，并将图案保存在"图案"选项的下拉面板中。

■紧贴原点：将原点对齐图层或文档的左上角。

■缩放：拖动滑块或输入数值可以调整图案的大小。

■深度：用来设置图案的纹理应用程度。

■反相：可反转图案纹理的凹凸方向。

■与图层链接：勾选该项可以将图案与图层链接。此时对图层进行变换操作时，图案会一同变换。在该选项处于勾选状态时，单击"紧贴原点"按钮，可以将图案的原点对齐到文档的原点。如果取消"与图层链接"选项的勾选，则单击"紧贴原点"按钮，可将原点放在图层的左上角。

（8）光泽："光泽"样式可以应用创建光滑光泽的内部阴影，为对象添加光泽效果。该样式没有什么特殊的选项，只需注意可以通过"等高线"改变光泽的样式。

（9）颜色叠加："颜色叠加"样式可以在图层上叠加指定的颜色,通过设置颜色的混合模式和不透明度,可以控制叠加效果。"颜色叠加"类似于填充图层,只不过它是通过图层样式的形式进行颜色的叠加的。

（10）渐变叠加："渐变叠加"样式可以在图层上叠加指定的渐变颜色,通过设置渐变的混合模式样式、颜色、角度,不透明度和缩放等可以创建不同的叠加效果。

（11）图案叠加："图案叠加"样式可以在图层上叠加指定的图案,并可以缩放图案、设置图案的不透明度和混合模式。

（12）描边："描边"样式可以使用颜色、渐变或图案在当前图层上描画对象的轮廓。它对于硬边形状,例如文字等特别有用,如图 2-9-56 所示。

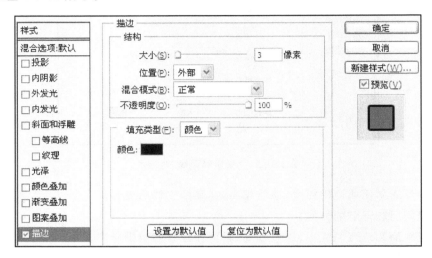

图 2-9-56　"描边"对话框

■大小：用来设置描边的宽度。
■位置：用来设置描边的位置,包括"外部"、"内部"和"居中"。
■混合模式：用来设置描边的混合模式。
■不透明度：用来设置描边的不透明度。
■填充类型：用来选择描边的类型,可以设置"颜色"、"渐变"和"图案"三种类型。

第九节　编辑图层样式

图层样式是非常灵活的功能,可以随时修改样式的参数,隐藏样式的效果,或者删除样式,将图像恢复为添加样式前的效果。这些操作都不会对原图层中的图像造成任何的破坏。

9.9.1　修改样式与清除样式

图层样式可以根据需要随时修改。如果要修改某一样式,可在"图层"面板中双击该样式,然后打开相应的设置面板进行修改,修改完成后,单击"确定"按钮关闭对话框,新的样式便会应用到图像上。

如果要删除一种样式,将其拖至"删除图层" 🗑 按钮上即可。如果要删除全部样式,可将所有效果选择拖至删除图层按钮上,也可选择样式所在的图层,然后执行"图层"→"图层样式"→"清除图层样式"命令进行操作。

9.9.2　复制与粘贴样式

选择添加了样式的图层后,执行"图层"→"图层样式"→"拷贝图层样式"命令,可以复制图层样式。选择一个图层后,执行"图层"→"图层样式"→"粘贴图层样式"命令,可以将复制的图层样式粘贴到该图层上。

9.9.3 隐藏样式效果

如果要隐藏图层中应用的一个或多个样式,可以单击"图层"面板的样式名称前的眼睛图标。取消该图标的显示后,可以隐藏样式。

如果要隐藏一个图层中的所有样式,可单击该图层"效果"前的眼睛图标。如果要隐藏当前文档中所有图层的样式,可执行"图层"→"图层样式"→"隐藏所有效果"命令。

9.9.4 缩放样式效果

在"图层样式"对话框中对图层进行样式设置后,可以用对话框以外的命令来修改样式的大小。执行"图层"→"图层样式"→"缩放效果"命令,打开"缩放图层效果"对话框,在对话框中调整样式的缩放比例,如图 2-9-57 所示。

图 2-9-57 "缩放图层效果"对话框

9.9.5 将图层样式创建为图层

图层样式的效果虽然丰富,但要想进一步对其进行编辑,就需要将样式创建为图层。下面就来看一下,如何将样式创建为图层。创建之前,先选择添加了样式的图层,然后执行"图层"→"图层样式"→"创建图层"命令,弹出一个提示对话框,如图 2-9-58 所示。单击"确定"按钮,样式便会从原图层中剥离出来成为单独的图层,如图 2-9-59 所示。

图 2-9-58 提示对话框

图 2-9-59 单独的图层

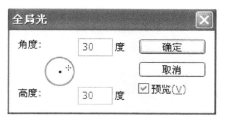

图 2-9-60 "全局光"对话框

9.9.6 设置全局光

全局光用来控制当前文档中勾选了"使用全局光"选项的所有样式的光照角度,使对象呈现一致的光源照明外观。可以设置全局光的样式包括"投影"、"内阴影"、"斜面和浮雕"。

执行"图层"→"图层样式"→"全局光"命令,可以打开"全局光"对话框,如图 2-9-60 所示,在对话框中可以设置全局光的角度和高度。

9.9.7 设置等高线

等高线用来控制"投影"、"内阴影"、"内发光"、"外发光"、"斜面和浮雕"及"光泽"效果在指定范围内的形状。设置不同的等高线可以模拟不同的材质,例如金属、玻璃、水晶等。

单击"等高线"选项右侧的三角按钮,可以在打开的下拉面板中选择等高线的样式,如图 2-9-61 所示。如果单击等高线缩览图,则可以打开"等高线编辑器",如图 2-9-62 所示。添加、删除和移动控制点可以调整等高线的形状。

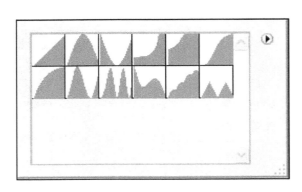

图 2-9-61　等高线

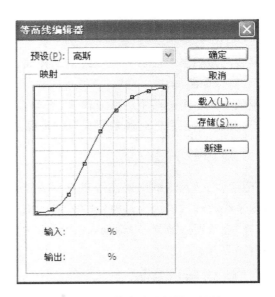

图 2-9-62　"等高线编辑器"对话框

第十节　样 式 面 板

"样式"面板用来保存样式,这些样式可以应用于图层。在"样式"面板中还可以存储样式和载入外部的样式。下面介绍如何使用"样式"面板。

9.10.1　使用"样式"面板中的样式

Photoshop 的"样式"面板提供了系统预设的样式。选择一个图层后,执行"图层"→"图层样式"命令,在下拉菜单中打开"图层样式"对话框,然后单击对话框左上角的"样式",便可打开"样式"面板,如图 2-9-63 所示。单击面板中的一种样式样本,便可以对当前图层添加该样式。单击面板右侧的三角按钮,可以打开面板菜单。

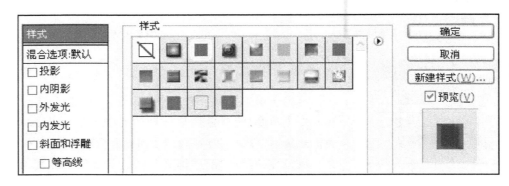

图 2-9-63　"样式"面板

9.10.2　新建样式

如果要将当前的图层效果创建为样式,可在"图层"面板中选择该图层,然后单击"样式"面板中的"建新样式"按钮,打开如图 2-9-64 所示的对话框,设置样式的名称后单击"确定"按钮即可创建样式。

(1) 名称:用来设置样式的名称。

(2) 包含图层效果:勾选该项,可将当前的图层效果设置为样式。

(3) 包含图层混合选项:如果当前图层设置了混合模式,勾选该项,新建的样式将具有这种混合模式。

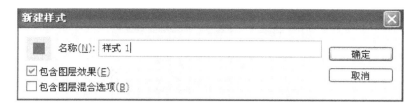

图 2-9-64 "新建样式"对话框

9.10.3 删除样式

将"图层"面板中的一个样式拖至"删除图层"按钮上,即可将其删除。也可以在"样式"面板中,按下 Alt 键单击需要删除的样式来进行操作。

9.10.4 存储样式库

如果在"样式"面板中创建了大量的自定义样式,可以将这些样式单独保存为一个样式库。

执行"样式"面板菜单中的"存储样式"命令,在打开的对话框中输入样式库名称和保存位置,单击"确定"按钮,可将面板中的样式保存在一个样式库。如果将自定义的样式库保存在 Photoshop 程序文件夹的"Presets/Styles"文件夹中,则重新运行 Photoshop 后,该样式库的名称会出现在"样式"面板菜单的底部。

9.10.5 载入样式

Photoshop 提供了大量不同类别的预设样式可供使用,要在"样式"面板中加载这些样式,可打开面板菜单,选择一个样式库,如图 2-9-65 所示。

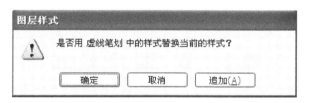

图 2-9-65 "图层样式"对话框

(1)确定:单击该按钮可使用载入的样式替换当前面板中的样式。

(2)取消:单击该按钮可以取消载入样式的操作。

(3)追加:单击该按钮,可将样式添加到"样式"面板中。

载入了样式或者修改了样式后,如果要将"样式"面板中的样式设置为初始状态,可执行面板菜单中的"复位样式"命令。

如果要载入外部样式,可执行"样式"面板菜单中的"载入样式"命令,在打开"载入"对话框选择要载入的样式库。

第十一节   图层的不透明度

在"图层"面板中有两个控制图层的不透明度的选项,即"不透明度"和"填充",如图 2-9-66 所示。

"不透明度"选项控制着当前图层、图层组中绘制的图像和形状的不透明度,如果对图层应用了图层样式,刚图层样式的不透明度也会受到该值的影响。"填充"选项只影响图层中绘制的图像和形状的不透明度,不会影响图层样式的不透明度。

图 2-9-66　"不透明度"和"填充"

例如,如图 2-9-67 所示为添加了"外发光"样式的图像。调整图像不透明度时,会对图像和"外发光"效果产生影响,如图 2-9-68 所示;而调整"填充"不透明度时,仅影响图像,"外发光"效果的不透明度不会发生改变,如图 2-9-69 所示。

图 2-9-67　"外发光"样式的图像

图 2-9-68　"外发光"效果

图 2-9-69　不透明度不变

第十二节　混　合　模　式

混合模式是 Photoshop 中一项非常重要的功能,它决定了图像的混合方式,使用混合模式可以创建各种特殊效果,但不会对图像造成任何破坏。在抠选图像时,混合模式也发挥着重要的作用。在 Photoshop 中,除了"背景"图层外,其他图层都支持混合模式。

9.12.1　了解混合模式

混合模式选项位于"图层"面板的顶端,共分 6 组 27 种,如图 2-9-70 所示。

图 2-9-70　混合模式

所有混合模式中,每一组中的混合模式彼此间都有着相似的效果或相近的用途。默认的混合模式为"正常"模式,此时上面图中不透明区域会遮盖下面图层中的图像,如果设置为其他模式,当前图层中的图像便会与下面图层中的图像产生混合,进而影响图像的显示效果。

除了可以在"图层"面板中设置混合模式外,工具选项栏、"图层样式"对话框、"填充"和"描边"命令对话框,以及"应用图像"命令和"计算"等命令对话框中都包含混合模式设置选项,从这些命令中不难看出,混合模式的应用是非常广泛的。

如果创建了图层组,图层组便被赋予了一种特殊的混合模式,即"穿透"模式,它表示图层组没有自己的混合属性。为图层组设置了其他的混合模式后,Photoshop 就会将图层组视为一幅单独的图像,并利用所选混合模式与下面的图像产生混合。

9.12.2　组合模式组

组合模式组中的模式需要降低图层的不透明度才能产生作用。

（1）正常模式:默认的混合模式。当前图层的不透明度为100％时,完全遮盖下面的图像,降低图层的不透明度可以使其产生半透明的效果,进而与下面的图层混合。

（2）溶解模式:降低图层的不透明度后,可以使半透明区域上的像素离散,混合结果会产生点状的颗粒。调整"图层"的不透明度还可以改变颗粒的大小和密度。

9.12.3　加深模式组

加深模式组中的混合模式可以使图像变暗。在混合的过程中,当前图层中的白色将被底层较暗的像素替代。

（1）变暗模式:比较两个图层,当前图层中较亮的像素会被底层较暗的像素替换,而亮度值比底层像素值低的像素则保持不变。

（2）正片叠底模式:当前图层中的像素与底层的白色混合时保持不变,而与底层的黑色混合时则被其替换。混合结果通常会使图像变暗。

（3）颜色加深模式:通过增加对比度来加强深色区域,底层图像的白色保持不变。

（4）线性加深模式:通过减小亮度使像素变暗,它与"正片叠底"模式的效果相似,但可以保留下面图像更多的颜色信息。

（5）深色:比较两个图层的所有通道值的总和并显示值较小的颜色,不会生成第三种颜色。

9.12.4　减淡模式组

减淡模式组中的混合模式与加深模式组中的混合模式产生的效果截然相反,它们可以使图像变亮。在使用这些混合模式时,图像中的黑色会被较亮的像素替换,而任何比黑色亮的像素都可能加亮底层图像。减淡模式组分为"变亮"、"滤色"、"颜色减淡"、"线性减淡（添加）"和"浅色"模式等。

9.12.5　对比模式组

对比模式组中的混合模式可以增强图像的反差。在混合时,50％的脏色会完全消失,任何亮度值高于50％脏色的像素都可能加亮底层的图像,而亮度值低于50％灰色的像素则可能使底层图像变暗。

（1）叠加模式:增强图像的颜色,并保持底层图像的高光和暗调。

（2）柔光模式:当前图层中的颜色决定了图像变亮或是变暗。如果当前图层中的像素比50％灰色亮,则图像变亮;如果当前图层中的像素比50％灰色暗,则图像变暗。产生的效果与发散的聚光灯照在图像上相似。

（3）强光模式:当前图层中比50％灰色亮的像素会使图像变亮,比50％灰色暗的像素则会使图像变暗。产生的效果与耀眼的聚光灯照在图像上相似。

（4）亮光模式：如果当前图层中的像素比50％灰色亮，则通过减小对比度的方式使图像变亮；如果当前图层中的像素比50％灰色暗，则通过增加对比度的方式使图像变暗，可以使混合后的颜色更加饱和。

（5）线性光模式：如果当前图层中的像素比50％灰色亮，可通过增加亮度使图像变亮，如果当前图层中的像素比50％灰色暗，则通过减小亮度使图像变暗。与"强光"模式相比，"线性光"可使图像产生更高的对比度。

（6）点光模式：如果当前图层中的像素比50％灰色亮，则替换暗的像素；如果当前图层中的像素比50％灰色暗，则替换亮的像素，这对于向图像中添加特殊效果时非常有用。

（7）实色混合模式：如果当前图层中的像素比50％灰色亮，就会使底层图像变亮，如果当前图层中的像素比50％灰色暗，则会使底层图像变暗。通常会使图像产生色调分离的效果。

9.12.6 比较模式组

比较模式组中的混合模式可以比较当前图像与底层图像，然后将相同的区域显示为黑色，不同的区域显示为灰度层次或彩色。如果当前图层中包含白色，白色的区域会使底层图像反相，而黑色则不会对底层的图像产生影响。

（1）差值模式：当前图层的白色区域会使底层图像产生反相的效果，而黑色则不会对底层图像产生影响。

（2）排除模式：与"插值"模式的原理基本相似，但它可以创建对比度更低的混合效果。

（3）减去：查看每个通道中的颜色信息，并从基色中减去混合色。在8位和16位图像中，任何生成的负片值都会剪切为零。

（4）划分：查看每个通道中的颜色信息，并从基色中分割混合色。

9.12.7 色彩模式组的特点

使用色彩模式组中的混合模式时，Photoshop会将色彩分为三种成分，即色相、饱和度和亮度，然后将其中的一种或两种应用在混合后的图像中。

（1）色相模式：将当前图层的色相应用到底层图像的亮度和饱和度中，可改变底层图像的色相，但不会影响底层图像亮度和饱和度。对于黑色、白色和灰色区域，该模式不起作用。

（2）饱和度模式：将当前图层的饱和度应用到底层图像的亮度和色相中，可改变底层图像的饱和度，但不会影响底层图像的亮度和色相。

（3）颜色模式：将当前图层的色相与饱和度应用到底层图像中，但保持底层图像的亮度不变。

（4）明度模式：将当前图层的亮度应用于底层图像的颜色中，可改变底层图像的亮度，但不会对底层图像的色相与饱和度产生影响。

9.12.8 背后模式与清除模式的特点

"背后"模式和"清除"模式是绘画工具、"填充"和"描边"命令特有的混合模式。在使用形状工具时，如果按下"填充像素"□按钮，在它工具选项栏的"模式"列表中也可以选择这两种模式，如图2-9-71和图2-9-72所示。

图 2-9-71　模式 1　　　　　　　图 2-9-72　模式 2

（1）背后模式：在图层的透明部分编辑或绘画，不会影响图层原有的图像，就像在当前图层下面的图层绘画一样。如图2-9-73所示为原图像，如图2-9-74所示为"正常"模式下使用画笔涂抹的效果，如图2-9-75所示为"背后"模式下的涂抹效果。

第二篇 基础篇

图 2-9-73　原图像　　　　　图 2-9-74　"正常"模式下使用画笔涂抹　　　图 2-9-75　"背后"模式下的涂抹效果

（2）清除模式：与橡皮擦工具的作用基本相同，可以清除像素。降低工具的不透明度时，可部分清除像素。

"背后"模式和"清除"模式只能用在取消选择了"锁定透明区域"的图层中，如果锁定了图层的透明区域（按下"图层"面板中的锁定透明像素 按钮），这两种混合模式将不可用。

第十三节　填充和调整图层

9.13.1　填充图层

填充图层是向图层中填充纯色、渐变和图案创建的特殊图层。在 Photoshop 中可以创建三种类型的填充图层：纯色填充图层、渐变填充图层和图案填充图层。创建了填充图层后，可以通过设置混合模式，或者调整图层的不透明度来创建特殊的图像效果。填充图层可以随时修改或删除，不同类型的填充图层之间还可以互相转换，也可以将填充图层转换为调整图层。

单击图层面板下方的"创建新的填充或调整图层" 按钮，可以调出填充图层所在的下拉命令面板，如图 2-9-76 所示。

（1）纯色：单击"纯色"命令，打开"拾色器"，就可以编辑要填充的纯色。

（2）渐变：单击"渐变"命令，打开"渐变填充"对话框，单击"渐变"选项右侧的渐变色条，在打开的"渐变编辑器"中设置渐变颜色，如图 2-9-77 所示。

 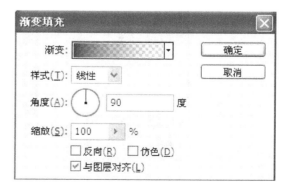

图 2-9-76　下拉命令面板　　　　　图 2-9-77　"渐变填充"对话框

149

（3）图案：单击"图案"命令，打开"图案填充"对话框，选择所需图案进行图案填充编辑，如图 2-9-78 所示。选择填充图层，执行"图层"→"图层内容选项"命令，也可以打开填充内容的设置对话框。

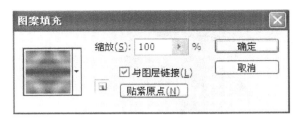

图 2-9-78 "图案填充"对话框

9.13.2 调整图层

在 Photoshop 中，图像色彩与色调的调整方式主要有两种，一是执行"图像"→"调整"下拉菜单中的命令，另外一种方式便是使用调整图层进行操作。

调整图层是一种特殊的图层，它可以将颜色和色调调整用于图像，但不会改变原图像的像素，因此不会对图像产生实质性的破坏。例如，如果使用"图像"→"调整"→"黑白"命令调整图像时，图层中的像素将被修改。

如果使用调整图层操作，则可以在当前的图层上面创建调整图层，调整图层对下面的图像产生影响，调整的结果与执行"图像"菜单中的"黑白"命令的结果相同，但下面图层的像素却没有任何变化。在需要将图像恢复为调整前的状态时，只需隐藏调整图层，或者删除调整图层即可，如图 2-9-79 所示。

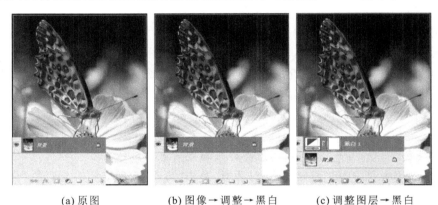

(a) 原图   (b) 图像→调整→黑白   (c) 调整图层→黑白

图 2-9-79 调整图层 1

调整图层可以将调整应用于它下面的所有图层。将一个图层拖至调整图层的下面，调整便会对该图层产生影响，如图 2-9-80 所示。将调整图层下面的图层拖至调整图层上面，可排除调整图层对该图层的影响。

调整图层在上   调整图层在下

图 2-9-80 调整图层 2

　　如果想要对多个图层进行相同的调整,可以在这些图层上面创建一个调整图层,通过调整图层来影响这些图层,而不必分别调整每个图层。

　　单击"图层"面板下方的"创建新的填充或调整图层"按钮,可以调出调整图层所在的下拉命令面板,"色阶""曲线""色彩平衡"和"亮度/对比度"等与"图像/调整"下拉菜单中相应的命令设置一样。

　　(1)控制"调整图层"调整强度:想要调整"调整图层"强度,可以在"图层"面板中将"调整图层"的不透明度根据你的需要设置,降低不透明度值,调整强度将变得弱,反之将增加调整强度。

　　(2)控制"调整图层"调整范围:在"图层"面板中单击"调整图层"的蒙版缩览图,选择蒙版。选择画笔工具,将前景色设置为黑色,在图像上拖动鼠标进行涂抹,调整图层将不再对涂抹区域的图像产生影响。如果想要扩大调整范围,用白色涂抹蒙版即可,想要缩小调整范围,可用黑色涂抹蒙版。

　　(3)修改"调整图层"设置:设置"调整图层"以后,如果想重新设置,可以双击"调整图层"前的"图层缩览图",打开设置对话框重新设置。

9.13.3 新建填充图层/调整图层命令

　　执行"图层"→"新建填充图层"或"图层"→"新建调整图层"命令,都会打开相应的下拉菜单,而下拉菜单中的命令与在图层面板中单击"创建新的填充或调整图层"按钮下拉菜单中的命令相同。

第十四节 智 能 对 象

　　智能对象是一个嵌入在当前文件中的文件,它可以是光栅图像,也可以是矢量图像,智能对象可以保留对象的原始数据,因此,在对其进行编辑时,不会给对象造成任何实质性的破坏。

9.14.1 了解智能对象的优势

　　智能对象具有以下几点优势。

　　(1)可执行非破坏性变换。例如,可以根据需要按任意比例缩放图层,而不会丢失原始图像数据。

　　(2)可保留 Photoshop 不会以本地方式处理的数据,如 Illustrator 中的复杂矢量图片,Photoshop 会自动将文件转换为它可识别的内容。

　　(3)编辑一个图层即可更新基于该图层创建的智能对象的多个实例。

　　(4)可以将变换图层样式、不透明度、混合模式和变形应用于智能对象。进行更改后,Photoshop 会使用编辑过的内容更新图层。

　　智能对象图层可以像其他图层那样进行移动、复制、删除、显示或隐藏等操作,但不能对智能对象应用"透视"和"扭曲"变换。

9.14.2 创建智能对象

　　(1)把原有图层转换成智能对象:选择要转换的图层,执行"图层"→"智能对象"→"转换为智能对象"命令,将该图层转换成一个智能对象,或者右键单击图层,在下拉菜单中执行"转换为智能对象"命令,转换成智能对象。创建智能对象后,图层缩览图的右下角会出现一个智能对象标志,如图 2-9-81 所示。

　　(2)置入图像创建智能对象:执行"文件"→"置入"命令,打开"置入"对话框,选择需要的图像,单击"确定"按钮就可在原有的图像文件上置入新的图像文件。按下回车键,取消界定框,新建智能对象成功,如图 2-9-82 所示。

图 2-9-81   智能对象标志

图 2-9-82   新建智能对象成功

9.14.3   创建非链接智能对象

选择目标智能对象图层,执行"图层"→"智能对象"→"通过拷贝新建智能对象"命令,可以基于当前选择的智能对象新建一个智能对象,或者右键单击智能对象图层,在下拉菜单中执行"通过拷贝新建智能对象"命令,也可以基于当前选择的智能对象新建一个智能对象。

使用"通过拷贝新建智能对象"命令创建的智能对象副本与原智能对象保持各自独立的状态,对它们中间的一个智能对象编辑时,都不会影响到另外一个。

9.14.4   创建链接的智能对象

选择目标智能对象图层,执行"图层"→"新建"→"通过拷贝的图层"命令,可基于当前智能对象创建新的智能对象。新智能对象与原智能对象保持链接关系,编辑其中的任意一个智能对象,与之链接的智能对象便会自动更新效果。

将智能对象拖至"图层"面板中的"创建新图层"按钮上,也可复制一个与原智能对象链接的新的智能对象。

9.14.5   编辑智能对象内容

智能对象允许我们编辑它们的源内容。如果源内容是栅格数据或相机原始文件,可在 Photoshop 中对其进行编辑;如果源内容是矢量 PDF 或 EPS 数据,则可在 Adobe Illustrator 中对其进行编辑。

选择目标智能对象图层,执行"图层"→"智能对象"→"编辑内容"命令,弹出一个对话框,如图 2-9-83 所示。单击"确定"按钮,可以打开该智能对象的源文件。双击"图层"面板上的智能对象图层,也能打开智能对象源文件。根据要求编辑源文件,之后按下 Ctrl+S 快捷键保存修改结果,然后关闭源图像文件。此时 Photoshop 中的智能对象便会自动进行更新。

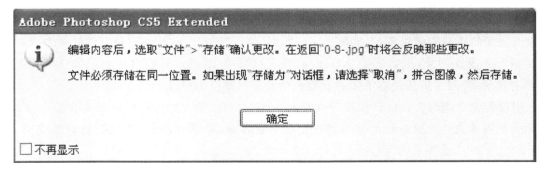
图 2-9-83   对话框

9.14.6 替换智能对象内容

Photoshop 中的智能对象具有相当大的灵活性,创建了智能对象后,可以用一个新的内容替换在智能对象中嵌入的内容。如果被替换内容的智能对象包含多个链接的副本,则与之链接的智能对象也会同时替换内容。

选择目标智能对象图层,执行"图层"→"智能对象"→"替换内容"命令,打开"置入"对话框,选择所需图像,单击"确定"按钮,可将其置入到 Photoshop 中,并替换当前选择的智能对象。

9.14.7 将智能对象转换到图层

选择要转换为普通图层的智能对象图层,执行"图层"→"智能对象"→"栅格化"命令,可将智能对象转换为普通的图层。转换为普通的图层后,原图层缩览图上的智能对象标志也会消失。

9.14.8 创建图像堆栈

图像堆栈可以将一组参考帧相似,但品质或内容不同的图像组合在一起。将多个图像组合到堆栈中之后,就可以对它们进行处理,生成一个复合视图,消除不需要的内容或杂色。

为了获得最佳结果,图像堆栈中包含的图像应具有相同的尺寸和极其相似的内容,例如,从固定视点拍摄的一组静态图像或静态视频摄像机录制的一系列帧。图像的内容应非常相似,以便能够将它们与组中的其他图像套准或对齐。

打开一个 PSD 文件,至少包括两个以上图层,如图 2-9-84 所示。执行"选择"→"所有图层"命令,将所有的图层都选择,按要求编辑对齐,执行"图层"→"智能对象"→"转换为智能对象"命令,将选择的图层创建为智能对象,然后执行"图层"→"智能对象"→"堆栈模式"命令,在下拉菜单中选择一种堆栈模式,这样图像堆栈创建结束,如图 2-9-85 所示。

图 2-9-84 两个以上图层　　　　图 2-9-85 堆栈模式

(1) 无:从图像堆栈中删除任何渲染,并将其转换回常规智能对象。

(2) 标准偏差:标准偏差＝方差的平方根。

(3) 范围:非透明像素的最大通道值减去非透明像素的最小通道值。

(4) 方差:方差＝｛非透明像素上的 sum[(值－平均值)2]｝/(非透明像素的数目－1)。

(5) 峰度:相对于正态分布的峰度或展平度测量。标准正态分布的峰度为 3.0。峰度大于 3 则表示峰值分布,而峰度小于 3 则表示平坦分布(与正态分布相比)。

(6) 偏度:偏度是围绕统计平均值的对称性或不对称性的测量。

(7) 平均值:所有非透明像素的平均通道值,对减少杂色有效。

(8) 熵:二元熵(或零阶熵)定义对一个组中的信息进行无损编码所需的位数的下限。

(9) 中间值:所有非透明像素的中间通道值,对减少杂色和从图像中移去不需要的内容有效。

(10) 总和:所有非透明像素的合计通道值。

（11）最大值：所有非透明像素的最大通道值。

（12）最小值：所有非透明像素的最小通道值。

9.14.9　导出智能对象内容

执行"图层"→"智能对象"→"导出内容"命令,Photoshop 将以智能对象的原始置入格式（JPEG、AI、TIF、DF 或其他格式）导出智能对象。如果智能对象是利用图层创建的,则以 PSB 格式将其导出。

第十五节　智　能　滤　镜

智能滤镜是一种非破坏性的滤镜创建方式,它可以随时调整参数,隐藏或者删除而不会破坏图像。

9.15.1　智能滤镜的应用

打开一个文件,执行"滤镜"→"转换为智能滤镜"命令,打开如图 2-9-86 所示的对话框。单击"确定"按钮,将图层转换为智能对象。这时,应用于智能对象的任何滤镜都是智能滤镜,因此,如果当前图层为智能对象,可直接对其应用滤镜。单击智能对象图层右侧的展开三角按钮,可见应用的任何滤镜都为"智能滤镜"了。

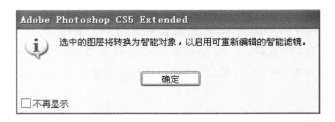

图 2-9-86　对话框

9.15.2　编辑智能滤镜

如果智能滤镜包含可编辑设置,则可以随时编辑它,也可以编辑智能滤镜的混合选项。

在"图层"面板中双击智能滤镜,可以打开该滤镜的设置对话框,在对话框内可以修改滤镜的设置,进行重新编辑。或者在"图层"面板中双击智能滤镜旁边的"编辑混合选项"图标🖅,打开"混合选项"对话框,在对话框中可以设置滤镜效果的不透明度和混合模式,编辑智能滤镜混合选项类似于在对传统图层应用滤镜时使用的"渐隐"命令。

9.15.3　重新排列智能滤镜

在"图层"面板的智能滤镜列表中上下拖动智能滤镜,可以重新排列智能滤镜,Photoshop 将按照由下而上的顺序应用智能滤镜。

9.15.4　遮盖智能滤镜

当将智能滤镜应用于某个智能对象时,Photoshop 会在"图层"面板中该智能对象下方的智能滤镜行上显示一个白色蒙版缩览图,默认情况下,该蒙版显示完整的滤镜效果。

编辑滤镜蒙版可有选择地遮盖智能滤镜。滤镜蒙版的工作方式与图层蒙版非常类似,可以在滤镜蒙版上进行绘画,用黑色绘制的滤镜区域将隐藏,用白色绘制的区域将可见;用灰度绘制的区域将以不同级别的透明度出现。与图层蒙版一样,滤镜蒙版将作为 Alpha 通道存储在"通道"面板中。

9.15.5　显示与隐藏智能滤镜

要隐藏单个智能滤镜,可在"图层"面板中单击该智能滤镜旁边的眼睛图标。要显示智能滤镜,可在该列中再次单击眼睛图标。要隐藏应用于智能对象图层的所有智能滤镜,可在"图层"面板中单击"智能滤镜"行旁边的眼睛图标。再次单击,则显示智能滤镜。

9.15.6　复制与删除智能滤镜

(1) 复制智能滤镜:在"图层"面板中,按住 Alt 键将智能滤镜从一个智能对象拖动至另一个智能对象,或者拖动到智能滤镜列表中的新位置,可复制智能滤镜。如果要复制所有智能滤镜,可按住 Alt 键并拖动在智能对象图层旁边出现的智能滤镜图标。

(2) 删除智能滤镜:要删除单个智能滤镜,可将该滤镜拖到"图层"面板中的"删除图层"按钮🗑上。如果要删除应用于智能对象图层的所有智能滤镜,可选择该智能对象图层,然后执行"图层"→"智能滤镜"→"清除智能滤镜"命令。

第十六节　中性色图层

中性色图层是一种填充了中性色的特殊图层,通过它可以修饰图像,也可以在它上面创建滤镜,所有的操作都不会破坏其他图层上的像素。

9.16.1　了解中性色图层的优势

在创建中性色图层时,Photoshop 会先用预设的中性色填充图层,然后再依据图层的混合模式分配这种不可见的中性色。如果不应用效果,中性色图层不会对其他图层产生任何影响。

在 Photoshop 中,"光照效果"、"镜头光晕"、"胶片颗粒"等滤镜是不能应用在没有像素的图层上的,而中性色图层却可以解决这个问题。中性色图层可以应用 Photoshop 中的滤镜,也包括以上不能在没有像素的图层上使用的滤镜。将滤镜应用在中性色图层上,还可以单独编辑滤镜效果。除此之外,使用绘画工具、图层样式等也可以编辑中性色图层,而这些操作是不会破坏其他图层中的像素的。

9.16.2　在中性色图层上应用滤镜

打开一个文件,执行"图层"→"新建"→"图层"命令,打开"新建图层"对话框。在"模式"下拉列表中选择一种模式,勾选相应的"填充中性色"选项,创建一个此种模式的中性色图层,如图 2-9-87 所示。然后可以对新建的中性色图层进行滤镜编辑,但有些滤镜不可显。

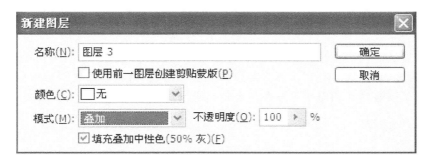

图 2-9-87　"新建图层"对话框

图 2-9-88 "混合选项"设置面板

9.16.3　在中性色图层上应用样式

创建中性色图层以后,选择该图层,单击"图层"面板中的"添加图层样式" fx 按钮,在打开的下拉列表中选择一种样式命令,如图 2-9-88 所示。打开"图层样式"对话框,进行样式设置即可。

与创建在普通图层上的样式相比,中性色图层上的样式可以进行更加灵活的编辑和修改。例如,可以移动样式的位置,也可以控制样式的强度,或者用蒙版遮罩部分样式,而在普通图层上进行以上操作,则需要先将样式创建为单独的图层。

第十七节　高级混合选项

混合选项用来控制图层的透明度及当前图层与其他图层的像素混合效果,执行"图层"→"图层样式"→"混合选项"命令,或者在"图层"面板中双击图层,都可以打开"图层样式"对话框,并进入"混合选项"设置面板,如图 2-9-90 所示。"图层样式"对话框如图 2-9-89 所示。

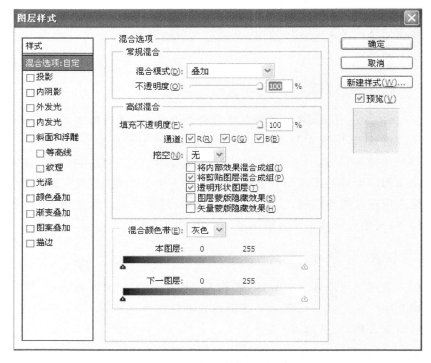

图 2-9-89　"图层样式"对话框

对话框中的"混合模式","不透明度"和"填充不透明度"的作用与"图层"面板中相应选项的作用是一样的。下面介绍的是高级混合选项,包括"挖空"、"将内部效果混合成组"、"将剪贴图层混合成组"等,虽然这些选项有的并不常用,但它们对于精通样式和蒙版等重要功能却有着非同寻常的意义。

9.17.1　限制混合通道

在"通道"选项中可以设置当前图层或图层组参与混合的通道,从而将混合效果限制在指定的通道内。默认状态下,包括所有通道,如果取消某通道前的勾选,将从混合结果中排除该通道。如图 2-9-90 所示为默认状态的混合结果,如图 2-9-91 所示为排除 G(绿色)通道的混合结果,此时绿色通道没有参与混合,图像中只有 R(红色)和 B(蓝色)通道中的信息受到了影响。

图 2-9-90　默认状态的混合结果

图 2-9-91　排除 G 通道的混合结果

9.17.2　挖空

在"挖空"选项中可以指定一种挖空方式,包括"无"、"浅"和"深"。设置了挖空后,可以透过当前图层显示出下面图层的内容。

在创建挖空效果时,首先应将要创建挖空的图层放在被穿透的图层之上,并将要显示出来的图层设置为背景。然后降低"填充不透明度"的数值,最后在"挖空"下拉列表中选择一个选项,"无"表示不创建挖空,选择"浅"或"深",可以创建挖空到"背景"图层,如图 2-9-92 所示。

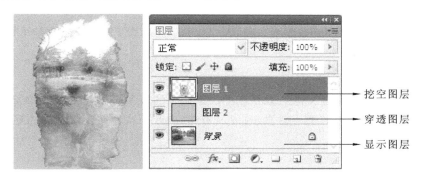
图 2-9-92　创建挖空到"背景"图层

如果文档中没有"背景"图层,则无论选择"浅"还是"深",都将挖空到透明,如图 2-9-93 所示。

图 2-9-93　挖空到透明

9.17.3　将内部效果混合成组

在对添加了"内发光"、"颜色叠加"、"渐变叠加"和"图案叠加"样式的图层设置挖空时,如果勾选"将内部效果混合成组",则添加的样式不会显示,以上样式将作为整个图层的一个部分参与到混合中。

9.17.4　将剪贴图层混合成组

"将剪贴图层混合成组"选项可以控制剪贴蒙版中的基底图层混合模式的影响范围。在默认情况下,该选项为勾选状态,此时基底图层的混合模式会影响剪贴蒙版中的所有图层。取消勾选后,基底图层的混合模式仅影响该图层,不会对内容图层产生作用。

9.17.5　透明形状图层

"透明形状图层"选项可以限制样式或挖空效果的范围。默认情况下,该选项为勾选状态,此时图层样式或挖空效果被限制在图层的不透明区域,取消勾选,则可在整个图层内应用这些效果,如图 2-9-94 和图 2-9-95 所示。

勾选状态

图 2-9-94　透明形状图层 1

取消勾选状态

图 2-9-95　透明形状图层 2

9.17.6　图层蒙版隐藏效果

"图层蒙版隐藏效果"选项用来定义图层效果在图层蒙版中的应用范围。如果在添加了图层蒙版的图层上应用样式,勾选该项,图层蒙版中的效果不会显示;取消勾选,则效果也会在蒙版区域内显示。

9.17.7　矢量蒙版隐藏效果

"矢量蒙版隐藏效果"选项用来定义图层效果在矢量蒙版中的应用范围。如果在添加了矢量蒙版的图层上应用样式,勾选该项,矢量蒙版中的效果不会显示;取消勾选,则样式也会在矢量蒙版区域内显示。

9.17.8　混合颜色带

"混合颜色带"可以控制当前图层和下面图层在混合结果中显示的像素。双击目标,打开"混合选项"对话框。"混合颜色带"选项在对话框的底部,它包含一个"混合颜色带"下拉列表,"本图层"及"下一图层"两组滑块。

(1) 本图层:用来控制当前图层上将要混合并出现在最终图像中的像素范围。将左侧的黑色滑块向中间移动时,当前图层中所有比该滑块所在位置暗的像素都将被隐藏,被隐藏的区域会显示为透明;将右侧的白色滑块向中间移动时,当前图层中所有比该滑块所在位置亮的像素都会被隐藏,被隐藏的区域也会显示为透明。

(2) 下一图层:用来控制下面的图层将在最终图像中混合的像素范围,移动滑块可以显示下面图层中的图像。将左侧的黑色滑块向中间移动时,可以显示下面图层中较暗的像素;将右侧的白色滑块向中间移动时,可以显示下面图层中较亮的像素。

在"混合颜色带"下拉列表中可以选择控制混合效果的颜色通道。选择"灰色",表示使用全部颜色通道控制混合效果,也可以选择一个颜色通道来控制混合。

在"混合颜色带"下拉列表中选择颜色通道进行调整,可快速隐藏图像中包含的一种主要颜色。例如,当图像的背景为红色时,在该选项中选择"红"通道,拖动滑块便可以将背景的红色隐藏。

第十章

滤　镜　《《《

了解滤镜的特点与应用方式,学习"滤镜库"的使用方法,学习"液化"滤镜的使用方法,了解其他滤镜的详细参数和作用。

第一节　滤镜的特点及使用方法

滤镜是 Photoshop 中最具吸引力的功能,它可以把普通的图像变为非凡的视觉艺术作品。使用滤镜不仅可以制作各种图像特技,而且可以模拟素描、油画、水彩、水粉等各种绘画效果。本章介绍各种滤镜的特点和使用方法。

10.1.1　什么是滤镜

滤镜原本是摄影师在照相机前安装的过滤器,它能够改变照片的拍摄方式,产生特殊的摄影效果。Photoshop 中的滤镜是一种插件模块,能够操纵图像中的像素。位图图像是由像素构成的,每一个像素都有各自固定的位置和颜色值,而滤镜能够改变像素的位置或颜色值,这样便可以将图像处理为各种特殊的效果。

Photoshop 提供了一百多种滤镜,它们都按类别放置在"滤镜"菜单中,如图 2-10-1 所示。这些滤镜按照不同的功能被划分为不同的组,例如"模糊"滤镜组中包含模糊图像的各种滤镜,"锐化"滤镜组中包含锐化图像的各种滤镜,"杂色"滤镜组中包含添加和清除杂色的各种滤镜。

除了自身拥有数量众多的滤镜外,在 Photoshop 中还可以使用其他的外挂滤镜。外挂滤镜种类繁多,各有各的特点,它们为在 Photoshop 中创建特殊效果提供了更多的解决办法。

图 2-10-1　滤镜菜单

10.1.2　滤镜的使用方法

1. 滤镜的使用规则

选择了一个图层后,执行"滤镜"菜单中的滤镜命令即可对该图层中的图像应用滤镜。如果当前图层中创建了选区,滤镜将作用于选区内的图像;如果当前选中的是某一通道,则滤镜会对当前通道产生作用;使用滤镜可以处理图层蒙版和快速蒙版。

滤镜的处理效果是以像素为单位进行计算的,因此,滤镜效果与图像的分辨率有关,相同的参数处理不同分辨率的图像,其效果也会不同。

滤镜不能应用于位图模式或索引模式的图像,一部分滤镜不能应用于 CMYK 模式的图像。要对这些模式的图像应用滤镜,应先将它们转换为 RGB 模式。RGB 模式的图像可以应用所有的滤镜。

2. 预览滤镜效果

执行滤镜时通常会打开滤镜库或相应的对话框,如图 2-10-2 所示。对话框中包含滤镜的参数设置选项,并提供了一个预览框,在预览框中可以预览滤镜在图像上的作用效果。有的滤镜应用效果是一次性的,就不存在编辑对话框的设置,如果想增加滤镜效果,同时单击 Ctrl＋F 键即可。

将鼠标光标移至预览框内,光标会变为抓手工具,单击并拖动鼠标,可移动预览框内的图像。

如果想要查看文档中某一区域内的图像,则可将鼠标光标移至文档中,光标会显示为一个方框状。

图 2-10-2　"波纹"对话框

10.1.3　快速执行上次使用的滤镜

当对图像使用一个滤镜进行处理后,"滤镜"菜单的顶部便会出现该滤镜的名称,单击它可以快速应用该滤镜,也可按"Ctrl＋F"组合键执行这一操作。如果要对该滤镜的参数作出调整,可按下"Alt＋Ctrl＋F"组合键打开滤镜的对话框,在对话框中重新设置参数即可。

10.1.4　查看滤镜的信息

在"帮助"→"关于增效工具"下拉菜单中可以找到 Photoshop 中所有滤镜的目录,还包括其他的增效工具。如果要查看某滤镜或增效工具的信息,可以选择相应的内容。要关闭信息,只需在信息内容上单击即可。

第二节　滤　镜　库

滤镜库是个集合了多个滤镜的对话框。使用滤镜库可以将多个滤镜同时应用于同一图像,或者对同一图像多次应用同一滤镜。

10.2.1　了解滤镜库

执行"滤镜"→"滤镜库"命令,可以打开"滤镜库"对话框,如图 2-10-3 所示。对话框的左侧是预览区,中间是 6 组可供选择的滤镜,右侧是参数设置区。

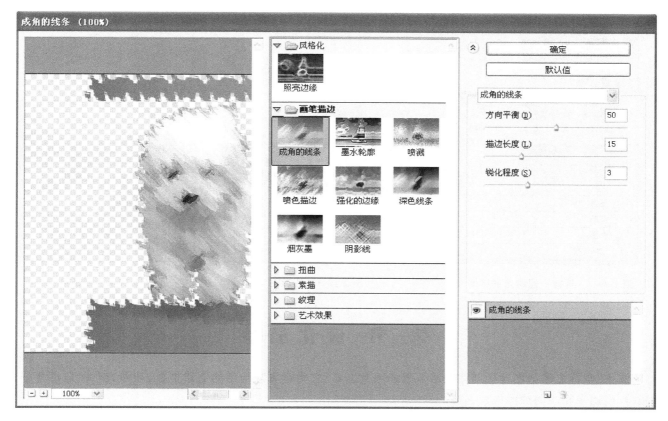

图 2-10-3 成角的线条

（1）预览区：可预览滤镜的效果，与滤镜对话框预览区相同。

（2）滤镜类别："滤镜库"中共包含 6 组滤镜。单击某一组滤镜前的三角按钮，可以展开该滤镜组，单击某一滤镜即可使用该滤镜，右侧的参数设置区内也会显示该滤镜的参数选项。

（3）当前选择滤镜的缩览图：显示当前使用的滤镜。

（4）显示/隐藏滤镜缩览图⟨⟩：单击该按钮可隐藏滤镜的缩览图，将空间留给图像预览区，再次单击则显示滤镜的缩览图。

（5）弹出式菜单：单击该选项中的箭头按钮⟨⟩，可在打开的下拉菜单中选择需要使用的滤镜。

（6）参数设置区：在参数设置区中可以设置当前滤镜的参数。

（7）新建效果图层⟨⟩：单击该按钮，可创建滤镜效果图层。新建的效果图层自动应用上一个效果图层的滤镜，如果要更改当前效果图层的滤镜，可单击其他滤镜。

（8）删除效果图层⟨⟩：单击该按钮，可删除当前选择的滤镜效果图层，该图层上应用的滤镜效果也会从图像中删除。

（9）缩放区：单击"＋"按钮，可以放大预览区图像的显示比例，单击"－"按钮可缩小预览区图像的显示比例，也可在数值栏中输入数值进行缩放。

10.2.2 从滤镜库中应用滤镜

打开一个文件，选择要应用滤镜的图层，执行"滤镜"→"滤镜库"命令，打开"滤镜库"。选择一滤镜组进行展开，如图 2-10-4 所示。在该滤镜组的列表中，选择一种滤镜，然后在右侧的参数设置区进行设置，就可以根据需要得到滤镜效果，如图 2-10-5 和图 2-10-6 所示。单击新建效果图层按钮，新建一个滤镜效果图层，该图层也会自动添加该滤镜。

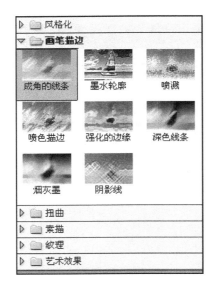

图 2-10-4　选择一滤镜组进行展开

图 2-10-5　处理前

图 2-10-6　处理后

第三节　液化命令

　　"液化"滤镜是修饰图像和创建艺术效果的强大工具,它能够非常灵活地创建推拉、扭曲、旋转、收缩等变形效果,可以用来修改图像的任意区域。

10.3.1　了解液化命令

　　执行"滤镜"→"液化"命令,可以打开"液化"对话框,如图 2-10-7 所示。对话框中包含了该滤镜的工具参数控制选项和图像预览与操作窗口。

图 2-10-7　"液化"对话框

10.3.2 使用变形工具

"液化"对话框中包含各种变形工具,选择这些工具后,在对话框中的图像上单击并拖动鼠标光标即可进行变形操作。变形效果将集中在画笔区域的中心,并且会随着鼠标在某个区域中重复拖动而得到增强。

(1) 向前变形工具 :在拖动鼠标时可向前推动像素。

(2) 重建工具 :用来恢复图像。在变形的区域单击或拖动鼠标进行涂抹,可以使变形区域的图像恢复为原来的效果。

(3) 顺时针旋转扭曲工具 :在图像中单击或拖动鼠标时可顺时针旋转像素;按住 Alt 键单击并拖动鼠标则可以逆时针旋转扭曲像素。

(4) 褶皱工具 :在图像中单击或拖动鼠标时可以使像素向画笔区域的中心移动,使图像产生向内收缩的效果。

(5) 膨胀工具 :在图像中单击或拖动鼠标时可以使像素向画笔区域中心以外的方向移动,使图像产生向外膨胀的效果。

(6) 左推工具 :在图像上垂直向上拖动时,像素向左移动;向下拖动,则像素向右移动;按住 Alt 键在图像上垂直向上拖动时,像素向右移动;按住 Alt 键向下拖动时,像素向左移动。如果围绕对象顺时针拖动,可增加其大小,逆时针拖移时则减小其大小。

(7) 镜像工具 :在图像上拖动时可以将像素拷贝到画笔区域,创建镜像效果。

(8) 湍流工具 :在图像上按住鼠标左键可以平滑地混杂像素,创建类似火焰、云彩、波浪的效果。

(9) 冻结蒙版工具 :要对某一区域进行处理,而又不希望影响其他区域时,可以使用该工具在图像上绘制出冻结区域(即要保护的区域)。例如,要对人物脸部进行处理而又不想影响其他区域,可以在人物脸部周围绘制出冻结的区域,然后使用其他工具在脸部进行编辑处理,被冻结区域内图像的像素不会受到影响。

(10) 解冻蒙版工具 :涂抹冻结区域可解除冻结。

(11) 抓手工具 :放大图像的显示比例后,可使用该工具移动画面从而观察图像的不同区域。

(12) 缩放工具 :在预览区中单击可放大图像的显示比例;按住 Alt 键单击则缩小图像的显示比例。

10.3.3 设置工具选项

"液化"对话框中的"工具选项"用来设置当前选择的工具的属性,如图 2-10-8 所示。

(1) 画笔大小:用来设置扭曲图像的画笔的宽度。

(2) 画笔密度:用来设置画笔边缘的羽化范围,它可以使画笔中心的效果最强,边缘处的效果最弱。

(3) 画笔压力:用来设置画笔在图像上产生的扭曲速度。较低的压力可以减慢更改速度,易于对变形效果进行控制。

(4) 画笔速率:用来设置旋转扭曲等工具在预览图像中保持静止时扭曲所应用的速度。该值越高,扭曲的速度越快。

(5) 湍流抖动:用来设置湍流工具混杂像素的紧密程度。

(6) 重建模式:用于重建工具,选取的模式决定了该工具如何重建预览图像的区域。

图 2-10-8 "工具选项"对话框

(7) 光笔压力:当计算机配置有数位板和压感笔时,勾选该项可通过压感笔的压力控制工具。

10.3.4 设置重建选项

"液化"对话框中的"重建选项"用来设置重建的方式,以及撤销所做的调整,如图 2-10-9 所示。

图 2-10-9 "重建选项"对话框

（1）模式：在该选项的下拉列表中可以选择重建的模式。选择"刚性"，表示在冻结区域和未冻结区域之间边缘处的像素网格中保持直角，有时会在边缘处产生近似不连续的现象。该选项可恢复未冻结的区域，使之近似于它们的原始外观；选择"生硬"，表示在冻结区域和未冻结区域之间的边缘处未冻结区域将采用冻结区域内的扭曲，扭曲将随着与冻结区域距离的增加而逐渐减弱，其作用类似于弱磁场。选择"平滑"，表示在冻结区域内和未冻结区域间创建平滑连续的扭曲；选择"松散"，产生的效果类似于"平滑"，但冻结和未冻结区域的扭曲之间的连续性更大；选择"恢复"，表示均匀地消除扭曲，不进行任何种类的平滑处理。

（2）重建：单击该按钮可以应用重建效果一次，连续单击可以多次应用重建效果。

（3）恢复全部：单击该按钮可取消所有扭曲效果，即使当前图像中有被冻结的区域也不例外。

10.3.5　设置蒙版选项

如果图像中包含选区或蒙版，可通过"液化"对话框中的"蒙版选项"设置蒙版的保留方式，如图 2-10-10 所示。

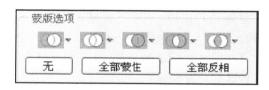

图 2-10-10 "蒙版选项"对话框

（1）替换选区 ◖：显示原图像中的选区、蒙版或透明度。

（2）添加到选区 ◖：显示原图像中的蒙版，此时可以使用冻结工具添加到选区。

（3）从选区中减去 ◖：从当前的冻结区域中减去通道中的像素。

（4）与选区交叉 ◖：只使用当前处于冻结状态的选定像素。

（5）反相选区 ◖：使当前的冻结区域反相。

（6）无：单击该按钮可以解冻所有冻结的区域。

（7）全部蒙住：单击该按钮可使图像全部冻结。

（8）全部反相：单击该按钮可使冻结和解冻区域反相。

10.3.6　设置视图选项

"液化"对话框中的"视图选项"用来设置图像、网格和背景的显示与隐藏。此外，还可以对网格大小和颜色、蒙版颜色，背景模式和不透明度进行设置，如图 2-10-11 所示。

（1）显示图像：勾选该项可在预览区中显示图像。

（2）显示网格：勾选该项可在预览区中显示网格，通过网格便于查看和跟踪扭曲。如图 2-10-12 所示为扭曲图像前显示的网格，如图 2-10-13 所示为扭曲后的网格效果。此时"网格大小"和"网格颜色"选项为可选状态，通过它们可以设置网格的大小和颜色。如果要将当前的网格存储，可单击对话框顶部"存储网格"按钮进行保存；如果要载入存储的网格，可单击对话框顶部的"载入网格"按钮。

（3）显示蒙版：勾选该项，可以使用蒙版颜色覆盖冻结区域，在"蒙版颜色"选项中可以设置蒙版的颜色。

图 2-10-11　设置

图 2-10-12　网格 1

图 2-10-13　网格 2

（4）显示背景：如果当前的图像包含多个图层，可通过该选项将其他图层显示为背景，以便更好地观察扭曲的图像与其他图层的合成效果。在"使用"选项下拉列表中可以选择作为背景的图层。在"模式"选项下拉列表中可以选择将背景放在当前图层的前面或后面，以便跟踪对图像所做出的更改，"不透明度"选项用来设置背景图层的不透明度。

第四节　风格化滤镜组

风格化滤镜组中的滤镜通过置换像素和查找并增加图像的对比度，产生绘画和印象派风格的效果。执行"滤镜"→"风格化"命令，打开"风格化"下拉菜单，如图 2-10-14 所示。

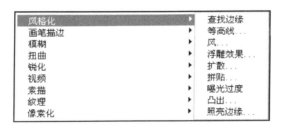

图 2-10-14　"风格化"下拉菜单

10.4.1　查找边缘

"查找边缘"滤镜能自动搜索图像像素对比度变化剧烈的边界，将高反差区变亮，低反差区变暗，其他区域则介于两者之间；硬边变为线条，而柔边变粗，形成一个清晰的轮廓，如图 2-10-15 所示。该滤镜无对话框。

（a）原图

（b）查找边缘效果

图 2-10-15　查找边缘

图 2-10-16 "等高线"对话框

10.4.2 等高线

"等高线"滤镜可以查找主要亮度区域的转换并为每个颜色通道淡淡地勾勒主要亮度区域的转换,以获得与等高线图中的线条类似的效果,如图 2-10-16 所示。

(1)色阶:用来设置描绘边缘的基准亮度等级。

(2)边缘:用来设置处理图像边缘的位置,以及边界的产生方法。选择"较低"时可在基准亮度等级以下的轮廓上生成等高线;选择"较高",则在基准亮度等级以上的轮廓上生成等高线。

10.4.3 风

"风"滤镜可在图像中增加一些细小的水平线来模拟风吹效果,该滤镜只在水平方向起作用,要产生其他方向的风吹,需要先将图像旋转后再应用该滤镜。

(1)方法:可选择三种风的种类,包括"风"、"大风"和"飓风"。

(2)方向:用来设置风源的方向,即从右向左吹,还是从左向右吹。

10.4.4 浮雕效果

"浮雕效果"滤镜可通过勾画图像或选区的轮廓和降低周围色值来生成凸起或凹陷的浮雕效果,如图 2-10-17 所示。

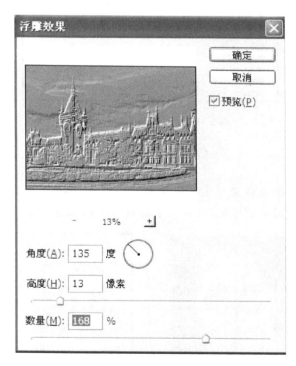

图 2-10-17 浮雕效果

(1)角度:用来设置照射浮雕的光线角度,光线角度会影响浮雕凸出的位置。

(2)高度:用来设置浮雕效果凸起的高度,该值越大浮雕效果越明显。

（3）数量：用来设置浮雕滤镜的作用范围，该值越大边界越清晰，小于40%时整个图像将变灰。

10.4.5 扩散

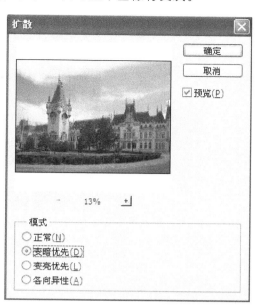

"扩散"滤镜可以将图像中相邻的像素按规定的方式有机移动，使图像扩散，形成一种类似透过磨砂玻璃观察对象的分离模糊效果，如图2-10-18所示。

（1）正常：图像所有的区域都进行扩散处理，与图像的颜色值没有关系。

（2）变暗优先：用较暗的像素替换亮的像素，只有暗部像素产生扩散。

（3）变亮优先：用较亮的像素替换暗的像素，只有亮部像素产生扩散。

（4）各向异性：在颜色变化最小的方向上搅乱像素。

图 2-10-18　扩散

10.4.6 拼贴

"拼贴"滤镜根据指定的值将图像分为块状，并使其偏离其原来的位置，产生不规则瓷砖拼凑成的图像效果。该滤镜会在各砖块之间产生一定的空隙，空隙中的图像内容可在"拼贴"对话框中设定，如图2-10-19所示。

（1）拼贴数：设置图像拼贴块的数量。

（2）最大位移：设置拼贴块的间隙。

（3）填充空白区域：可设置瓷砖间的空隙以何种图案填充，包括"背景色"、"前景颜色"、"反向图像"和"未改变的图像"。

当图像的拼贴数目达到99时，整个图像将被"填充空白区域"选项组中设定的颜色覆盖。

图 2-10-19　拼贴

10.4.7 曝光过度

"曝光过度"滤镜可以混合负片和正片图像，模拟出摄影中增加光线强度而产生的过度曝光效果，如图2-10-20所示为曝光前后对照图。该滤镜无对话框。

(a) 曝光前　　　　　　　　　(b) 曝光后

图 2-10-20　曝光前后对比

10.4.8　凸出

　　"凸出"滤镜可以将图像分成一系列大小相同且有机重叠放置的立方体或锥体,能产生特殊的 3D 效果,如图 2-10-21 和图 2-10-22 所示。

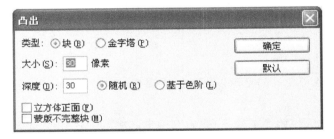

图 2-10-21　凸出

(a) 凸出前　　　　　　　　　(b) 凸出后

图 2-10-22　凸出前后对比

　　(1) 类型:用来设置图像凸起的方式。选择"块",可以创建具有一个方形的正面和四个侧面的对象;选择"金字塔",则创建具有相交于一点的四个三角形侧面的对象。

　　(2) 大小:用来设置立方体或金字塔底面的大小,该值越高,生成的立方体和锥体越大。

　　(3) 深度:用来设置凸出对象的高度,包括"随机"和"基于色阶"两种排列方式。"随机"表示为每个块或金字塔设置一个任意的深度;"基于色阶"则表示使每个对象的深度与其亮度对应,越亮凸出得越多。

（4）立方体正面:勾选该选项,将失去图像整体轮廓,在生成的立方体上只显示单一的颜色。

（5）蒙版不完整块:勾选该项,可以隐藏所有延伸出选区的对象。

10.4.9　照亮边缘

"照亮边缘"滤镜可以搜索图像中颜色变化较大的区域,标志颜色的边缘,并向其添加类似霓虹灯的光亮,如图 2-10-23 所示。

图 2-10-23　照亮边缘

（1）边缘宽度:用来设置发光边缘的宽度。

（2）边缘亮度:用来设置边缘发光的亮度。

（3）平滑度:用来设置发光边缘的平滑程度。

第五节　画笔描边滤镜组

画笔描边滤镜组中的一部分滤镜通过不同的油墨和画笔勾画图像产生绘画效果,有些滤镜则可以添加颗粒、绘画、杂色、边缘细节或纹理。这些滤镜不能用在 Lab 和 CMYK 模式的图像上。使用"画笔描边"滤镜组中的滤镜时,将打开滤镜库,如图 2-10-24 所示。

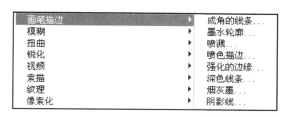

图 2-10-24　画笔描边

10.5.1　成角的线条

"成角的线条"滤镜可以使用对角描边重新绘制图像,用一个方向的线条绘制亮部区域,用相反方向的线条绘制暗部区域,如图 2-10-25 所示。

图 2-10-25　成角的线条

（1）方向平衡：用来设置对角线条的倾斜角度。

（2）描边长度：用来设置对角线的长度。

（3）锐化程度：用来设置对角线条的清晰程度。

10.5.2 墨水轮廓

"墨水轮廓"滤镜能够以钢笔画的风格，用纤细的线条在原细节上重绘图像，如图 2-10-26 所示。

（1）描边长度：用来设置图像中产生的线条的长度。

图 2-10-26 墨水轮廓

（2）深色强度：用来设置线条阴影的强度，该值越高，图像越暗。

（3）光照强度：用来设置线条高光的强度，该值越高，图像越亮。

10.5.3 喷溅

"喷融"滤镜能够模拟喷枪，使图像产生笔墨喷溅的艺术效果，如图 2-10-27 所示。

图 2-10-27 喷溅

（1）喷色半径：用来处理不同颜色的区域，数值越高颜色越分散。

（2）平滑度：确定喷射效果的平滑程度。

10.5.4 喷色描边

"喷色描边"滤镜可以使用图像的主导色用成角的、喷溅的颜色线条重新绘画图像，产生斜纹飞溅效果，如图 2-10-28 所示。

（1）描边长度：用来设置笔触的长度。

图 2-10-28 喷色描边

（2）喷色半径：用来控制喷洒的范围。

（3）描边方向：用来控制线条的描边方向。

10.5.5　强化的边缘

　　"强化的边缘"滤镜可以强化图像的边缘。设置高的边缘亮度值时，强化效果类似白色粉笔，如图2-10-29所示；设置低的边缘亮度值时，强化效果类似黑色油墨，如图2-10-30所示。

图 2-10-29　强化的边缘 1

图 2-10-30　强化的边缘 2

（1）边缘宽度：用来设置需要强化的边缘的宽度。

（2）边缘亮度：用来设置边缘的亮度，该值越高，画面越亮。

（3）平滑度：用来设置边缘的平滑程度，该值越高，画面越柔和。

10.5.6　深色线条

　　"深色线条"滤镜用短紧密的深色线条绘制暗部区域，用长的白色线条绘制亮区，如图2-10-31所示。

图 2-10-31　深色线条

（1）平衡：用来控制绘制的黑白色调的比例。

（2）黑色强度：用来设置绘制的黑色调的强度。

（3）白色强度：用来设置绘制的白色调的强度。

10.5.7　烟灰墨

　　"烟灰墨"滤镜能够以日本画的风格绘画图像，它使用非常黑的油墨在图像中创建柔和的模糊边缘，使图像看起来像是用蘸满油墨的画笔在宣纸上绘画,如图 2-10-32 所示。

图 2-10-32　烟灰墨

(1) 描边宽度:用来设置笔触的宽度。

(2) 描边压力:用来设置笔触的压力。

(3) 对比度:用来设置画面的对比程度。

10.5.8　阴影线

"阴影线"滤镜可以保留原始图像的细节和特征,同时使用模拟的铅笔阴影线添加纹理,并使彩色区域的边缘变得粗糙,如图 2-10-33 所示。

图 2-10-33　阴影线

(1) 描边长度:用来设置描边线条的长度。

(2) 锐化程度:用来设置线条的清晰程度。

(3) 强度:用来设置生成的线条的数量和清晰程度。

第六节　模糊滤镜组

模糊滤镜组中的滤镜可以削弱相邻像素的对比度并柔化图像,使图像产生模糊的效果。在去除图像的杂色,或者创建特殊效果时会经常用到此类滤镜,如图 2-10-34 所示。

图 2-10-34　模糊滤镜

10.6.1 表面模糊

"表面模糊"滤镜能够在保留边缘的同时模糊图像,该滤镜可用来创建特殊效果并消除杂色或粒度,如图 2-10-35所示。

图 2-10-35 表面模糊

（1）半径:用来指定模糊取样区域的大小。

（2）阀值:用来控制相邻像素色调值与中心像素值相差多大时才能成为模糊的一部分,色调值差小于阀值的像素被排除在模糊之外。

10.6.2 动感模糊

"动感模糊"滤镜可以根据制作效果的需要沿指定方向（−360°至＋360°）、以指定强度（1～999）模糊图像,产生的效果类似于以固定的曝光时间给一个移动的对象拍照,在表现对象的速度感时会经常用到该滤镜,如图 2-10-36 所示。

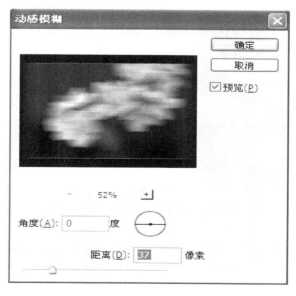

图 2-10-36 动感模糊

（1）角度：用来设置模糊的方向，可以输入角度数值，也可拖动指针调整角度。
（2）距离：用来设置像素移动的距离。

10.6.3 方框模糊

"方框模糊"滤镜基于相邻像素的平均颜色值来模糊图像，如图 2-10-37 所示。"半径"值可以调整用于计算给定像素的平均值的区域大小。

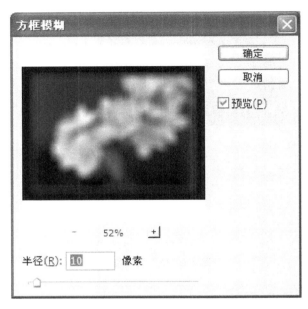

图 2-10-37 方框模糊

10.6.4 高斯模糊

"高斯模糊"滤镜可以添加低频细节，使图像产生一种朦胧的效果，如图 2-10-38 所示。通过调整"半径"值可以设置模糊的范围，它以像素为单位，数值越高，模糊效果越强烈。

图 2-10-38 高斯模糊

10.6.5 模糊与进一步模糊

"模糊"滤镜和"进一步模糊"滤镜都可以在图像中有显著颜色变化的地方消除杂色。其中"模糊"滤镜对于边缘过于清晰,对比度过于强烈的区域进行光滑处理,能够产生轻微的模糊效果;而"进一步模糊"滤镜产生的效果要比"模糊"滤镜强二到四倍。这两个滤镜都没有对话框。

10.6.6 径向模糊

"径向模糊"滤镜可以模拟缩放或旋转的相机所产生的模糊效果,可以选择使用不同的模糊方法,取得不同的模糊效果,如图 2-10-39 所示。

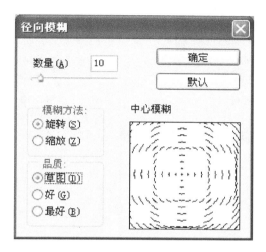

图 2-10-39 径向模糊

(1)数量:用来设置模糊的强度,该值越高,模糊效果越强烈。

(2)模糊方法:选择"旋转"时,图像会沿同心圆环线产生旋转的模糊效果,如图 2-10-40 所示;选择"缩放"时,图像会产生放射状的模糊效果,如图 2-10-41 所示。

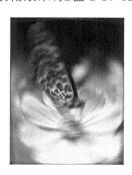

图 2-10-40 模糊效果 1

图 2-10-41 模糊效果 2

(3)中心模糊:在该设置框内单击鼠标便可以将单击点设置为模糊的原点,原点的位置不同,模糊的效果也不同。

(4)品质:用来设置应用模糊效果后图像的显示品质。选择"草图",处理的速度最快,但会产生颗粒状效果;选择"好"和"最好"都可以产生较为平滑的效果,但除非在较大的图像上,否则看不出这两种品质的区别。

10.6.7 镜头模糊

"镜头模糊"滤镜通过图像的 Alpha 通道或图层蒙版的深度值来映射图像中像素的位置,从而产生带有镜头景深的模糊效果。它可以使图像中的一些对象在焦点内,而另一些区域变得模糊。

如图 2-10-42 所示为原图像,如果要使图像中的像素一部分清晰而一部分模糊时,需要先建一个 Alpha 通道。在通道中对需要清晰的部分做一个大概的选区,通道中白色区域为进行滤镜处理的区域,如图 2-10-43 所示。执行"镜头模糊"命令,在"源"下拉列表中选择 Alpha 通道,如图 2-10-44 所示。"镜头模糊"滤镜会根据通道对图像进行模糊处理,如图 2-10-45 所示。

图 2-10-42　原图像

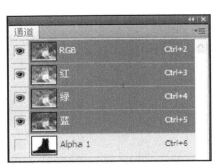

图 2-10-43　滤镜处理区域

图 2-10-44　选择 Alpha 通道

图 2-10-45　模糊处理

(1) 更快:勾选该项可以提高预览速度。

(2) 更加准确:勾选该项,可查看图像的最终效果,但需要较长的预览时间。

(3) 深度映射:在"源"选项下拉列表中可以选择使用 Alpha 通道和图层蒙版来创建深度映射。如果图像中包含 Alpha 通道并选择了该项,则 Alpha 通道中的黑色区域被视为位于照片的前面,白色区域被视为位于远处的位置。"模糊焦距"选项用来设置位于焦点内的像素的深度。如果勾选"反相",可以反转蒙版和通道,然后再将其应用。

(4) 光圈:用来设置模糊的显示方式。在"形状"选项下拉列表中可以设置光圈的形状;通过"半径"值可调整模糊的数量,拖动"叶片弯度"滑块可对光圈边缘进行平滑处理;拖移"旋转"滑块则可旋转光圈。

(5) 镜面高光:用来设置镜面高光的范围。"亮度"选项用来设置高光的亮度;"阀值"选项用来设置亮度截止点,比该截止点值亮的所有像素都被视为镜面高光。

（6）杂色：拖动"数量"滑块可在图像中添加或减少杂色。

（7）分布：用来设置杂色的分布方式，包括"平均分布"和"高斯分布"。

（8）单色：勾选该项，可在不影响颜色的情况下向图像中添加杂色。

10.6.8　平均

"平均"滤镜可以查找图像的平均颜色，然后以该颜色填充图像，创建平滑的外观。该滤镜无对话框。

10.6.9　特殊模糊

"特殊模糊"滤镜提供了半径、阀值和模糊品质等设置选项，可精确地模糊图像，如图 2-10-46 所示。

图 2-10-46　特殊模糊

（1）半径：用来设置模糊的范围，该值越高，模糊效果越明显。

（2）阀值：用来确定像素具有多大差异后才会被模糊处理。

（3）品质：用来设置图像的品质，包括"低"、"中等"和"高"三种品质。

（4）模式：在该选项的下拉列表中可以选择产生模糊效果的模式。在"正常"模式下，不会添加特殊的效果；在"仅限边缘"模式下会以黑色显示图像，以白色描绘出图像边缘像素亮度值变化强烈的区域；在"叠加边缘"模式下则以白色描绘出图像边缘像素亮度值变化强烈的区域。

10.6.10　形状模糊

"形状模糊"滤镜可以使用指定的形状创建特殊的模糊效果，如图 2-10-47 所示。

（1）半径：用来设置形状的大小，该值越高，模糊的效果越好。

（2）形状列表：单击列表中的某一形状即可使用该形状进行模糊处理。单击列表右侧的三角按钮，可以在打开的下拉菜单中载入其他形状库。

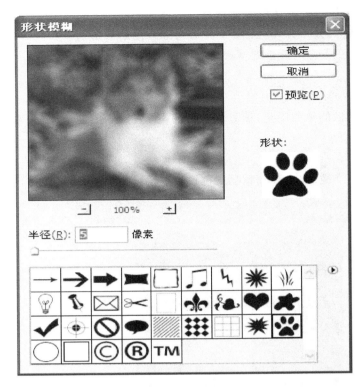

图 2-10-47　形状模糊

第七节　扭曲滤镜组

　　扭曲滤镜组中的滤镜可以对图像进行各种几何形状的扭曲,创建 3D 效果和其他不同的形态。它们可以改变图像的像素分布,进行非正常的拉伸和扭曲,模拟水波、镜面反射和火光等自然教果。这些滤镜通常会占用较多的内存,因此,如果图像文件较大,可先在小尺寸的图像上进行试验,如图 2-10-48 所示。

图 2-10-48　扭曲滤镜组

10.7.1　波浪

　　"波浪"滤镜可以产生与"波纹"滤镜相似的效果,但该滤镜提供了更多的选项,如图 2-10-49 所示。

　　(1)生成器数:用来设置产生波纹效果的震源总数。

　　(2)波长:用来设置相邻两个波峰间的水平距离,分为最小波长和最大波长两部分,最小波长不能超过最大波长。

　　(3)波幅:用来设置最大和最小的波幅。最小的波幅不能超过最大的波幅。

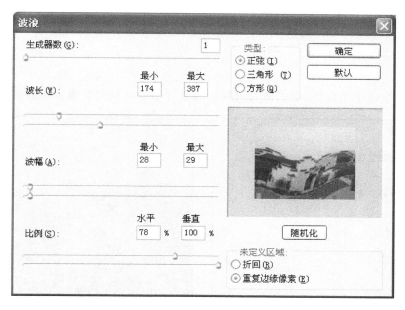

图 2-10-49　波浪

（4）比例：用来控制水平和垂直方向的波动幅度。

（5）类型：用来设置波浪的形态，包括"正弦"、"三角形"和"方形"。

（6）随机化：单击该按钮可随机改变在前面设定下的波浪效果。如果对当前产生的效果不满意，每单击此按钮一次，便会产生一个新的波浪效果。

（7）未定义区域：用来设置应用该滤镜后，图像空白部分的处理方式，包括"折回"和"重复边缘像素"，它们与"切变"滤镜相应选项的作用相同。

10.7.2　波纹

"波纹"滤镜可以在图像上创建波状起伏的图案，产生水面波纹的效果，如图 2-10-50 所示。

图 2-10-50　波纹

（1）数量：用来控制波纹的幅度。

（2）大小：用来设置波纹的大小，包括"小"、"中"和"大"三个选项。

10.7.3 玻璃

"玻璃"滤镜可以制作细小的纹理，使图像看起来像是透过不同类型的玻璃来观看的，如图 2-10-51 所示。

图 2-10-51 玻璃

（1）扭曲度：用来设置扭曲效果的强度，该值越高，图像的扭曲效果越强烈。

（2）平滑度：用来设置扭曲效果的平滑程度，该值越低，扭曲的纹理越细小。

（3）纹理：在该选项的下拉列表中可以选择扭曲时产生的纹理，包括"块状"、"画布"、"磨砂"和"小镜头"。单击"纹理"右侧的三角按钮，选择"载入纹理"选项，可以载入一个 PSD 格式的文件作为纹理文件，Photoshop 将使用载入的文件来扭曲当前的图像。

（4）缩放：用来设置纹理的缩放程度。

（5）反相：选择该选项，可以反转纹理的效果。

10.7.4 海洋波纹

"海洋波纹"滤镜可以将随机分隔的波纹添加到图像表面，它产生的波纹细小，边缘有较多抖动，使图像看起来像是在水下面，如图 2-10-52 所示。

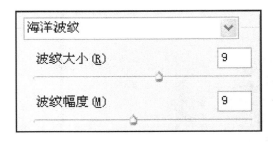

图 2-10-52 海洋波纹

（1）波纹大小：可以控制图像中生成的波纹的大小。

（2）波纹幅度：可以控制波纹的变形程度。

10.7.5 极坐标

"极坐标"滤镜可以将图像从平面坐标转换为极坐标，或者从极坐标转换为平面坐标，如图 2-10-53 所示。

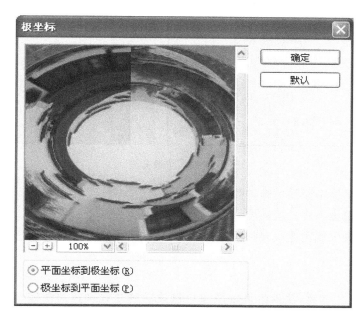

图 2-10-53　极坐标

10.7.6　挤压

"挤压"滤镜可以将整个图像或选区内的图像向内或向外挤压。执行该命令可以打开"挤压"对话框,如图 2-10-54 所示。通过"数量"可以控制挤压程度。该值为负值时图像向外凸出,为正值时图像向内凹陷。

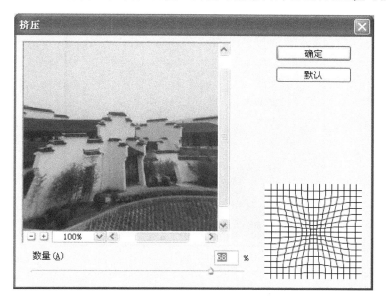

图 2-10-54　挤压

10.7.7　扩散亮光

"扩散亮光"滤镜能够在图像中添加白色杂色,并从图像中心向外渐隐亮光,使图像产生一种光芒漫射的效果。使用该滤镜可以将图像处理为柔光照射效果。

使用该滤镜时可以打开"滤镜库",如图 2-10-55 所示。亮光的颜色由背景色决定,因此,选择不同的背景色,可产生不同的视觉效果。

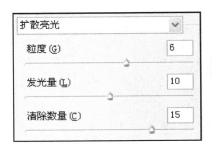

图 2-10-55 扩散亮光

（1）粒度：用来设置在图像中添加的颗粒的密度。

（2）发光量：用来设置图像中发光的强度。

（3）清除数量：用来设置限制图像中受到滤镜影响的范围，值越高，滤镜影响的范围就越小。

10.7.8 切变

"切变"滤镜是比较灵活的滤镜，使用者可以按照自己设定的曲线来扭曲图像，如图 2-10-56 所示。扭曲的操作是在对话框左上角的设置框中进行的。在直线上单击可添加控制点，拖动控制点可创建扭曲的曲线，若要删除某个控制点，将它拖至设置框外即可。单击"默认"按钮，可将曲线恢复到初始的直线状态。

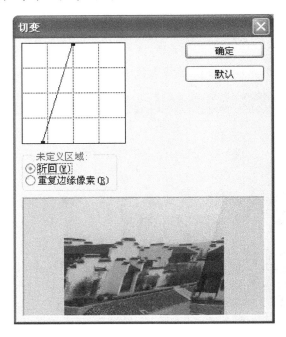

图 2-10-56 切变

（1）折回：在空白区域中填入溢出图像之外的图像内容。

（2）重复边缘像素：在图像边界不完整的空白区域填入扭曲边缘的像素颜色。

10.7.9 球面化

"球面化"滤镜通过将选区折成球形，扭曲图像及伸展图像及适合选中的曲线，使图像产生 3D 效果，如图 2-10-57 所示。

（1）数量：用来设置挤压的程度。该值为正值时，图像向外凸起；为负值时，向内收缩。

（2）模式：在该选项的下拉列表中可以选择挤压方式，包括"正常"、"水平优先"和"垂直优先"。

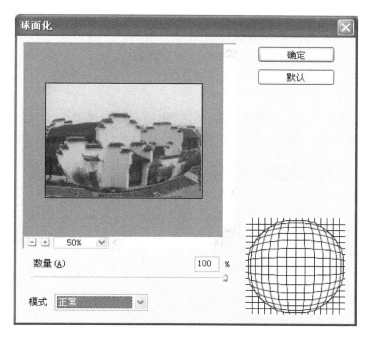

图 2-10-57　球面化

10.7.10　水波

"水波"滤镜可以模拟水池中的波纹,在图像中产生类似向水池中投入石子后水面的变化形态,如图 2-10-58 所示。

图 2-10-58　水波

(1) 数量:用来设置波纹的大小,范围为 $-100 \sim 100$。该值为负值时产生下凹的波纹,为正值时则产生上凸的波纹。

（2）起伏：用来设置波纹数量，范围为 1～20。该值越高，产生的波纹就越多。

（3）样式：用来设置波纹形成的方式。选择"围绕中心"，将围绕图像的中心产生波纹；选择"从中心向外"，波纹将从中心向外扩散；选择"水池波纹"则使图像产生同心状波纹。

10.7.11　旋转扭曲

"旋转扭曲"滤镜可以使图像产生旋转的风轮效果，旋转会围绕图像中心进行，中心旋转的程度比边缘大，如图 2-10-59 所示。当"角度"值为正值时可沿顺时针方向产生扭曲，该值为负值时则沿逆时针方向产生扭曲。

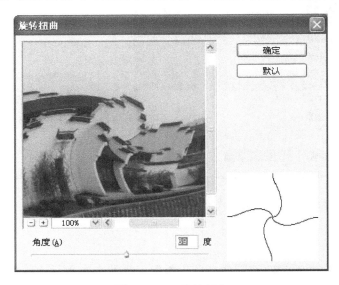

图 2-10-59　旋转扭曲

10.7.12　置换

"置换"滤镜可以根据另一张图像的亮度值将现有图像的像素重新排列并产生位移。在使用该滤镜前需要准备好一张用于置换的 PSD 格式置换图，用于置换的图像可以自己制作，也可以使用素材图片或 Photoshop 提供的置换图。

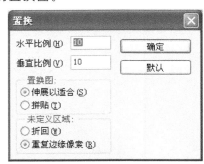

图 2-10-60　置换

对图像执行"置换"命令时，可以打开"置换"对话框，如图 2-10-60 所示。

（1）水平比例：用来设置置换图在水平方向的变形比例。

（2）垂直比例：用来设置置换图在垂直方向的变形比例。

（3）置换图：当置换图与当前图像大小不同时，选择"伸展以适合"选项，Photoshop 会自动将置换图的尺寸调整为与当前图像的大小相同；选择"拼贴"，Photoshop 会以拼贴的方式来填补空白区域。

（4）未定义区域：可选择一种方式，在图像边界不完整空白区域填入边缘的像素颜色，包括"折回"和"重复边缘像素"。

第八节　锐化滤镜组

锐化滤镜组中的滤镜可以通过增强相邻像素间的对比度来聚焦模糊的图像，使图像变得清晰，如图 2-10-61 所示。

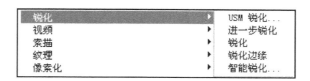

图 2-10-61　锐化滤镜组

10.8.1　USM 锐化

"USM 锐化"的名称来自于传统胶片摄影中使用的一种暗室技术,对于专业的色彩校正,可使用该滤镜调整边缘细节的对比度,并在边缘的每侧生成一条亮线和一条暗线,这一过程将使边缘突出,造成图像更加锐化的错觉。

"USM 锐化"滤镜可以查找图像中颜色发生显著变化的区域,然后将其锐化。

10.8.2　进一步锐化

"进一步锐化"滤镜与"锐化"滤镜的作用基本相同,但要比"锐化"滤镜的效果更强烈,相当于应用 2～3 次"锐化"滤滤。该滤镜无对话框。

10.8.3　锐化

"锐化"滤镜通过增加像素间的对比度使图像变得清晰,该滤镜无对话框,锐化效果不是很明显。

10.8.4　锐化边缘

"锐化边缘"滤镜可查找图像中颜色发生显著变化的区域,然后将其锐化。该滤镜只锐化图像的边缘,同时保留总体的平滑度。该滤镜无对话框。

10.8.5　智能锐化

"智能锐化"滤镜与"USM 锐化"滤镜比较相似,但它具有独特的锐化控制功能,通过该功能可以设置锐化算法,或者控制在阴影和高光区域中进行的锐化量。

第九节　视频滤镜组

视频滤镜组中的滤镜用来解决视频图像交换时系统差异的问题,它们可以处理以隔行扫描方式的设备中提取的图像。

10.9.1　NTSC 颜色

"NTSC 颜色"滤镜会将色域限制在电视机重现可接受的范围内,防止过饱和颜色渗到电视扫描行中,Photoshop 中的图像便可以被电视接收。它的实际色彩范围比 RGB 小,如果 RGB 图像能够用于视频或是多媒体时,可以使用该滤镜将由于饱和度过高而无法正确显示的色彩转换为 NTSC 系统可以显示的色彩。

10.9.2　逐行

通过隔行扫描方式显示画面的电视,以及视频设备中捕捉的图像都会出现扫描线,"逐行"滤镜可以移去视频图像中的奇数或偶数隔行线,使在视频上捕捉的运动图像变得平滑。

第十节　素描滤镜组

　　素描滤镜组中的滤镜可以将纹理添加到图像上,常用来模拟素描和速写等艺术效果或手绘外观,其中大部分滤镜在描绘图像时都要使用到前景色和背景色。可以通过"滤镜库"来应用所有素描滤镜,如图 2-10-62 所示。

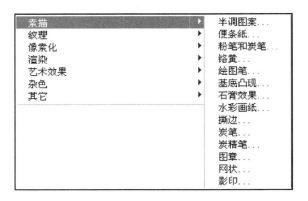

图 2-10-62　素描滤镜组

10.10.1　半调图案

　　"半调图案"滤镜可以在保持连续色调范围的同时,模拟半调网屏的效果。

10.10.2　便条纸

　　"便条纸"滤镜可以产生浮雕状的颗粒,使图像呈现凹凸压印的效果,像是用手工制作的纸张构建的图像,如图 2-10-63 所示。

图 2-10-63　便条纸

　　(1)图像平衡:用来设置高光区域和阴影区域相对面积的大小。
　　(2)粒度:用来设置图像中产生的颗粒的数量。
　　(3)凸现:用来设置颗粒的显示程度。

10.10.3　粉笔和炭笔

　　"粉笔和炭笔"滤镜可以重绘高光和中间调,并使用粗糙粉笔绘制纯中间调的灰色背景,阴影区域用黑色对角炭笔线条替换,如图 2-10-64 所示。
　　(1)炭笔区:用来设置炭笔区域的范围。
　　(2)粉笔区:用来设置粉笔区域的范围。
　　(3)描边压力:用来设置画笔的压力。

图 2-10-64 粉笔和炭笔

10.10.4 铬黄渐变

"铬黄渐变"滤镜可以渲染图像,使之具有擦亮的铬黄表面般的效果。高光在反射表面上是高点,阴影是低点,如图 2-10-65 所示。应用该滤镜后,可以使用"色阶"命令来增加图像的对比度,从而增加效果的真实感。

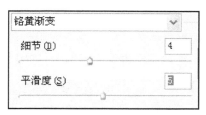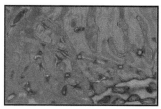

图 2-10-65 铬黄渐变

(1)细节:用来设置图像细节的保留程度。
(2)平滑度:用来设置图像效果的光滑程度。

10.10.5 绘图笔

"绘图笔"滤镜可以使用细的、线状的油墨描边以捕捉原图像中的细节。对扫描图像,效果尤其明显。该滤镜使用前景色作为油墨,并使用背景色作为纸张,以替换原图像中的颜色,如图 2-10-66 所示。

图 2-10-66 绘图笔

(1)描边长度:用来设置图像中产生的线条的长度。
(2)明/暗平衡:用来设置图像的亮调与暗调的平衡。
(3)描边方向:在该选项的下拉列表中可以选择线条的方向,包括"右对角线"、"水平"、"左对角线"和"垂直"。

10.10.6 基底凸现

"基低凸现"滤镜能够变换图像,使之呈现浮雕的雕刻状和突出光照下变化各异的表面。图像的暗区将呈现前景色,而浅色使用背景色,如图 2-10-67 所示。

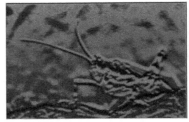

图 2-10-67　基底凸现

（1）细节：用来设置图像细节的保留程度。

（2）平滑度：用来设置浮雕效果的平滑程度。

（3）光照：在该选项的下拉列表中可以选择光照方向，包括"下"、"左下"、"左"、"左上"、"上"、"右上"、"右"和"右下"。

10.10.7　石膏效果

"石膏效果"滤镜可以在图像上应用浮雕效果，表现出立体的感觉。图像的阴影部分表现为阳刻，高光部分则表现为阴刻。前景色用于表现图像的阴影部分，背景色则用于表现高光部分，如图 2-10-68 所示。

图 2-10-68　石膏效果

（1）图像平衡：调节图像中阴影部分与高光部分的比例。

（2）平滑度：调节滤镜效果的柔和程度。该值越大，效果越柔和。

（3）光照：可以设置光照方向，包括"下"、"左下"、"左"、"左上"、"上"、"右上"、"右"和"右下"。

10.10.8　水彩画纸

"水彩画纸"滤镜可以用有污点的、像画在潮湿的纤维纸上的涂抹，使颜色流动并混合，使图像产生画面浸湿颜色扩散的水彩画效果，却保留原图像的色彩，如图 2-10-69 所示。

图 2-10-69　水彩画纸

（1）纤维长度：用来设置图像中纤维的长度。

（2）亮度：用来设置图像的亮度。

（3）对比度：用来设置图像的对比度。

10.10.9　撕边

"撕边"滤镜可以重建图像,使之由粗糙、撕破的纸片状组成,然后使用前景色与背景色为图像着色。对于文本或高对比度对象,该滤镜尤其有用,如图2-10-70所示。

图2-10-70　撕边

(1) 图像平衡:用来设置图像前景色和背景色的平衡比例。
(2) 平滑度:用来设置图像边界的平滑程度。
(3) 对比度:用来设置图像画面效果的对比度。

10.10.10　炭笔

"炭笔"滤镜可产生色调分离的涂抹效果,主要边缘以粗线条绘制,而中间色调用对角描边进行素描。炭笔使用前景色,纸张颜色使用背景色,如图2-10-71所示。

图2-10-71　炭笔

(1) 炭笔粗细:用来设置炭笔笔画的宽度。
(2) 细节:用来设置图像细节的保留程度。
(3) 明/暗平衡:用来设置图像中亮调与暗调的平衡。

10.10.11　炭精笔

"炭精笔"滤镜可在图像上模拟浓黑和纯白的炭精笔纹理。图像上的暗调区域使用前景色,亮调区域使用背景色,如图2-10-72所示。

(1) 前景色阶:用来调节前景色的平衡。变化范围为1~15,该值越高前景色越突出。
(2) 背景色阶:用来调节背景色的平衡。变化范围为1~15,该值越高背景色越突出。
(3) 纹理:在该选项下拉列表中可以选择一种纹理,包括"砖形"、"粗麻布"、"画布"和"砂岩"。选择纹理后,单击选项右侧的三角按钮,在打开的下拉菜单中可选择"载入纹理"命令,可载入一个PSD格式文件作为产生纹理的模板。
(4) 缩放:用来设置纹理的大小。变化范围为50%~200%,该值越高纹理越粗糙。
(5) 凸现:用来设置纹理的凹凸程度,变化范围为0~50。
(6) 光照:在该选项的下拉列表中可以选择光照的方向。

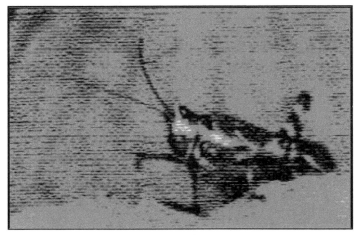

图 2-10-72 炭精笔

（7）反相：勾选该项可反转纹理的凹凸方向。

10.10.12 图章

"图章"滤镜可以简化图像，使之看起来就像是用橡皮或木制图章创建的一样，该滤镜用于黑白图像时效果最好，如图 2-10-73 所示。

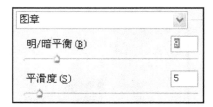

图 2-10-73 图章

（1）明/暗平衡：用来设置图像中亮调与暗调区域的平衡。
（2）平滑度：用来设置图像效果的平滑程度。

10.10.13 网状

"网状"滤镜可以模拟胶片乳胶的可控收缩和扭曲来创建图像，使之在阴影处呈结块状，在高光处呈轻微颗粒状，如图 2-10-74 所示。

图 2-10-74 网状

（1）浓度：用来设置图像中产生的网纹的密度。
（2）前景色阶：用来设置图像中使用的前景色的色阶数。
（3）背景色阶：用来设置图像中使用的背景色的色阶数。

10.10.14　影印

"影印"滤镜可以模拟影印图像的效果。大的暗区趋向于只拷贝边缘四周,而中间色调要么纯黑色,要么纯白色,如图 2-10-75 所示。

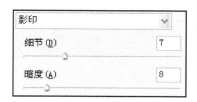

图 2-10-75　影印

（1）细节:用来设置图像细节的保留程度。

（2）暗度:用来设置图像暗部区域的强度。

第十一节　纹理滤镜组

纹理滤镜组中的滤镜主要用来在图像中加入各种纹理,使图像具有深度感或物质感的外观效果,如图 2-10-76所示。

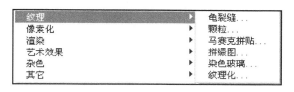

图 2-10-76　纹理滤镜组

10.11.1　龟裂缝

"龟裂缝"滤镜可以将图像绘制在一个高凸现的石膏表面上,以循着图像等高线生成精细的网状裂缝。使用该滤镜可以对包含多种颜色值或灰度值的图像创建浮雕效果,如图 2-10-77 所示。

图 2-10-77　龟裂缝

（1）裂缝间距:用来设置图像中生成的裂缝的间距,该值越小,生成的裂缝越细密。

（2）裂缝深度:用来设置裂缝的深度。

（3）裂缝亮度:用来设置裂缝的亮度。

10.11.2　颗粒

"颗粒"滤镜通过模拟不同种类的颗粒在图像中添加纹理,如图 2-10-78 所示。

图 2-10-78　颗粒

（1）强度：用来设置图像中加入的颗粒的强度。

（2）对比度：用来设置颗粒的对比度。

（3）颗粒类型：在该选项的下拉列表中可以选择颗粒的类型，包括"常规"、"柔和"、"喷洒"、"结块"、"强反差"、"扩大"、"点刻"、"水平"、"垂直"和"斑点"。

10.11.3　马赛克拼贴

"马赛克拼贴"滤镜可以将图像分割为不同大小的块，然后在拼贴块之间填充颜色，如图 2-10-79 所示。

图 2-10-79　马赛克拼贴

（1）拼贴大小：用来设置图像中生成的块状图形的大小。

（2）缝隙宽度：用来设置块状图形单元间的裂缝宽度。

（3）加亮缝隙：用来设置块状图形缝隙的亮度。

10.11.4　拼缀图

"拼缀图"滤镜可以将图像分成一个个规则排列的小方块，将每一小方块图像的像素颜色平均值作为该方块的颜色，并为方块间增加深色的缝隙，如图 2-10-80 所示。

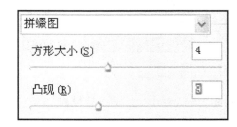

图 2-10-80　拼缀图

（1）方形大小：用来设置生成的方块的大小。

（2）凸现：用来设置生成的方块的凸出程度。

10.11.5 染色玻璃

"染色玻璃"滤镜可以把图像分成不规则的色块,色块内的颜色用该处像素颜色的平均值填充,使图像产生彩色玻璃效果,如图 2-10-81 所示。

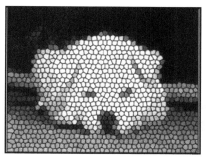

图 2-10-81　染色玻璃

（1）单元格大小:用来设置图像中生成的色块的大小。

（2）边框粗细:用来设置色块边界的宽度,用前景色作为边界的填充颜色。

（3）光照强度:用来设置图像中心的光照强度。

10.11.6 纹理化

"纹理化"滤镜可以在图像中加入各种纹理,使图像呈现纹理质感,如图 2-10-82 所示。

图 2-10-82　纹理化

（1）纹理:在该选项的下拉列表中可以选择一种纹理添加到图像中,包括"砖形"、"粗麻布"、"画布"和"砂岩"四种。单击选项右侧的 ▾≡ 按钮,可以在打开的下拉菜单中选择"载入纹理"命令,载入一个 PSD 格式的文件作为纹理文件。

（2）缩放:设置纹理缩放的比例。

（3）凸现:用来设置纹理的凸出程度。

（4）光照:在该选项的下拉列表中可以选择光线照射的方向。

（5）反相:勾选该项后,可以反转光线照射的方向。

第十二节　像素化滤镜组

像素化滤镜组中的滤镜是通过使单元格中颜色值相近的像素结成块来应用变化的,它们可以将图像分块或平面化,然后重新组合,创建类似像素艺术的效果,如图 2-10-83 所示。

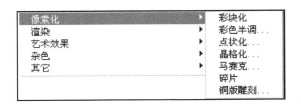

图 2-10-83　像素化滤镜组

10.12.1　彩块化

"彩块化"滤镜会在保持原有图像轮廓的前提下,找出主要色块的轮廓,然后将近似颜色兼并为色块。该滤镜可以使扫描的图像产生手绘的效果,或者使现实主义图像产生类似抽象派绘画的效果。该滤镜无对话框。

10.12.2　彩色半调

"彩色半调"滤镜可以使图像变为网点状效果。它先将图像的每一个通道划分成矩形区域,再以和矩形区域亮度成比例的圆形替代这些矩形。圆形的大小与矩形的亮度成比例,高光部分生成的网点较小,而阴影部分生成的网点则较大,执行该命令可以打开"彩色半调"对话框,如图 2-10-84 所示。

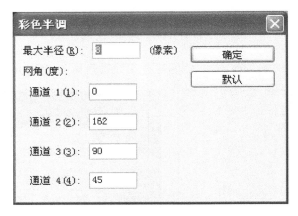

图 2-10-84　彩色半调

(1) 最大半径:用来设置生成的网点大小。

(2) 网角(度):用来设置图像各个原色通道的网点角度。如果图像为灰度模式,则只能使用"通道 1";如果图像为 RGB 模式,可以使用三个通道;如果图像是 CMYK 模式,则可以使用所有通道。当各个通道中的网角设置的数值相同时,生成的网点会重叠显示,如图 2-10-85 所示为各个通道的网角数为 10 的效果。

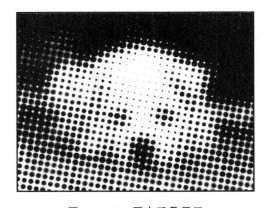

图 2-10-85　网点重叠显示

10.12.3 点状化

"点状化"滤镜可以将图像中的颜色分散为随机分布的网点,如同点状化绘画的效果,并使用背景色作为网点之间的画布区域。使用该滤镜时,可通过"单元格大小"来控制网点的大小,如图 2-10-86 所示。

图 2-10-86 点状化

10.12.4 晶格化

"晶格化"滤镜可以使图像中相近的像素集中到多边形色块中,产生类似结晶的颗粒效果。使用该滤镜时,可通过"单元格大小"来控制多边形色块的大小,如图 2-10-87 所示。

图 2-10-87 晶格化

10.12.5 马赛克

"马赛克"滤镜将相邻的像素结为方形块,使块中的像素应用平均的颜色,使图像产生马赛克的效果。使用该滤镜时,可通过"单元格大小"设置马赛克的大小,如图 2-10-88 所示。如果在图像中创建一个选区,再应用该滤镜,则可以创建电视中的马赛克画面效果。

图 2-10-88　马赛克

10.12.6　碎片

"碎片"滤镜自动把图像的像素复制四次,并让每个副本都稍微移动,使图像产生一种没有对准焦距的效果。

10.12.7　铜版雕刻

"铜板雕刻"滤镜可以在图像中随机生成各种不规则的直线、曲线和斑点,使图像产生年代久远的金属板效果,如图 2-10-89 所示。使用该滤镜处理图像时,可在对话框的"类型"选项中选择一种网点图案,包括"精细点"、"中等点"、"粒状点"、"粗网点"、"短线"、"中长直线"、"长线"、"短描边"、"中长描边"和"长边"。

图 2-10-89　铜版雕刻

第十三节 渲染滤镜组

渲染滤镜组中的滤镜可以创建云彩图案,折射图案和模拟的光反射,如图 2-10-90 所示。

10.13.1 分层云彩

"分层云彩"滤镜使用随机生成的介于前景色与背景色之间的值生成云彩图案。如果连续几次应用该滤镜,会创建出与大理石的纹理相似的凸缘与叶脉图案,如图 2-10-91 所示。该滤镜无对话框。

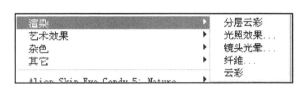

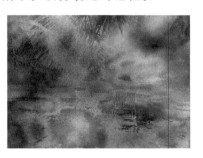

图 2-10-90 渲染滤镜组   图 2-10-91 图案

10.13.2 光照效果

"光照效果"滤镜只能应用于 RGB 模式的文件,其拥有 17 种光照样式,3 种光照类型和 4 套光照属性,通过对这些属性的设置可以在图像上产生光照效果,还可以使用灰度文件的纹理创建类似 3D 的效果。执行该命令可以打开"光照效果"对话框,对话框左侧显示的是设定灯光效果的图像预览区域,右侧是灯光选项设置区,如图 2-10-92 所示。

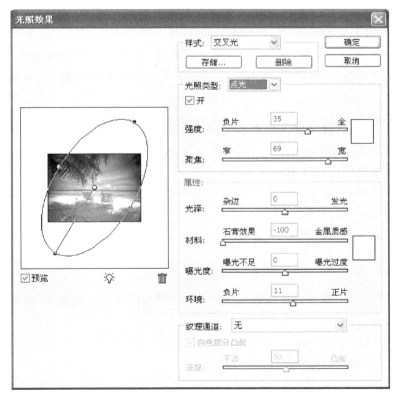

图 2-10-92 光照效果

1. 编辑光源

在聚焦点四周有 4 个圆形的控制点,拖动它们可以改变灯光照射的射程和范围。单击并拖动下面的灯泡
◊ 按钮到预览区域内,放开鼠标后可以创建新的光源。在 Photoshop 中最多可创建 16 个光源。将光源拖动到
对话框底部的删除 ⬚ 按钮上可将它删除,也可在选择光源后,按下 Delete 键来删除。

2. 设置样式

"样式"选项用来设置灯光的样式,在该选项下拉列表中共包含 17 种样式,每种样式都产生不同的灯光效
果。也可以通过将光照添加到"默认"设置来创建自己的光照样式。如果对保存的样式不满意,则可单击"删
除"按钮将其删除。"光照效果"滤镜至少需要一个光源。虽然一次只能编辑一种光,但是所有添加的光都将用
于产生效果。

3. 设置光照类型

■光照类型:在该选项的下拉列表中可以选择光照的类型,包括"全光源"、"平行光"和"点光源"。"全光
源"可以使光在图像的正上方向各个方向照射,就像一张纸上方的灯泡一样;"平行光"则从远处照射光,这样光
照角度不会发生变化,就像太阳光一样;"点光"可投射一束椭圆形的光柱。

■开:在对话框左侧的用来选择某一光源后,勾选该项可开启该光源,取消勾选则关闭光源。

■强度:用来调整灯光的强度,该值越高光线越强烈。单击选项右侧的颜色块,可在打开的"拾色器"中设
置灯光的颜色。

■聚焦:设置光源的照射范围,不过范围仅限于聚焦圆形范围之内。

4. 设置属性

■光泽:用来设置灯光在图像表面的反射程度。

■材料:用来设置反射的光线是光源色彩,还是图像本身的颜色。滑块越靠近"石膏效果",反射光越接近
光源色彩;反之越靠近"金属质感",反射光越接近反射体本身的颜色。

■曝光度:该值为正值时,可增加光照;为负值时,则减少光照。

■环境:单击该选项右侧的颜色块,可以在打开的"拾色器"中设置环境光的颜色。当滑块越接近"阴片"
时,环境光越接近色样的互补色;滑块接近"正片"时,则环境光越接近于颜色框中设定的颜色。

5. 设置纹理通道

"纹理通道"选项可以通过灰度纹理来控制光从图像反射的方式。可以使用图像中的任何通道(包括从别
的图像拷贝的通道)作为纹理,也可以创建自己的纹理。

■纹理通道:选择用于创建凹凸效果的通道。

■白色部分凸出:勾选该项,通道的白色部分将凸出表面,取消勾选则黑色部分凸出。在"纹理通道"中选
择"无"以外的其他项时,"白色突出"选项可用。

■高度:拖动"高度"滑块可将纹理从"平滑"(0)改变为"凸起"(100)。

10.13.3 镜头光晕

"镜头光晕"滤镜可模拟亮光照射到相机镜头所产生的折射,常用在表现玻璃、金属等反射的反射光,或用
来增强日光和灯光效果,如图 2-10-93 所示。

(1) 光晕中心:在图像缩览图中单击或拖动十字线可以指定光晕的中心。

(2) 亮度:用来控制光晕的强度,范围为 10%～300%。

(3) 镜头类型:用来选择产生光晕的镜头类型。

如图 2-10-94 所示为原图,如图 2-10-95 所示为亮度 120、镜头类型为 50～300 mm 变焦时的图像效果。

图 2-10-93　镜头光晕

图 2-10-94　原图

图 2-10-95　图像效果

10.13.4　纤维

"纤维"滤镜可以使用前景色和背景色随机创建编织纤维的效果，如图 2-10-96 所示。

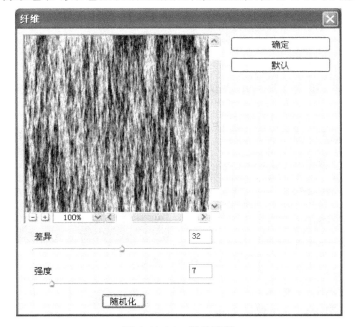

图 2-10-96　纤维滤镜

（1）差异：用来设置颜色的变化方式，该值较低时会产生较长的颜色条纹，该值较高时会产生较短且颜色分布变化更大的纤维。

图 2-10-97　云彩滤镜

（2）强度：用来控制纤维的外观，该值较低时会产生松散的织物效果，该值较高时会产生短的绳状纤维。

（3）随机化：单击该按钮可随机生成纤维的外观，每次单击都会产生不同的放果。

10.13.5　云彩

"云彩"滤镜可以使用前景色和背景色之间的随机像素值将图像生成为柔和的云彩图案。在使用前应设定好前景色与背景色。该滤镜是唯一能在透明图层上产生效果的滤镜，如图 2-10-97 为前景色为白色、背景色为黑色时的效果。该滤镜无对话框。

第十四节　艺术效果滤镜组

艺术效果滤镜组中的滤镜可以模仿自然或传统介质效果，使图像看起来更贴近绘画艺术效果。可以通过"滤镜库"来应用所有艺术效果滤镜，如图 2-10-98 所示。

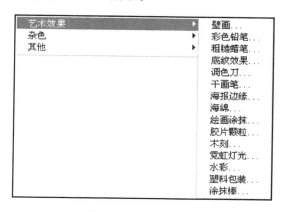

图 2-10-98　艺术效果

10.14.1　壁画

"壁画"滤镜使用短而圆的，粗略涂抹的小块颜料，以一种粗糙的风格绘制图像，使图像呈现一种壁画一样的效果，如图 2-10-99 所示。

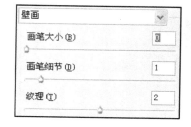

图 2-10-99　壁画

（1）画笔大小：用来设置画笔的大小。

（2）画笔细节：用来设置图像细节的保留程度。

（3）纹理：用来设置添加纹理的数量,该值越高,绘制的效果越粗犷。

10.14.2　彩色铅笔

　　"彩色铅笔"滤镜可以使用彩色铅笔在纯色背景上绘制图像。该滤镜可以保留重要边缘,外观呈粗糙阴影线,纯色背景色透过比较平滑区域显示出来,如图 2-10-100 所示。

图 2-10-100　彩色铅笔

　　（1）铅笔宽度：用来设置铅笔线条的宽度,该值越高,铅笔线条越粗。
　　（2）描边压力：用来设置铅笔的压力效果,该值越高,线条越粗犷。
　　（3）纸张亮度：用来设置画纸色的明暗程度,该值越高,纸的颜色越接近背景色。

10.14.3　粗糙蜡笔

　　"粗糙蜡笔"滤镜可以根据设置的纹理在带纹理的背景上应用粉笔描边,亮色区域的粉笔较厚重,几乎看不见纹理,深色区域粉笔较谈,纹理清晰,如图 2-10-101 所示。

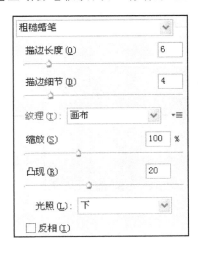

图 2-10-101　粗糙蜡笔

　　（1）描边长度：用来设置画笔线条的长度。
　　（2）描边细节：用来设置线条的细腻程度。
　　（3）纹理：在该选项的下拉列表中可以选择纹理样式,包括"砖形"、"粗麻布"、"画布"和"砂岩"。单击选项右侧的 按钮,可以选择"栽入纹理"命令,栽入一个 PSD 格式的文件作为纹理文件。
　　（4）缩放：用来设置纹理的大小。
　　（5）凸现：用来设置纹理的凸出程度。
　　（6）光照：在该选项的下拉列表中可以选择光照的方向。
　　（7）反相：勾选该项,可以反转光照方向。

10.14.4 底纹效果

"底纹效果"滤镜可以在带纹理的背景上绘制图像,然后将最终图像绘制在该图像上,如图 2-10-102 所示。除"画笔大小"和"纹理覆盖"以外,其他参数与"粗糙蜡笔"滤镜的参数相同。

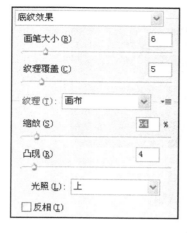

图 2-10-102　底纹效果

（1）画笔大小:用来设置产生底纹画笔的大小,该值越高,绘画效果越强烈。
（2）纹理覆盖:用来设置纹理的覆盖范围。

10.14.5 调色刀

"调色刀"滤镜可以减少图像中的细节以生成描绘得很淡的画布效果,并显示出下面的纹理,可以创建类似油画刀的绘画效果,如图 2-10-103 所示。

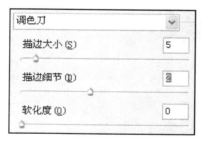

图 2-10-103　调色刀

（1）描边大小:用来设置图像颜色混合的程度。该值越高,图像越模糊,该值越小,图像越清晰。
（2）描边细节:用来设置图像细节的保留程度。该值越高,图像的边缘越明确。
（3）软化度:用来设置图像的柔化程度,该值越高,图像越模糊。

10.14.6 干画笔

"干画笔"滤镜使用介于油彩和水彩之间的干画笔绘制图像边缘,使图像产生一种不饱和的干枯油画效果,如图 2-10-104 所示。

（1）画笔大小:用来设置画笔的大小,该值越小,绘制的效果越细腻。
（2）画笔细节:用来设置画笔的细腻程度,该值越高,效果与原图像越接近。
（3）纹理:用来设置画笔纹理的清晰程度,该值越高,画笔的纹理越明显。

图 2-10-104　干画笔

10.14.7　海报边缘

"海报边缘"滤镜可以按照设置的选项自动跟踪图像中颜色变化剧烈的区域,在边界上填入黑色的阴影,大而宽的区域有简单的阴影,而细小的深色细节遍布图像,使图像产生海报的效果,如图 2-10-105 所示。

图 2-10-105　海报边缘

（1）边缘厚度:用来设置图像边缘像素的宽度,该值越高,轮廓越宽。
（2）边缘强度:用来设置图像边缘的强化程度。
（3）海报化:用来设置颜色的浓度。

10.14.8　海绵

"海绵"滤镜使用颜色对比强烈、纹理较重的区域创建图像,以模拟海绵绘画的效果,如图 2-10-106 所示。

图 2-10-106　海绵

（1）画笔大小:用来设置海绵的大小。
（2）清晰度:可调整海绵上的气孔的大小,该值越高,气孔的印记越清晰。
（3）平滑度:用来模拟海绵的压力,该值越高,画面的浸湿感越强,图像越柔和。

10.14.9　绘画涂抹

"绘画涂抹"滤镜可以使用不同类型的画笔在图像中涂抹产生绘画效果,如图 2-10-107 所示。
（1）画笔大小:用来设置画笔的大小,该值越高,涂抹的范围越广。
（2）锐化程度:用来设置图像的锐化程度,该值越高,效果越锐利。

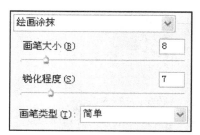

图 2-10-107　绘画涂抹

（3）画笔类型：在该选项的下拉列表中可以选择画笔的类型，包括"简单"、"未处理光照"、"未处理深色"、"宽锐化"、"宽模糊"和"火花"。

10.14.10　胶片颗粒

"胶片颗粒"滤镜将平滑的图案应用于阴影和中间色调，将一种更平滑、饱和度更高的图案添加到亮区，可以产生类似胶片颗粒状的纹理效果。在消除混合的条纹和将各种来源的像素在视觉上进行统一时，该滤镜非常有用，如图 2-10-108 所示。

图 2-10-108　胶片颗粒

（1）颗粒：用来设置产生的颗粒的密度，该值越高，颗粒越多。

（2）高光区域：用来设置图像中高光的范围。

（3）强度：用来设置颗粒效果的强度，该值较小时，会在整个图像上显示颗粒，该值较大时，只在图像的阴影部分显示颗粒。

10.14.11　木刻

"木刻"滤镜可以将图像中的颜色进行分色处理，并简化颜色，使图像看上去好像是由从彩纸上剪下的边缘粗糙的剪纸片组成的，如图 2-10-109 所示。高对比度的图像看起来呈剪影状，而彩色图像看上去是由几层彩纸组成的。

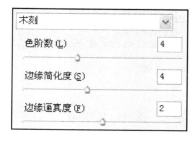

图 2-10-109　木刻

（1）色阶数：用来设置简化后的图像的色阶数量。该值越高，图像的颜色层次越丰富，该值越小，图像的简化效果越明显。

（2）边缘简化度：用来设置图像边缘的简化程度，该值越高，图像的简化程度越明显。

(3) 边缘逼真度:用来设置图像边缘的精确程度。

10.14.12　霓虹灯光

"霓虹灯光"滤镜可以在柔化图像外观时给图像着色,在图像中产生彩色氖光灯照射的效果。该滤镜以前景色和发光颜色为基础应用效果,因此,在使用时,首先应将前景色设置为需要的颜色,然后再应用滤镜,如图 2-10-110 所示。

图 2-10-110　霓虹灯光

(1) 发光大小:用来设置发光范围的大小。该值为正值时,光线向外发射,为负值时,光线向内发射。
(2) 发光亮度:用来设置发光的亮度。
(3) 发光颜色:单击该选项右侧的颜色块,可以在打开的对话框中设置发光颜色。

10.14.13　水彩

"水彩"滤镜可以简化图像的细节,改变图像边界的色调和饱和度,使图像产生水彩画的效果。当边缘有显著的色调变化时,此滤镜会使颜色饱满,如图 2-10-111 所示。

图 2-10-111　水彩

(1) 画笔细节:用来设置画笔的精确程度,该值越高,画面越精细。
(2) 阴影强度:用来设置暗调区域的范围,该值越高,暗调范围越大。
(3) 纹理:用来设置图像边界的纹理效果,该值越高,纹理效果越明显。

10.14.14　塑料包装

"塑料包装"滤镜产生的效果类似在图像上包裹着一层光亮的塑料,可以强调图像的表面细节,如图 2-10-112 所示。
(1) 高光强度:用来设置高光区域的亮度。
(2) 细节:用来设置高光区域细节的保留程度。
(3) 平滑度:用来设置塑料效果的平滑程度,该值越高,滤镜产生的效果越明显。

10.14.15　涂抹棒

"涂抹棒"滤镜使用较短的对角线条涂抹图像中暗部的区域,从而柔化图像,亮部区域会因变亮而丢失细

图 2-10-112　塑料包装

节,整个图像显示出涂抹扩散的效果,如图 2-10-113 所示。

图 2-10-113　涂抹棒

(1) 描边长度:用来设置图像中产生的线条的长度。
(2) 高光区域:用来设置图像中高光范围的大小,该值越高,被视为高光区域的范围就越广。
(3) 强度:用来设置高光的强度。

第十五节　杂色滤镜组

杂色滤镜组中的滤镜用于添加或是去除杂色,以及带有随机分布色阶的像素,如图 2-10-114 所示。

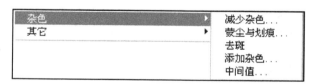

图 2-10-114　杂色滤镜组

10.15.1　减少杂色

"减少杂色"滤镜可在基于影响整个图像或各个通道的用户设置保留边缘的同时减少杂色,如图 2-10-115 所示。

1. 设置基本选项

"基本"选项用来设置滤镜的基本参数,包括"强度"、"保留细节"、"减少杂色"等。■设置:如果保存了预设参数,可在该选项下拉列表中选择。单击"存储当前设置的拷贝"按钮可在打开的对话框中保存当前设置,单击"删除当前设置"按钮可删除当前设置。■强度:用来控制应用于所有图像通道的亮度杂色减少量。■保留细节:用来设置图像边缘和图像细节的保留程度。当该值为 100% 时,可保留大多数图像细节,但会将亮度杂色减到最少。■减少杂色:用来消除随机的颜色像素,该值越高,减少的杂色越多。■锐化细节:用来对图像进行锐化。■移去 JPEG 不自然感:勾选该项可去除由于使用低 JPEG 品质设置存储图像而导致的斑驳的图像伪像

图 2-10-115　减少杂色

和光晕。

2. 设置高级选项

勾选对话框中的"高级"选项后,可切换到"高级"选项设置面板。如果亮度杂色在一个或两个颜色通道中较明显,便可以选择相应的通道清除杂色。

10.15.2 蒙尘与划痕

"蒙尘与划痕"滤镜通过更改相异的像素来减少杂色,该滤镜可以搜索图像中的缺陷,再进行局部的模糊并将其融入周围像素中,这对于去除扫描图像中的杂点和折痕特别有效。

10.15.3 去斑

"去斑"滤镜可以检测图像的边缘发生显著颜色变化的区域,并模糊除那些边缘外的所有选区,消除图像中的斑点,同时保留细节。对于扫描的图像可以使用该滤镜进行去斑处理。

10.15.4 添加杂色

"添加杂色"滤镜可将随机的杂点混合到图像中,如图 2-10-116 所示。也可以使用该滤镜来减少羽化选区或渐进填充中的条纹,或者使经过重大修饰的区域看起来更真实。

（1）数量:用来设置杂色的数量。

（2）分布:用来设置杂色分布的方式。选择"平均分布"选项后,Photoshop 会随机在图像中加入杂点,效果比较柔和;选择"高斯分布"后,Photoshop 将沿一条钟形曲线分布的方式来添加杂点,效果较为强烈。

（3）单色:勾选该选项后,加入的杂点只影响原有像素的亮度,像素的颜色不会改变。

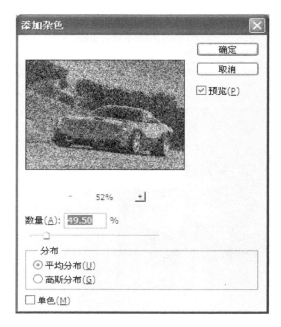

图 2-10-116　添加杂色

10.15.5　中间值

　　"中间值"滤镜通过混合选区中像素的亮度来减少图像的杂色。该滤镜可搜索像素选区的半径范围以查找亮度相近的像素，去掉与相邻像素差异太大的像素，并用搜索到的像素的中间亮度值替换中心像素，可以适当的消除或减少图像的动感效果，如图 2-10-117 所示。

　　■半径：用来调整混合时采用的半径值。该值越高，像素的混合效果越明显。

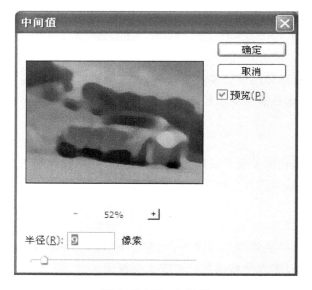

图 2-10-117　中间值

第十六节　其他滤镜组

　　其他滤镜组中的滤镜允许用户创建自己的滤镜，或者使用滤镜修改蒙版，以及在图像中使选区发生位移和快速调整颜色,如图 2-10-118 所示。

图 2-10-118　其他滤镜组

10.16.1　高反差保留

　　"高反差保留"滤镜可以在有强烈颜色转变发生的地方按指定的半径保留边缘细节,并且不显示图像的其余部分,如图 2-10-119 所示。在从扫描图像中取出的艺术线条和大的黑白区域时该滤镜非常有用。通过"半径"值可以调整原图像保留的程度,该值越高,所保留的原图像像素越多,当该值为 0.1 时,整个图像都将变为灰色。

图 2-10-119　高反差保留

10.16.2　位移

　　"位移"滤镜可以水平或垂直偏移图像的像素,原位置将变成空白区域。空白区域可以用当前背景色或图像的另一部分来填充,如图 2-10-120 所示。如果选区靠近图像边缘,也可以使用所选择的填充内容进行填充。

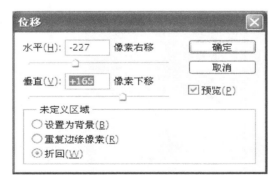

图 2-10-120　位移

　　(1) 水平:用来设置水平偏移的距离。正值时,向右偏移,左侧留下空缺;负值时,向左偏移,右侧出现空缺。

　　(2) 垂直:用来设置垂直偏移的距离。正值时,向下偏移,在上侧留下空缺;负值时,向上偏移,在下侧留下空缺。

　　(3) 未定义区域:用来设置偏移图像后产生空缺部分的填充方式。选择"设置为背景",将以背景色填充空缺部分；选择"重复边缘像素"，在图像边界不完整空缺部分填入扭曲边缘的像素颜色；选择"折回"，在空缺部分填入溢出图像之外的图像内容。

10.16.3　自定

"自定"滤镜是一个较为特殊的滤镜。它是 Photoshop 提供的可以自定义效果的滤镜。该滤镜可根据预定义的数学运算，更改图像中每个像素的亮度值，这种操作方式与通道的加减计算类似，如图 2-10-121 所示。

图 2-10-121　自定

（1）缩放：输入一个值，用该值去除计算中包含像素的亮度值的总和。

（2）位移：输入要与缩放计算结果相加的值。

10.16.4　最大值与最小值

"最大值"滤镜可以加强图像的亮部色调，缩小暗部区域，如图 2-10-122 所示。最小值滤镜则增强图像的暗部色调，缩小亮部区域，如图 2-10-123 所示。这两个滤镜都是通过"半径"值来控制调整的范围的，且一般用来修改蒙版。

图 2-10-122　最小值

图 2-10-123　最大值

第十七节 Digimarc 滤镜组

Digimarc 滤镜可以将数字水印嵌入到图像中以存储版权信息,使图像的版权通过 Digimarc Image Bridge 技术的数字水印受到保护。水印是一种以杂色方式添加到图像中的数字代码,肉眼是看不到这些代码的。添加数字水印后,无论进行通常的图像编辑,或是文体格式转换后水印仍然存在。经过拷贝带有嵌入水印的图像时,水印和与水印相关的任何信息也被拷贝,如图 2-10-124 所示。

图 2-10-124　Digimarc

10.17.1　读取水印

“读取水印”滤镜主要是用来阅读图像中的数字水印内容。当一个图像中含有数字水印时,则在图像窗口标题栏和状态栏上会显示出一个“C”状符号,如图 2-10-125 所示。

图 2-10-125　读取水印

执行该命令时,Photoshop 即对图像内容进行分析,并找出内含的数字水印数据。若找到了 ID 及相关数据,可以连接到 Digimarc 公司的站点,依据 ID 号码,找到作者的联络资料及租片(即租用这个拥有著作权的图像)费用等。若在图像中找不到数字水印效果,或者是数字水印已因过度的编辑而损坏,则 Photoshop 会弹出提示对话框,提示用户该图像中没有数字水印或是已经遭受破坏的信息。

10.17.2　嵌入水印

“嵌入水印”滤镜能够在图像中加入著作权信息,在嵌入水印前,用户必须首先向 Digimarc Corporationa 公司注册,得到一个 Digimarc ID,然后将这个 ID 号码随同著作权信息,例如创建年度与时间等一并嵌入到图像中,但需要支付一定的费用。

(1)标志号:设置创建者的个人信息,可单击“个人注册”按钮启动 Web 浏览器并访问位于 www.digimarc.com 的 Digimarc Web 站点进行注册。

（2）图像信息：用来填写版权的申请年份等信息。

（3）图像属性：用来设置图像的使用范围，包括"限制的使用"、"成人内容"和"请勿拷贝"。

（4）水印耐久性：设置水印的耐久性和可视性。

嵌入水印滤镜只能用于 CMYK、RGB，Lab 或灰度图像。此外，在图像中嵌入水印之前，必须考虑以下内容：图像颜色变化、图像像素数目、工作流程等。"嵌入水印"滤镜一般用在最终完成的图像中，因为嵌入水印后，许多编辑操作将受限制，因此在此之前需完成全部图像的编辑操作，然后再使用该滤镜，最后，将水印效果印刷出版或网上出版。

第十一章

通　道 《《《

本章内容

了解"通道"面板，了解颜色通道，学习通道的创建与编辑方法，了解 Alpha 通道与选区的关系，了解专色通道，了解通道在抠图中的应用，了解通道在图像色彩调整中的应用，了解"应用图像"命令的选项功能，了解"计算"命令的选项功能。

通道是 Photoshop 的主要元素之一，在 Photoshop 中每打开一个图像文件时，都会建立相应的颜色信息通道。每一个图像都是由一个或几个颜色信息通道结合而成的，而颜色通道的多少是由用户选择的色块模式决定的。

第一节　通 道 面 板

"通道"面板用来创建、保存和管理通道。当打开一个新的图像时，执行"窗口"→"通道"命令，就可以打开"通道"面板，如图 2-11-1 所示。Photoshop 会在"通道"面板中自动创建该图像的颜色信息通道，面板中包含了图像中的所有通道，通道名称的左侧显示了通道内容的缩览图，在编辑通道时缩览图会自动更新。

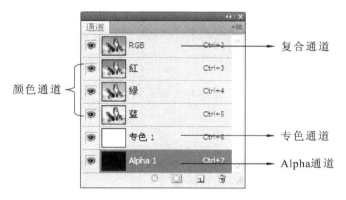

图 2-11-1　通道面板

（1）复合通道："通道"面板中最先列出的通道是复合通道，在复合通道下可以同时预览和编辑所有的颜色通道。

（2）颜色通道：用于记录图像颜色信息的通道。

（3）专色通道：用来保存专色油墨的通道。

（4）Alpha 通道：用来保存选区的通道。

（5）将通道作为选区载入按钮：单击该按钮，可以载入通道内的选区。

（6）将选区存储为通道按钮：如果图像中创建了选区，单击该按钮，可以将选区保存在通道内。

（7）创建新通道按钮：单击该按钮，可新建 Alpha 通道。

（8）删除当前通道按钮：用来删除当前选择的通道，复合通道不能被删除。

第二节 通道的分类

Photoshop 中包含三种类型的通道,即颜色通道,Alpha 通道和专色通道。下面介绍几种通道的特征和主要作用。

11.2.1 颜色通道

颜色通道是在打开新图像时自动创建的通道,它们记录了图像的颜色信息,图像的颜色模式不同,颜色通道的数量也不相同。RGB 图像包含红、绿、蓝和一个用于编辑图像的复合通道;CMYK 图像包含青色、洋红、黄色、黑色和一个复合通道;Lab 图像包含明度、a、b 和一个复合通道;位图、灰度、双色调和索引颜色图像都只有一个通道。如图 2-11-2 所示为不同颜色模式的图像包含的通道。

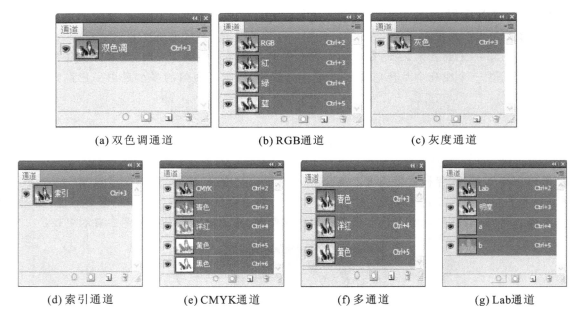

(a) 双色调通道   (b) RGB通道   (c) 灰度通道

(d) 索引通道   (e) CMYK通道   (f) 多通道   (g) Lab通道

图 2-11-2   颜色通道

11.2.2 Alpha 通道

Alpha 通道用来保存选区,它可以将选区存储为灰度图像,可以添加 Alpha 通道来创建和存储蒙版。蒙版用于处理或保护图像的某些部分。Alpha 通道与颜色通道不同,它不会直接影响图像的颜色。

在 Alpha 通道中,白色代表被选择的区域,黑色代表未被选择的区域,而灰色则代表被部分选择的区域,即羽化的区域,如图 2-11-3 所示。

图 2-11-3   羽化的区域

用白色涂抹通道可以扩大选区的范围,如图 2-11-4 所示;用黑色涂抹则可收缩选区的范围,如图 2-11-5;用灰色涂抹则可队增加羽化的范围,如图 2-11-6 所示。

图 2-11-4　扩大选区的范围

图 2-11-5　收缩选区的范围

图 2-11-6　增加羽化的范围

11.2.3　专色通道

专色通道是一种特殊的通道,它用来存储专色。专色是用来替代或补充印刷色(CMYK)的特殊预混油墨。

第三节　通道的编辑

下面介绍如何使用"通道"面板和面板菜单中的命令,创建通道及对通道进行复制、删除分离与合并等操作。

11.3.1　选择通道

单击"通道"面板中的一个通道便可以选择该通道。选择通道后,画面中会显示该通道的灰度图像,如图 2-11-7所示。按住 Shift 键单击可选择多个通道,选择多个通道后,画面中会显示这些通道的复和图像,如图 2-11-8 所示为选择红色和蓝色通道。

图 2-11-7　显示通道的灰度图像

图 2-11-8　选择红色和蓝色通道

11.3.2　新建 Alpha 通道

单击"通道"面板中的创建新通道按钮🔲，即可新建一个 Alpha 通道。如果在当前文档中创建了选区，则单击"将选区存储为通道"按钮◎，可以将选区保存为 Alpha 通道。在 Photoshop 中，一个图像最多可以包含 56 个通道，除了位图模式的图像外，其他类型的图像都可以添加通道。在以 PSD、PDF、PICT、Pixar、TIFF 或 Raw 格式保存文件时，可保存 Alpha 通道。

11.3.3　新建专色通道

需要创建专色通道时，可以单击"通道"面板右上角的展开菜单按钮▾☰，执行菜单中的"新建专色通道"命令，打开"新建专色通道"对话框，如图 2-11-9 和图 2-11-10 所示，在对话框中可以设置如下内容。

图 2-11-9　"新建专色通道"对话框

图 2-11-10　设置内容

（1）名称：用来设置专色通道的名称。如果选取自定义颜色，通道将自动采用该颜色的名称，这有利于其他应用程序识别它们，如果修改了通道的名称，可能无法打印该文件。

（2）颜色：单击该选项右侧的颜色图标，可以打开"拾色器"。如果要选择 PANTONE 或 TOYO 等颜色系统中的颜色，可以单击"拾色器"对话框中的"颜色库"按钮，在打开的"颜色库"中进设置。

（3）密度：用来在屏幕上模拟印刷后专色的密度。它的设置范围 0%～100%，当该值为 100%时模拟完全覆盖下层油墨的油墨；该值为 0%时模拟完全显示下层油墨的透明油墨。

11.3.4　编辑与修改专色

创建专色通道后，可以使用绘画或编辑工具在图像中绘画。用黑色绘画可添加更多不透明度为 100%的专色，用灰色绘画可添加不透明度较低的专色。绘画或编辑工具选项中的"不透明度"选项决定了用于打印输出的实际油墨浓度。

如果要修改专色，可以双击专色通道的缩览图，在打开的"专色通道选项"对话框中进行设置。

11.3.5　复制通道

将一个通道拖至"通道"面板中的"创建新通道"按钮上，可以复制该通道。

如果当前打开了多个文档，并且这些文档的像素尺寸相同，则在这些文档间也可以复制通道。选择需要复制的通道，执行"通道"面板菜单中的"复制通道"命令，打开"复制通道"对话框，如图 2-11-11 所示，在对话框中设置项即可复制通道。

图 2-11-11　"复制通道"对话框

（1）为：用来设置复制后的通道的名称。

（2）文档：用来设置通道复制到的目标文档，默认为当前文档，也可在下拉列表中选择其他打开的文档，但这些文档必须与当前文档具有相同分辨率和尺寸。如果选择"新建"，则可将通道复制到一个新建的文档中，该文档为多通道模式。

（3）名称：用来设置复制通道的名称。

（4）反相：勾选该项，复制后的通道将被反转。

11.3.6　载入通道中的选区

在"通道"调面板中选择要载入选区的 Alpha 通道，单击"将通道作为选区载入"按钮，可以载入通道中的选区。按住 Ctrl 键单击 Alpha 通道也可载入通道中的选区。除 Alpha 通道外，颜色通道中也包含选区。

通道中的白色区域可以作为选区载入，黑色区域不能载入为选区，灰色部分可载入带有羽化效果的选区。

11.3.7　用原色显示通道

默认状态下，"通道"面板中的颜色通道显示为灰色，如图 2-11-12 所示。但它们也能够以彩色的方式显示。执行"编辑"→"首选项"→"界面"命令，打开"首选项"对话框，勾选"用彩色显示通道"选项，如图 2-11-13 所示，关闭对话框后，所有的颜色通道部以原色显示，如图 2-11-14 所示。

图 2-11-12　显示为灰色

图 2-11-13   所有的颜色通道部分以原色显示   图 2-11-14   勾选"用彩色显示通道"选项

11.3.8   同时显示 Alpha 通道和图像

单击 Alpha 通道后,图像窗口会显示该通道的灰度图像。如果想要同时查看图像和通道内容,可以在显示 Alpha 通道后,单击复合通道前的眼睛图标,Photoshop 会显示图像并以一种颜色替代 Alpha 通道的灰度图像,就类似于在快速蒙版模式下的选区一样。

11.3.9   重命名与删除通道

1. 重命名通道

双击"通道"面板中一个通道的名称,在显示的文本输入框中可为其输入新的名称。但复合通道和颜色通道不能重命名。

2. 删除通道

在"通道"面板中选择需要删除的通道,单击"删除当前通道" 🗑 按钮,可将其删除,也可以直接将通道拖动到该按钮上进行删除。复合通道不能被复制,也不能删除。颜色通道可被复制和删除,但如果删除了某个颜色通道,图像的模式将自动转换为多通道模式。

11.3.10   分离通道

执行"通道"面板菜单中的"分离通道"命令,可以将通道分离成为单独的灰度图像文件,其标题栏中的文件名为原文件的名称加上该通道名称的缩写,而原文件则被关闭。当需要在不能保留通道的文件格式中保留单个通道信息时,分离通道非常有用。图 2-11-14 所示为原图像及其通道,图 2-11-15 所示为执行"分离通道"命令后得到的图像。"分离"通道命令只能用来分离拼合后的图像,分层的图像不能进行分离通道的操作。

图 2-11-14   原图像及其通道

图 2-11-15　执行"分离通道"命令后得到的图像

11.3.11　合并通道

在 Photoshop 中,以将多个灰度图像合并为一个图像的通道。但要合并的图像必须是在灰度模式下,具有相同的像素尺寸并且处于打开的状态。

打开两个灰度图像以上,如图 2-11-16 所示。执行"通道"面板菜单中的"合并通道"命令,如图 2-11-17 所示,打开"合并通道"对话框,在"模式"下拉列表中选择一种模式,包括"RGB 颜色"、"CMYK 颜色"、"Lab 颜色"和"多通道"。单击"确定"按钮,弹出"合并 RGB 通道"对话框,将"指定通道"内选择相应的图像,再点击"确定"按钮即可合并,如图 2-11-18 和图 2-11-19 所示。"CMYK 颜色"模式只有打开四个以上图像文件时可以用。

图 2-11-16　打开两个灰度图像以上

图 2-11-17　"合并通道"对话框　　　　　　图 2-11-18　"合并 RGB 通道"对话框

图 2-11-19　选择相应的图像

11.3.12 图层/通道图像拷贝、粘贴

Photoshop 中图层中的图像拷贝、粘贴到通道中，或者通道中的图像拷贝、粘贴到图层中与图层之间的图像互相之间拷贝、粘贴一样。

第四节 通道与抠图

在 Photoshop 中，要想处理图像，首先应准确地选择对象。Photoshop 提供了大量用于选择图像的工具和命令，包括套索、钢笔工具等基于对象形状的选择工具，魔棒工具、快速魔棒工具、"色彩范围"和"抽出"命令等基于色彩与色调的选择工具，以及快速蒙版和一系列编辑选区的命令。这些工具和命令可以选择像汽车，电器，建筑、家具等简单且轮廓清晰的对象，而对于像毛发、烟雾、玻璃杯、高速行驶的汽车等复杂、模糊和透明的对象，以上工具就很难胜任了。在选取些复杂的对象时，往往需要使用通道来制作选区。

通道除了用于保存选区外，还是编辑选区的重要场所。可以使用各种绘画工具、选择工具和滤镜来编辑通道，从而得到精确的选区。通道是最为强大的选择工具，只有掌握了通道，才能真正地掌握选择技法的精髓。

第五节 通道与色彩调整

在"通道"面板中，颜色通道记录了图像的颜色信息，如果对颜色通道进行调整，将影响图像的颜色。在一个 RGB 模式图像文件中，较亮的通道表示图像中包含大量的该颜色，而较暗的通道则说明图像中缺少该颜色。如果要在图像中增加某种颜色，可将相应的通道调亮，想要减少该种颜色，则可将相应的通道调暗。CMYK 模式与 RGB 模式正好相反，在 CMYK 模式的图像中，较亮的通道表示图像中缺少该颜色，而较暗的通道则说明图像中包含大量的该颜色，因此，如果要增加某种颜色，需要将相应的通道调暗，而要减少该种颜色，则应将相应的通道调亮。

第六节 "应用图像"命令

"应用图像"命令可以将一个图像的图层和通道（源）与当前图像（目标）的图层和通道混合。该命令与混合模式的关系密切，常用来创建特殊的图像合成效果，或者用来制作选区。

11.6.1 "应用图像"命令对话框

开一个图像文件，执行"图像"→"应用图像"命令，可以打开"应用图像"对话框，如图 2-11-20 所示。

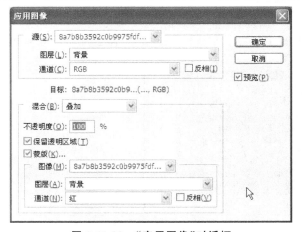

图 2-11-20 "应用图像"对话框

"应用图像"命令对话框共分为"源"、"目标"和"混合"三个部分。"源"是指参与混合的对象,"目标"是指被混合的对象(执行该命令前选择的图层或通道),而"混合"是用来控制"源"对象与"目标"对象如何混合。

11.6.2 设置参与混合的对象

在"应用图像"命令对话框中的"源"选项区域中可以设置参与混合的源文件,如图 2-11-21 所示。源文件可以是图层,也可以是通道。

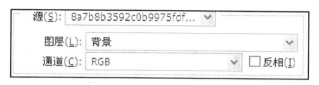

图 2-11-21 设置参与混合的对象

(1)源:默认设置为当前的文件。在选项的下拉列表中也可以选择使用其他文件来与当前图像混合,选择的文件必须是打开的,并且与当前文件具有相同尺寸和分辨率的图像。

(2)图层:如果源文件为分层的文件,可在该选项下拉列表中选择源图像文件的一个图层来参与混合。要使用源图像中的所有图层,可勾选"合并图层"选项。

(3)通道:用来设置源文件中参与混合的通道。勾选"反相",可将通道反相后再进行混合。

11.6.3 设置被混合的对象

"应用图像"命令的特别之处是必须在执行该命令前选择被混合的目标文件。该混合的目标文件可以是图层,也可以是通道。但无论是那一种,都必须在执行该命令前首先将其选择。

11.6.4 设置混合模式

"混合"选项下拉列表中包含了可供选择的混合模式。通过设置混合模式才能混合通道或者图层。

"应用图像"命令还包含"图层"面板中没有的两个附加混合模式,即"相加"和"减去"。"相加"模式可以增加两个通道中的像素值,这是在两个通道中组合非重叠图像的好方法,"减去"模式可以从目标通道中相应像素上减去源通道中的像素值。

11.6.5 控制混合强度

如果要控制通道或图层混合效果的强度,可以调整"不透明度"值。该值越高,混合的强度越大,如图 2-11-22 所示。

图 2-11-22 控制混合强度

11.6.6　设置混合范围

"应用图像"命令有两种控制混合范围的方法,一是勾选"保留透明区域"选项,将混合效果限定在图层的不透明区域的范围内。

第二种方法是勾选"蒙版"选项,显示出扩展的面板。然后选择包含蒙版的图像和图层。对于"通道",可以选择任何颜色通道或 Alpha 通道以用作蒙版,也可使用基于现用选区或选中图层(透明区域)边界的蒙版。选择"反相"反转通道的蒙版区域和未蒙版区域,如图 2-11-22 所示。

第七节　"计算"命令

"计算"命令的工作原理与"应用图像"命令相同,它可以混合两个来自一个或多个源图像的单个通道。通过该命令可以创建新的通道和选区,也可创建新的黑白图像。

打开一个图形文件,执行"图像"→"计算"命令,可以打开"计算"命令对话框,如图 2-11-23 所示。

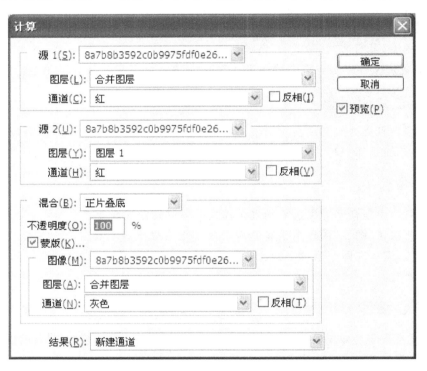

图 2-11-23　"计算"对话框

(1) 源 1:用来选择第一个源图像、图层或通道。

(2) 源 2:用来选择与"源 1"混合的第二个源图像、图层或通道。该文件必须是打开的,并且与"源 1"的图像具有相同尺寸和分辨率的图像。

(3) 结果:在该选项下拉列表中,可以选择计算的结果。选择"通道",计算结果将应用到新的通道中,参与混合的两个通道不会受到任何影响;选择"文档",可得到一个黑白图像;选择"选区",可得到一个新的选区。

"计算"命令对话框中的"图层"、"通道"、"混合"、"不透明度"和"蒙版"等选项与"应用图像"命令对话框中相应选项的作用相同。

第十二章

蒙　版 ◀◀◀

■本章内容■

　　学习矢量蒙版的创建与编辑方法,了解如何将矢量蒙版转换为图层蒙版,学习剪贴蒙版的创建方法,了解如何设置剪贴蒙版的不透明度和混合模式,了解图层蒙版的原理,学习图层蒙版的创建与编辑方法。

第一节　矢量蒙版

　　矢量蒙版是由钢笔或形状工具创建的、与分辨率无关的蒙版。它通过路径和矢量形状来控制图像的显示区域,常用来创建 Logo、按钮、面板或其他的 Web 设计元素。

12.1.1　创建矢量蒙版

　　打开一个图像文件,选择一种形状工具,在工具选项栏中按下"路径"按钮，然后用鼠标在画面中拖动绘制形状,如图 2-12-1 所示。

　　执行"图层"→"矢量蒙版"→"当前路径"命令,或者按下 Ctrl 键单击"添加图层蒙版"按钮，基于当前路径创建矢量蒙版,路径区域外的图像被蒙版遮罩,如图 2-12-2 所示。

图 2-12-1　绘制形状

图 2-12-2　图像被蒙版遮罩

　　执行"图层"→"矢量蒙版"→"显示全部"命令,可以创建显示全部图像的矢量蒙版;执行"图层"→"矢量蒙版"→"隐藏全部"命令,可以创建隐藏全部图像的矢量蒙版。

12.1.2　向矢量蒙版添加形状

　　在向矢量蒙版中添加形状之前,确保矢量蒙版为当前选择状态,矢量蒙版缩览图周围会显示一个白色的框,如图 2-12-3 所示,此时画面中会显示矢量图形。如图 2-12-2 所示。

　　选择一种形状工具,在工具选项栏中按下"路径"按钮，同时再按下"添加到路径区域"按钮，然后在画面中绘制该形状,形状会添加到矢量蒙版中,新的形状区域也会显示当前图层中的图像,如图 2-12-4 所示。

图 2-12-3　显示一个白色的框

图 2-12-4　显示当前图层中的图像

12.1.3　为矢量蒙版添加样式

在"图层"面板中选择添加了矢量蒙版的图层,如图 2-12-2 所示。单击"图层"面板中的"添加图层样式"按钮 *fx.*,在打开的下拉列表中选择一种样式命令,如"斜面和浮雕",打开"图层样式"对话框,设置样式的参数,单击"确定"按钮,就可以为矢量蒙版添加样式,如图 2-12-5 所示。

图 2-12-5　矢量蒙版添加样式

12.1.4　编辑矢量蒙版中的图形

创建了矢量蒙版后,可以使用路径编辑工具对路径进行编辑和修改,从而改变蒙版的遮罩区域。选择矢量蒙版,画面中会显示矢量图形,如图 2-12-6 所示。

图 2-12-6　显示矢量图形

选择"路径选择工具" ▶,按住 Shift 键单击画面中的矢量图形,将它选择。按下 Delete 键,可删除这些选择的图形,拖动鼠标可将其移动。按下 Ctrl 键单击控制点进行形状修改,蒙版的遮罩区域也随之变化。

12.1.5 变换矢量蒙版

矢量蒙版是基于矢量对象的蒙版,它与分辨率无关,因此,在进行变换和变形操作时不会产生锯齿。单击"图层"面板中的矢量蒙版缩览图,选择矢量蒙版,执行"编辑"→"变换路径"下拉菜单中的命令,可以对矢量蒙版进行各种变换操作,例如,移动、缩放、旋转、透视等,如图 2-12-7 所示。

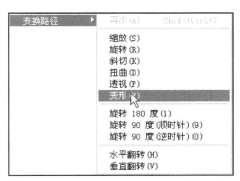

图 2-12-7 变换路径

创建矢量蒙版后,矢量蒙版缩览图和图像缩览图中间有一个链接标志,它表示蒙版与图像处于链接状态,此时进行变换操作,蒙版与图像一同变换,执行"图层"→"矢量蒙版"→"取消链接"命令,或者单击该标志,可取消链接,此时可以单独选择变换图像或变换蒙版。

12.1.6 将矢量蒙版转换为图层蒙版

选择矢量蒙版所在的图层,执行"图层"→"栅格化"→"矢量蒙版"命令,可栅格化矢量蒙版,并将其转换为图层蒙版。

12.1.7 启用与禁用矢量蒙版

创建矢量蒙版后,按住 Shift 键单击蒙版缩览图可暂时停用蒙版,蒙版缩览图上会显示出一个红色的"×",图像也会恢复到应用蒙版前的状态。按住 Shift 键再次单击蒙版缩览图可重新启用蒙版,恢复蒙版对图像的遮罩。

12.1.8 删除矢量蒙版

选择矢量蒙版所在的图层,执行"图层"→"矢量蒙版"→"删除"命令,可删除矢量蒙版,直接将矢量蒙版缩览图拖至"图层"面板中的"删除图层"按钮 🗑 上,也可将其删除。

第二节 剪 贴 蒙 版

剪贴蒙版是一种非常灵活的蒙版,它可以使用下面图层中图像的形状来限制上层图像的显示范围,因此,可以通过一个图层来控制多个图层的显示区域。剪贴蒙版的创建和修改方法都非常简单,下面介绍剪贴蒙版的功能。

12.2.1 创建剪贴蒙版

打开一个图像文件,在"图层"面板上双击该图层,将其转化成普通图层 0,然后新建图层 1。选择一种图形工具,在工具选项栏上点击"填充像素"按钮 □,在图层 1 上绘制图形。把图层 0 和图层 1 上下调换位置,选择图层 0,执行"图层"→"创建剪贴蒙版"命令,或者按下"Ctrl＋Alt＋G"组合键,将该图层与下面图层创建了剪贴蒙版,如图 2-12-8 所示。

图 2-12-8　剪贴蒙版

12.2.2　了解剪贴蒙版中的图层

在剪贴蒙版中,最下面的图层为基底图层(即向下箭头指向的那个图层),上面的图层为内容图层。基底图层名称带有下画线,内容图层的缩览图是缩进的,并显示出个剪贴蒙版标志箭头,如图 2-12-9 所示。移动基底图层,可以改变内容图层的显示区域。

图 2-12-9　标志箭头

12.2.3　将图层加入或移出剪贴蒙版

剪贴蒙版可以应用于多个图层,但这些图层必须是连续的。将一个图层拖至剪贴蒙版的基底图层上,可其加入到剪贴蒙版中。将剪贴蒙版中的内容图层移出剪贴蒙版,则可以释放该图层。

12.2.4　释放剪贴蒙版

选择剪贴蒙版中的最底层的内容图层,执行"图层"→"释放剪贴蒙版"命令,或者按下"Alt＋Ctrl＋G"组合键可释放全部剪贴蒙版。选择剪贴蒙版中的其他任一个内容图层后,执行"图层"→"释放剪贴蒙版"命令可释放该内容图层。如果该图层上面还有其他内容图层,则这些图层也被同时释放。

将光标移至"图层"面板中分隔两个图层的线上,按住 Alt 键,光标会显示为双圆交叠状,单击鼠标可创建剪贴蒙版,再次单击鼠标则可释放剪贴蒙版,如图 2-12-10 所示。

图 2-12-10　释放剪贴蒙版

12.2.5　设置剪贴蒙版的不透明度

剪贴蒙版使用基底图层的不透明度属性,因此,调整基底图层的不透明度时,可以控制整个剪贴蒙版的不透明度。调整剪贴蒙版的内容图层的不透明度时,仅对其自身产生作用,不会影响剪贴蒙版中的其他图层,如图 2-12-11 所示。

(a) 原图　　　　　　　(b) 透明基底图层　　　　　　(c) 透明图像内容图层

图 2-12-11　不透明度

12.2.6　设置剪贴蒙版的混合模式

剪贴蒙版使用基底图层的混合模式属性,调整基底图层的混合模式时,可以控制着整个剪贴蒙版的混合模式。如图 2-12-12 所示基底图层为"正常"模式的图像效果,图 2-12-13 所示基底图层为"差值"模式的图像效果。调整内容图层的混合模式,仅对其自身产生作用。

图 2-12-12　"正常"模式的图像效果　　　　　**图 2-12-13　"差值"模式的图像效果**

第三节　图层蒙版

图层蒙版是与分辨率相关的位图图像,它是图像合成中应用最为广泛的蒙版。下面介绍如何创建和编辑图层蒙版。

12.3.1　图层蒙版的原理与工作方式

图层蒙版是一张标准的 256 级色阶的灰度图像。在图层面板中,纯白色区域可以遮罩下面图层中的内容,显示当前图层中的图像;蒙版中的纯黑色区域可以遮罩当前图层中的图像,显示出下面图层中的内容;蒙版中的灰色区域会根据其灰度值使当前图层中的图像呈现出不同层次的透明效果,如图 2-12-14 所示。

如果要隐藏当前图层中的图像,可以使用黑色涂抹蒙版;如果要显示当前图层中的图像,可以使白色涂抹蒙版;如果要使当前图层中的图像呈现半透明状态,可以使用灰色涂抹蒙版。

12.3.2　创建图层蒙版

打开两个图像文件,分别转化成普通图层,合并为一个图像文件,分别为图层 1 和图层 2,如图 2-12-15

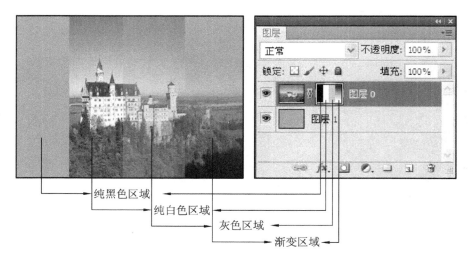

図 2-12-14　透明效果

所示。

　　选择图层 2，单击图层面板上的"添加图层蒙版"按钮 ▣，或者执行"图层"→"添加图层蒙版"→"显示全部"命令，为图层 2 添加图层蒙版，如图 2-12-16 所示。设置前景色为黑色时，用"画笔工具"在图像上涂抹，可以显示图层 1 内容；设置前景色为白色时，涂抹后可以恢复图层 2 的内容，如图 2-12-17 所示。

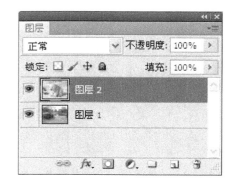

图 2-12-15　图层　　　　　　　　　　　　　図 2-12-16　添加图层蒙版

(a) 黑色涂抹　　　　　　　　　　　　(b) 白色恢复

図 2-12-17　恢复图层 2 的内容

　　执行"图层"→"添加图层蒙版"→"隐藏全部"命令，则图层 2 被蒙版遮罩，这时前景色设置为白色时，用"画笔工具"在图像上涂抹，可以恢复图层 2 的内容，前景色设置为黑色涂抹时，则图层 2 又被蒙版遮罩。

12.3.3 从选区中生成图层蒙版

打开图像文件,转化为普通图层。在该图层中创建选区,如图 2-12-18 所示。单击图层面板上的"添加图层蒙版"按钮,或者执行"图层"→"添加图层蒙版"→"显示选区"命令,可以为该图层添加图层蒙版,选区内显示图层内容,而选区以外则被蒙版遮罩,如图 2-12-19 所示。

执行"图层"→"添加图层蒙版"→"隐藏选区"命令,则选区内的图像内容被蒙版遮罩,如图 2-12-20 所示。

图 2-12-18 创建选区   图 2-12-19 被蒙版遮罩 1   图 2-12-20 被蒙版遮罩 2

12.3.4 从图像中生成图层蒙版

打开一个图像文件,将其转化为普通图层,添加图层蒙版,然后按住 Alt 键单击蒙版缩览图,在画面中显示蒙版图像,如图 2-12-21 所示。

再打开一图像文件,把图像拷贝、粘贴到蒙版图像上,则图像上显示蒙版叠加效果,如图 2-12-22 所示。按住 Alt 键单击蒙版缩览图,则显示图像效果,如图 2-12-23 所示。

图 2-12-21 显示蒙版图像

图 2-12-22 显示图像效果

图 2-12-23 显示蒙版叠加效果

图 2-12-24　恢复蒙版对图像的遮罩

12.3.5　复制与转移蒙版

按 Alt 键将一个图层的蒙版拖至另外的图层，放开鼠标可复制蒙版到目标图层。如果直接将一图层的蒙版拖至另一图层，可将该蒙版转移到目标图层，而原图层将不再有蒙版。

12.3.6　启用与停用蒙版

创建图层蒙版后，按住 Shift 键单击蒙版缩览图可暂时停用蒙版，此时蒙版缩览图上会出现一个红色的"×"，图像也会恢复到应用蒙版前的状态。按住 Shift 键再次单击蒙版缩览图可重新启用蒙版，恢复蒙版对图像的遮罩，如图 2-12-24 所示。

12.3.7　链接与取消链接蒙版

创建图层蒙版后，蒙版缩览图和图像缩览图中间有一个链接标志，它表示蒙板与图像处于链接状态，此时进行变换操作时，蒙版与图像同时变换。执行"图层"→"图层蒙版"→"取消链接"命令，或者单击该标志，可以取消链接，此时可以单独变换图像，也可以单独变换蒙版。

12.3.8　应用与删除蒙版

如果想要将蒙版应用到图像，可选择图层蒙版，单击"图层"面板中的"删除图层"按钮 🗑，弹出一个提示对话框，如图 2-12-25 所示，单击"应用"按钮，即可将其应用到图像。它会使得原先被蒙版遮罩的区域成为透明区域，如图 2-12-26 所示。如果单击"删除"按钮，则仅删除蒙版，而不会清除任何像素，图像也将恢复到添加蒙版前的状态。

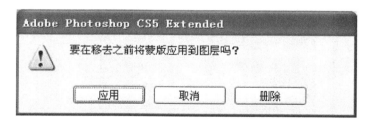

图 2-12-25　提示对话框

图 2-12-26　透明区域

选择图层蒙版所在的图层，执行"图层"→"图层蒙版"→"应用"命令，也可以将蒙版应用到图像；执行"图层"→"图层蒙版"→"删除"命令，可以删除图层蒙版。

第十三章

动作与自动化 <<<

本章内容

掌握创建动作和播放动作,了解如何在动作中插入项目,了解如何编辑和修改动作,了解批处理,学习制作 PDF 演示文稿、联系表和图片包,学习制作 Web 照片画廊,学习拼合全景图。

第一节 动 作

动作就是处理单个文件或一批文件的一系列命令。在 Photoshop 中,可以将图像的处理过程记录下来,然后保存为一个动作,以后对其他图像进行相同的处理时,执行该动作便可以自动完成操作任务。下面介绍如何创建和使用动作。

13.1.1 动作面板

Photoshop 中所有关于动作的命令和控制选项都在"动作"面板中。通过"动作"面板可完成动作的创建、播放、修改和删除等操作。执行"窗口"→"动作"命令,可以打开"动作"面板,如图 2-13-1 所示。单击面板右上角的菜单展开按钮 ▼☰,可以打开面板菜单。

图 2-13-1 "动作"面板

(1) 切换项目开/关 ✔:如果动作组、动作和命令前显示有该标志,表示这个动作组、动作和命令可以执行,如果动作组或动作前没有该标志,表示该动作组或动作不能被执行;如果某一命令前没有该标志,则表示该命令不能被执行。

(2) 切换对话开/关 ▢:如果命令前显示该标志,表示动作执行到该命令时会暂停,并打开相应命令的对话框,此时可修改命令的参数,单击"确定"按钮可继续执行后面的动作;如果动作组和动作前出现该标志,并显示为红色,则表示该动作中有部分命令设置了暂停。

(3) 动作组 ▢:动作组是一系列动作的集合。

(4) 动作:动作是一系列命令的集合。

(5) 命令:录制的操作命令。单击命令前的三角按钮 ▷ 可以展开命令列表,显示该命令的具体参数。

(6) 停止播放记录 ▪:用来停止播放动作和停止记录动作。

(7) 开始记录 ●:单击该按钮,可录制动作。处于录制状态时,该按钮显示为红色。

(8) 播放选定的动作 ▶:选择一个动作后,单击该按钮可播放该动作。

(9) 创建新组 ▢:可创建一个新的动作组,以保存新建的动作。

(10) 创建新动作 ▣:单击该按钮,可创建一个新的动作。

(11) 删除 🗑:选择动作组、动作和命令后,单击该按钮,可将其删除。

"动作"面板中的动作还有另外一种显示方式,即按钮模式。选择面板菜单中的"按钮模式"命令,所有的动作将显示为按钮状。在按钮模式下,单击某一动作便可以执行该动作。取消"按钮模式"命令的勾选,动作可恢复为原来的显示方式。

13.1.2 创建动作

打开一个图像文件,然后打开"动作"面板。单击"创建新组"按钮 ,打开"新建组"对话框,如图 2-13-2 所示。单击"确定"按钮,新建一个动作组,如图 2-13-3 所示。

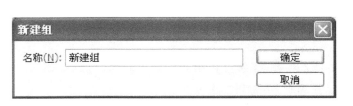

图 2-13-2 "新建组"对话框   图 2-13-3 新建一个动作组

单击"创建新动作"按钮 ,打开"新建动作"对话框。在"名称"选项内设置动作的名称,在"颜色"下拉列表中选择一种颜色,如图 2-13-4 所示。单击"记录"按钮,新建一个动作,此时面板中的开始记录按钮显示为红色。

图 2-13-4 "新建动作"对话框

在"图层"面板中对需要动作记录的图层进行编辑,编辑完成后,单击"动作"面板中的"停止播放/记录"按钮 ,完成动作的录制。这时,按钮模式下新建的动作显示的颜色,便是在"新建动作"对话框中设置的颜色。为动作设置颜色只是便于区分动作,并没有其他的用途。

在 Photoshop 中,使用选框、移动、多边形、套索、魔棒、裁剪、切片、魔术橡皮擦、渐变、油漆桶、文字、形状、注释、吸管和颜色取样器等工具进行的操作均可录制为动作。另外,在"色板"、"颜色"、"图层"、"样式"、"路径"、"通道"、"历史记录"和"动作"面板中进行的操作也可以录制为动作。对于有些不能被记录的操作,例如使用绘画工具进行的操作,可以通过插入停止命令,使动作在执行到某步时暂停,然后便可以对文件进行修改,修改后可继续播放后续的动作。关于在动作中插入停止及插入其他内容的操作,在后面详细讲解。

13.1.3 播放动作

动作创建以后,在"动作"面板中单击"播放选定"动作按钮 ,播放该动作。除了可以使用自己录制的动作外,还可以使用 Photoshop 提供的预设动作。

在使用动作时,既可以播放动作中的所有命令,也可以单独播放某一个命令,或者从某一个命令向后播放动作。

(1)按照顺序播放全部动作:选择一个动作后,单击播放选定的动作按钮 ,可按照顺序播放该动作中的所有命令。

(2)从指定命令开始播放动作:在动作中选择一个命令后,单击播放选定的动作按钮 ,可以播放该命令及后面的命令,在它之前的命令不会被播放。

（3）播放单个命令：按住 Ctrl 键双击面板中的某一命令，可单独播放该命令。

（4）播放部分命令：当动作组、动作和命令前显示有切换项目开关 ✔ 时，表示可以播放该动作组、动作和命令。如果取消某些命令前的勾选，这些命令便不能够被播放；如果取消某一动作前的勾选，该动作中的所有命令都不能够被播放；如果取消某一动作组前的勾选，则该组中的所有动作和命令都不能够被播放。

（5）播放按钮模式的动作：如果将面板设置为"按钮模式"，则单击面板中的动作名称便可以播放该动作。

13.1.4　在动作中插入命令

打开任意一个图像文件。打开"动作"面板，单击任意动作中的一个命令，将该命令选择，这样，可在该命令后面添加新的命令。

单击"开始记录"按钮 ●，录制动作。然后对图像进行处理，处理以后，单击"停止播放／记录"按钮 ■，前面进行的图像处理操作便插入到前面选择的命令的后面。

13.1.5　在动作中插入菜单项目

插入菜单项目是指在动作中插入菜单中的命令，这样的话就可以将许多不能录制的命令操作过程插入到动作中。

打开任意一个图像文件。打开"动作"面板。选择一个动作中的一个命令，如图 2-13-5 所示。在该命令后面插入菜单项目。

执行面板菜单中的"插入菜单项目"命令，打开"插入菜单项目"对话框，如图 2-13-6 所示。然后执行菜单中某一命令。然后单击"插入菜单项目"对话框中的"确定"按钮关闭对话框，执行的命令便可以插入到动作中，如图 2-13-7 所示。

图 2-13-5　选择一个动作中的一个命令

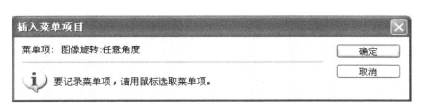

图 2-13-6　"插入菜单项目"对话框

图 2-13-7　插入到动作中

13.1.6　在动作中插入停止

插入停止是指让动作播放到某一步时自动停止，这样就可以手动执行无法录制为动作的任务，例如使用绘画工具进行的操作等。

打开任意一个图像文件，打开"动作"面板。选择一个动作中的一个命令，执行面板菜单中的"插入停止"命令，打开"记录停止"对话框。输入提示信息，然后勾选"允许继续"选项，如图 2-13-8 所示。单击"确定"按钮关闭对话框，便可以将"停止"插入动作中，如图 2-13-9 所示。

图 2-13-8　勾选"允许继续"选项

图 2-13-9　将"停止"插入动作中

重新选择刚才的动作,单击"播放选定"动作按钮播放动作。当播放完刚才选择的命令后,动作会停止在这一步骤,并弹出在"记录停止"对话框中输入的提示信息,如图 2-13-10 所示。单击"停止"按钮可停止播放动作,此时可使用绘画工具等对图像进行编辑,编辑完成后,单击面板中的"播放选定"的动作按钮可继续播放后续命令。如果单击"继续"按钮,则可继续播放后面的动作。

图 2-13-10 "信息"对话框

13.1.7 在动作中插入路径

插入路径指的是将路径作为动作的一部分包含在动作内。插入的路径可以是用钢笔和形状工具创建的路径,或者从其他地方粘贴的路径。

打开一个文件,选择路径或形状工具,在工具选项栏中按下"路径"按钮,在画面中创建矢量图形,如图 2-13-11所示。

打开"动作"面板。选择一种动作中的某个命令,如图 2-13-12 所示。执行面板菜单中的"插入路径"命令,在该命令后插入路径,如图 2-13-13 所示。

图 2-13-11 创建矢量图形　　　图 2-13-12 选择命令　　　图 2-13-13 插入路径

插入路径后,在播放动作时,工作路径将被设置为所记录的路径。

如果要在一个动作中记录多个"插入路径"命令,需要在记录每个"插入路径"命令之后,都执行"路径"面板菜单中的"存储路径"命令。否则,每记录的一个路径都会替换掉前一个路径。另外,播放插入复杂路径的动作可能需要大量的内存,如果出现问题,应增加 Photoshop 的可用内存量。

13.1.8 重排、复制与删除动作

1. 重排动作与命令

在"动作"面板中,将动作或命令拖移至同一动作或另一动作中的新位置,当突出显示行出现在所需的位置时,放开鼠标可重新排列动作和命令。

2. 复制动作与命令

将动作或命令拖至"动作"面板中的"创建新动作"按钮上,可将其复制。按住 Alt 键移动动作和命令也可以进行复制。

3. 删除动作与命令

将动作或命令拖至"动作"面板中的"删除"按钮上,可将其删除。如果要删除面板中的所有动作,可执行

面板菜单中的"清除全部动作"命令。

13.1.9　修改动作的名称

在"动作"面板中双击动作组或动作的名称,可以显示文本输入框,在输入框中可以修改它们的名称。

13.1.10　修改命令的参数

双击"动作"面板中的一个命令,可以打开该命令的选项设置对话框,在对话框中可以修改命令的参数。

13.1.11　指定回放速度

执行"动作"面板菜单中的"回放选项"命令,可以打开"回放选项"对话框,如图 2-13-14 所示。在该对话框中可以设置动作的回放速度,或将其暂停,以便对动作进行调试。

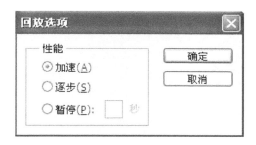

图 2-13-14　"回放选项"对话框

（1）加速:以正常的速度播放动作,播放速度较快。
（2）逐步:在播放动作时,显示每个命令产生的效果,然后再进入下一个命令,播放速度较慢。
（3）暂停:勾选该项后,可以在它右侧的数值栏中设置执行每一个命令之间的间隔时间。

13.1.12　载入外部动作

执行"动作"面板菜单中的"载入动作"命令,可以打开"载入"对话框,在该对话框中可以指定一个外部的动作组,将其载入到"动作"面板中。

第二节　批　处　理

"批处理"命令可以将指定的动作应用于所有的目标文件。通过批处理完成大量相同的、重复性的操作,可以节省时间,提高工作效率,并实现图像处理的自动化。

13.2.1　了解批处理

在进行批处理前,首先应该在"动作"面板中录制好动作,然后执行"文件"→"自动"→"批处理"命令,打开"批处理"对话框,如图 2-13-15 和图 2-13-16 所示。在对话框中选择执行的动作组和动作,指定需要进行批处理的文件所在的文件夹,以及处理后文件的保存位置,接下来便可以进行批处理操作了。如果批处理的文件较为分散,则最好在处理前将它们保存在一个文件夹中。

1. 播放选项
在"播放"选项区域可以设置进行批处理时播放的动作组和动作。
■组:可以选择要播放的动作组。
■动作:可以选择要播放的动作。

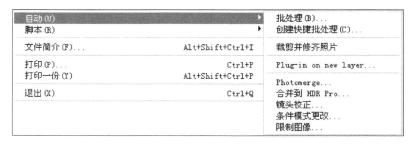

图 2-13-15 "自动"对话框

图 2-13-16 "批处理"对话框

2. 源选项

在"源"选项区域可以指定要处理的文件。

■源:在该选项下拉列表中可以指定要处理的文件。如果选择"文件夹",则可以单击下面的"选择"按钮,在打开的对话框中选择一个文件夹;选择"导入",可处理来自数码相机、扫描仪或 PDF 文档的图像;选择"打开的文件",可处理所有打开的文件;选择"Bridge",可处理 Adobe Bridge 中选定的文件。

■覆盖动作中的打开命令:勾选该项后,在批处理时,Photoshop 会忽略动作中记录的"打开"命令。

■包含所有子文件夹:勾选该项后,批处理将应用到指定文件夹的子目录中的文件。

■禁止显示文件打开选项对话框:勾选该项后,在批处理时不会打开文件选项对话框。当对相机原始图像文件的动作进行批处理时,是很有用的。

■禁止颜色配置文件警告:勾选该项后,可关闭颜色方案信息的显示。

3. 目标选项

在"目标"选项区域可以设置文件的保存位置。

■目标：可以选择完成批处理后文件的保存位置。选择"无"，批处理后，文件不进行保存，仍保持打开状态，选择"存储并关闭"，可以将文件保存在当前文件夹中，并覆盖原文件。选择"文件夹"后，可以单击选项下面的"选择"按钮，在打开的对话框中可以指定用于保存文件的文件夹。

■覆盖动作中的存储为命令：如果动作中包含"存储为"命令，则勾选该项后，在批处理时，动作中的"存储为"命令将引用批处理的文件，而不是动作中指定的文件名和位置。

■文件命名：将"目的"选项设置为"文件夹"后，可以在该选项区域的 6 个选项中设置文件的命名规范，指定文件的兼容性，包括 Windows、Mac OS 和 Unix。

4. 出现错误时的处理方法

■错误：在该选项下拉列表中可以选择出现错误时的处理方法。如果选择"由于错误而停止"，出现错误时会出现提示信息，并暂时停止操作；选择"将错误记录到文件"，则出现错误时不会停止批处理，但 Photoshop 会记录操作中出现的错误信息，可单击下面的"存储为"按钮，将错误信息保存。

在进行批处理的过程中，按下 Esc 键可以中止批处理操作。

13.2.2 创建快捷批处理

快捷批处理是一个可以快速完成批处理操作的小应用程序。它简化了批处理操作的过程，只需将图像或文件夹拖至快捷批处理程序的箭头图标上，便可以实现批处理。动作是创建快捷批处理的基础，因此，在创建快捷批处理前，必须在"动作"面板中创建所需的动作。

执行"文件"→"自动"→"创建快捷批处理"命令，打开"创建快捷批处理"对话框，设置一将应用于批处理的动作，在"将快捷批处理存储于"选项内单击"选择"按钮，打开"存储"对话框，为即将创建的快捷批处理设置名称和保存位置。

单击"保存"按钮关闭对话框，返回到"创建快捷批处理"对话框中。此时"选取"按钮的右侧会显示快捷批处理程序的保存位置。单击"确定"按钮，可以将创建的快捷批处理程序保存在指定的位置。

在保存快捷批处理的"我的文档"中，可以看到个箭头状图标，该图标便是快捷批处理程序。在使用快捷批处理时，只需将图像或文件夹拖至该图标上，便可以实现批处理。即使没有运行 Photoshop，也可以完成批处理操作。

第三节 脚 本

Photoshop 通过脚奉支持外部自动化。在 Windows 中，可以使用支持 COM 自动化的脚本语言，这些语言不是跨平台的，但可以控制多个应用程序，例如 Adobe Photoshop、Adobe Illustrator 和 Microsoft Office。"文件"→"脚本"下拉菜单中包含各种脚本命令。

可以利用 JavaScript 支持编写能够住 Windows 上运行的 Photoshop 脚本。使用事件（如在 Photoshop 中打开、存储或导出文件）来触发 JavaScript 或 Photoshop 动作。Photoshop 提供了很多个默认事件，也可以使用任何可编写脚本的 Photoshop 事件来触发脚本或动作。

第四节 数据驱动图形

利用数据驱动图形，可以快速准确地生成图像的多个版本以用于印刷项目或 Web 项目。例如，以模板设计为基础，使用不同的文本和图像可以制作 100 种不同的 Web 横幅。

13.4.1　如何创建数据驱动图形

使用模板和数据组来创建图形大致要经过以下过程。

首先创建用作模板的基本图形,并将图像中需要更改的部分分离为一个个单独的图层。然后在图形中定义变量,通过变量指定在图像中更改的部分。接下来创建或导入数据组,用数据组替换模板中相应的图像部分。可以在模板中创建数据组,也可以从文本文件中导入,然后预览填充后的模板,查看最终图形的外观。最后再将图形与数据一起导出来生成图形(PSD 文件)。

13.4.2　定义变量

变量用来定义模板中的哪些元素将发生变化。在 Photoshop 中可以定义三种类型的变量:可视性变量、像素替换变量和文本替换变量。要定义变量,需要首先创建模板图像,然后执行"图像"→"变量"→"定义"命令。打开"变量"对话框,如图 2-13-17 所示。

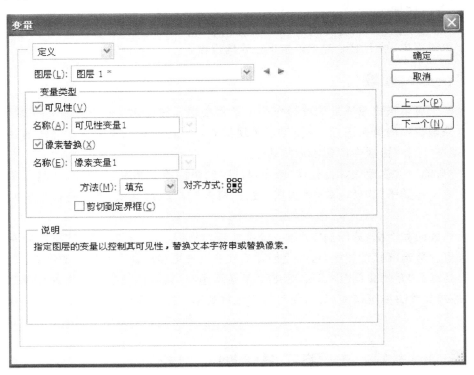

图 2-13-17　"变量"对话框

(1) 图层:可以选择一个包含要定义为变量的内容图层。选择图层后,图层的名称旁边会显示星号。

(2) 可视性:可视性变量用来显示或隐藏图层的内容。勾选该项后,可在下面的"名称"选项中设置变量的名称。

(3) 像素替换:像素替换变量可使用其他图像文件中的像素替换图层中的像素。勾选该项后,可在下面的"名称"选项中设置变量的名称。在"方法"选项中可选择缩放替换图像的方法。选择"限制"选项,可缩放图像以将其限制在定界框内(这可能会使定界框的一部分是空的);选择"填充"选项,可缩放图像以使其完全填充定界框(这可能会导致图像超出定界框的范围);选择"保持原样"选项,不会缩放图像;选择"一致"选项,将不成比例地缩放图像以将其限制在定界框内;如果勾选"剪切到定界框"可以剪切未在定界框内的图像区域。

(4) 文本替换:如果在"图层"选项中选择了文本图层,则对话框中会显示"文本替换"选项内容,如图 2-13-18 所示。勾选该项,可替换文本图层中的文本字符串。在该选项下面的"名称"选项中可以设置变量的名称。

图 2-13-18　文本替换

13.4.3　定义数据组

数据组是变量及其相关数据的集合。执行"图像"→"变量"→"数据组"命令,可以打开"变量"对话框,如图 2-13-19 所示。

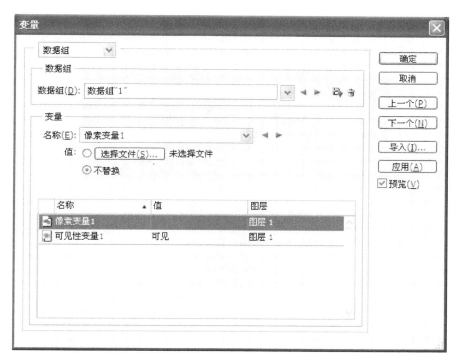

图 2-13-19　"变量"对话框

(1) 数据组:单击"创建数据组"按钮 可以创建数据组。如果创建了多个数据组,可单击左右 箭头按钮切换数据组。选择一个数据组后,单击"删除"按钮 可将其删除。

(2) 变量:在该选项内可以编辑变量数据。选择"可见"可以显示图层的内容,选择"不可见"可以隐藏图层的内容。

13.4.4　预览与应用数据组

创建模板图像和数据组后,执行"图像"→"应用数据组"命令,打开"应用数据组"对话框,在列表中选择数据组,勾选"预览"选项,可在文档窗口中预览图像。单击"应用"按钮,可以将数据组的内容应用于基本图像,同时将所有变量和数据组保持不变。这会将 PSD 文档的外观更改为包含数据组的值,还可以预览每个图形版本在使用各数据组时的外观。

13.4.5　导入与导出数据组

除了在 Photoshop 中创建的数据组外，如果在其他程序，例如文本编辑器或电子表格程序（如 Microsoft Excel）中创建了数据组，可执行"文件"→"导入"→"变量数据组"命令，将其导入 Photoshop。

在定义变量及一个或多个数据组后，可执行"文件"→"导出"→"数据组作为文件"命令，按批处理模式使用数据组值输出图像，将图像输出为 PSD 文件。

第五节　自动命令

"文件"→"自动"下拉菜单中包含一系列非常实用命令，通过这些命令可以快速裁剪修齐图片，组合多幅图片，合并图像等。

13.5.1　裁剪并修齐照片

如果一次扫描多个图像，可以执行"文件"→"自动"→"裁剪并修奇照片"命令将图像自动分成多个单独的文件。如图 2-13-20 所示为原图，如图 2-13-21 所示为分离后的图像。

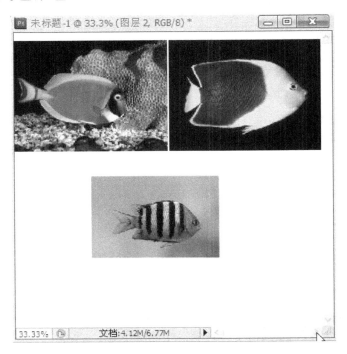

图 2-13-20　原图

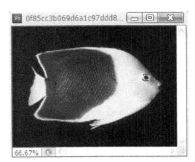

图 2-13-21　分离后的图像

13.5.2 Photomerge 命令

使用"Photomerge"命令可以将多幅照片组合成一个连续的图像。下面通过该命令将几张照片汇集成一个全景图。

打开几张照片,如图 2-13-22 所示。执行"文件"→"自动"→"Photomerge"命令,打开"Photomerge"对话框,如图 2-13-23 所示。

图 2-13-22　打开几张照片

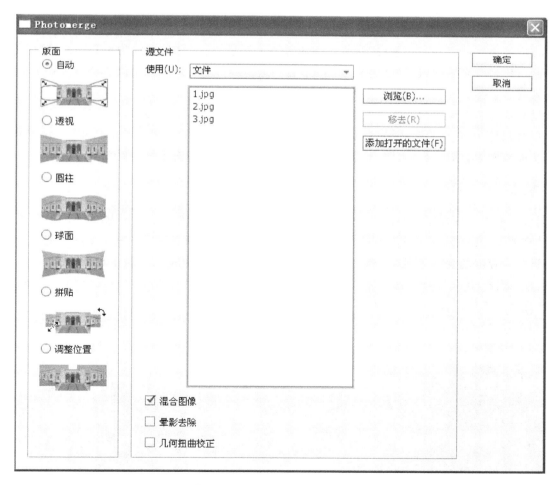

图 2-13-23　"Photomerge"对话框

（1）自动：Photoshop 将分析源图像并应用"透视"或"圆柱"版面（取决于哪一种版面能够生成更好的复合图像）。

（2）透视：通过将源图像中的一个图像（默认情况下为中间的图像）指定为参考图像来创建一致的复合图像。然后将变换其他图像（必要时，进行位置调整、伸展或斜切），以便匹配图层的重叠内容。

（3）圆柱：通过在展开的圆柱上显示各个图像来减少在"透视"版面中会出现的"领结"扭曲。最适合于创建宽全景图。

（4）球面：通过在展开的球面上显示各个图像来减少在"透视"版面中会出现的"领结"扭曲。

（5）拼贴：通过在展开的平面上显示各个图像的拼贴效果。

（6）仅调整位置：对齐图层并匹配重叠内容，但不会变换（伸展或斜切）任何源图层。

选择一种"版面"，单击"添加打开的文件"按钮，将窗口中打开的几张照片添加到列表中，如图 2-13-23 所示。单击"确定"按钮，Photoshop 会自动对齐并拼合图像，如图 2-13-24 所示。

图 2-13-24　自动对齐并拼合图像

另外，执行"编辑"→"自动对齐图层"命令可以根据不同图层中的相似内容（如角和边）自动对齐图层。可以指定一个图层作为参考图层，也可以让 Photoshop 自动选择参考图层。其他图层将与参考图层对齐，以便匹配的内容能够自行叠加。

当通过缝合或组合图像以创建复合图像时，源图像之间的曝光差异可能会导致在组合图像中出现接缝或不一致。使用"编辑"→"自动混合图层"命令可在最终图像中生成平滑过渡的外观。Photoshop 将根据需要对每个图层应用图层蒙版，以遮盖过度曝光或曝光不足的区域内容差异并创建无缝复合。

13.5.3　合并到 HDR

HDR 图像是通过合成多幅以不同曝光度拍摄的同一场景或同一人物的照片创建的高动态范围图片，主要用于影片、特殊效果、3D 作品及一些高端图片。高动态范围（HDR）图像呈现一个充满无限可能的世界，因为它们能够表示现现实世界的全部可视动态范围。由于可以在 HDR 图像中按比例表示和存储真实场景中的所有明亮度值，因此，调整 HDR 图像的曝光度的方式与在真实环境中拍摄场景时调整曝光度的方式类似。利用此功能，可以产生有真实感的模糊及其他真实光照效果。

打开一组照片如图 2-13-25 所示。执行"文件"→"自动"→"合并到 HDR"命令，打开"合并到 HDR Pro"对话框，如图 2-13-26 所示。

图 2-13-25　打开一组照片

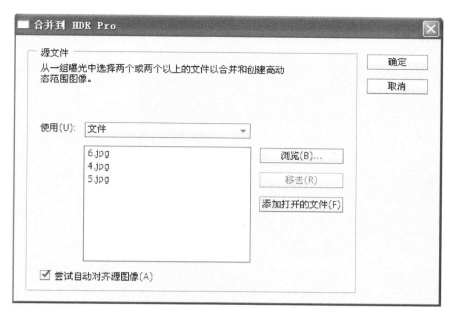

图 2-13-26　"合并到 HDR Pro"对话框

单击"确定"按钮,打开"手动设置曝光值"对话框,如图 2-13-27 所示。然后对每个图像进行曝光设置,单击"确定"按钮,回到"合并到 HDR Pro(100%)"对话框,如图 2-13-28 所示。在"合并到 HDR"对话框中按要求设置,单击"确定"后,就可以得到想要的合并效果,如图 2-13-29 所示。

图 2-13-27　"手动设置曝光值"对话框

(1) 源图像:显示了合并结果中使用的源图像,源图像前的选项处于勾选状态时,表示合并结果使用了该图像;取消勾选则不会使用该图像。

(2) 预设:用来设置合并后图像的效果,其中包括"平滑"、"单色艺术效果"、"单色高对比度"、"逼真照片高对比度"等。单击"预设选项"按钮 ,可以"储存预设"、"载入预设"和"删除当前预设"命令的设置。

(3) 移去重影:勾选该项可以去除合并时出现的重影现象。

(4) 模式:用来设置合并图像颜色模式和图像调整。其中颜色模式包括"32 位"、"16 位"和"8 位";图像调整包括"局部适应"、"色调均化直方图"、"曝光度和灰度系数"和"高光压缩"等。

■边缘光:用来设置合并图像边缘光的半径和强度。

■色调和细节:用来设置合并图像的色调及细节参数。

■颜色:用来设置合并图像的自然饱和度和饱和度。

■曲线:用曲线调整来设置合并图像的色彩,同"图像/调整/曲线"命令。

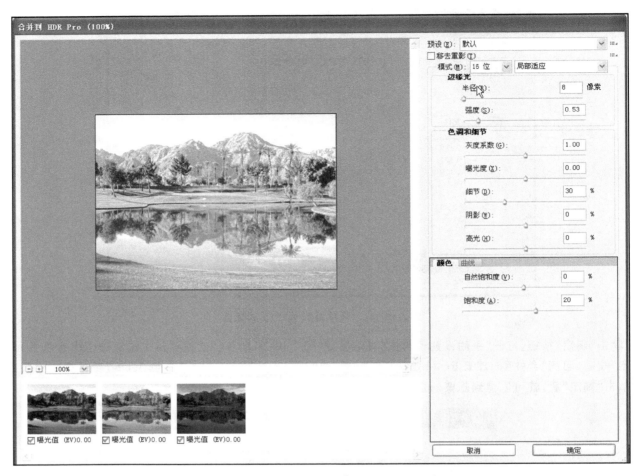

图 2-13-28 "合并到 HDR Pro(100%)"对话框

图 2-13-29 合并效果

13.5.4 条件模式更改

在记录动作时,可以使用"条件模式更改"命令为源模式指定一个或多个模式,并为目标模式指定一个模式。"条件模式"更改命令可以为模式更改指定条件,以便在动作执行过程中进行转换。当模式更改属于某个动作时,如果打开的文件未处于该动作所指定的源模式下,则会出现错误。例如,假定在某个动作中,有一个步骤是将源模式为 RGB 的图像转换为目标模式 CMYK。如果在灰度模式或包括 RGB 在内的任何其他源模式下向图像应用该动作,将会导致错误。

执行"文件"→"自动"→"条件模式更改"命令,可以打开"条件模式更改"对话框,如图 2-13-30 所示。

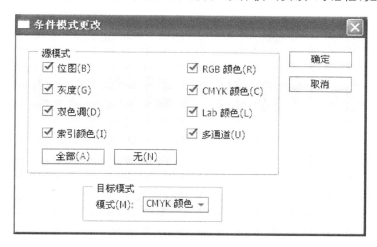

图 2-13-30 "条件模式更改"对话框

(1)源模式:用来选择源文件的颜色模式。只有与选择的颜色模式相同的文件才可以被更改。单击"全部"按钮,可选择所有可能的模式;单击"无"按钮,则不选择任何模武。

(2)目标模式:用来设置图像转换后的颜色模式。

13.5.5 限制图像

"限制图像"命令可以改变图像的像素数量,从而将图像限制为指定的宽度和高度,但不会改变图像分辨率。执行"文"→"自动"→"限制图像"命令可以打开"限制图像"对话框,如图 2-13-31 所示,在对话框中可以指定图像的"宽度"和"高度"的像素值。

图 2-13-31 "限制图像"对话框

第十四章

色彩管理与系统预设 《《《

■ 本章内容 ▮

了解配置文件的作用,了解如何进行校样设置,了解色域警告,了解首选项的设置内容。

第一节　颜色设置

在应用程序中,每个软件可能会有各自独立的色彩空间,这就会导致文件在不同的设备间交换时颜色会产生变化。通过"颜色设置"命令可以进行色彩管理,颜色设置会自动在应用程序间同步,这种同步确保了颜色在所有的 Adobe Creative Suite 应用程序中都有一致的表现。对于大多数色彩管理工作流程,最好使用 Adobe Systems 已经测试过的预设颜色设置。只有在色彩管理知识很丰富并且对自己所做的更改非常有信心的时候,才可以更改特定选项。

执行"编辑"→"颜色设置"命令,可以打开"颜色设置"对话框,如图 2-14-1 所示。

(1) 设置:在该选项的下拉列表中可以选择一个颜色设置。所选的设置确定了应用程序使用的颜色工作空

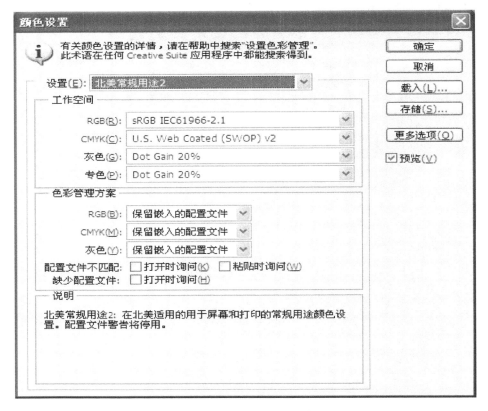

图 2-14-1　"颜色设置"对话框

间,用嵌入的配置文件打开和导入文件时的情况,以及色彩管理系统转换颜色的方式。要查看设置说明,可选择该设置,然后将光标放在设置名称上。对话框的"说明"选项内会显示该设置的有关说明信息。

(2)工作空间:用来为每个色彩模型指定工作空间配置文件(色彩配置文件定义颜色的数值如何对应其视觉外观)。工作空间可以用于没有色彩管理的文件,以及有色彩管理的新建文件。

(3)色彩管理方案:用来指定如何管理特定的颜色模型中的颜色。它处理颜色配置文件的读取和嵌入,嵌入颜色配置文件和工作区的不匹配,还处理从一个文件到另一个文档间的颜色移动。

(4)说明:当光标在对话框中的选项上移动时,"说明"区域便会显示该选项的相关说明信息。如果对话框顶部出现"未同步"提示信息,表示没有在系统中进行同步颜色设置。如果没有同步颜色设置,则在所有Creative Suite应用程序中的"颜色设置"对话框顶部都会出现该警告信息。

第二节 指定配置文件

配置文件用来描述输入设备的色彩空间和文档。精确、一致的色彩管理要求所有的颜色设备具有准确的符合 ICC 规范的配置文件。例如,如果没有准确的扫描仪配置文件,一个正确扫描的图像可能在另一个程序中显示不正确,这只是由于扫描仪和显示图像的程序之间存在差别。这种产生误导的表现可能使操作者对已经令人满意的图像进行不必要的、费时的、甚至是破坏性的"校正"。利用准确的配置文件,导入图像的程序能够校正任何设备差别并显示扫描的实际颜色。指定符合色彩管理要求的配置文件对于确保显示和输出的一致是非常重要的,要指定配置文件,可执行"编辑"→"指定配置文件"命令,打开"指定配置文件"对话框,如图 2-14-2所示。

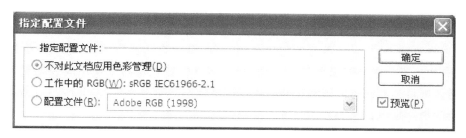

图 2-14-2 "指定配置文件"对话框

(1)不对此文档应用色彩管理:从文档中删除现存的配置文件。只有在确定不想对文档进行色彩管理时才选择此选项。从文档中删除了配置文件之后,颜色的外观将由应用程序工作空间的配置文件确定,我们不能再在文档中嵌入配置文件。

(2)工作中的 RGB:给文档指定工作空间配置文件。

(3)配置文件:在该选项的下拉列表中可以选择不同的配置文件。应用程序为文档指定了新的配置文件而不将颜色转换到配置文件空间。这可能大大改变颜色在显示器上的显示外观。

第三节 转换为配置文件

执行"编辑"→"转换为配置文件"命令,可以将文档中的颜色转换为其他配置文件,如图 2-14-3 所示。

(1)源空间:显示了当前文档的颜色配置文件。

(2)目标空间:可选择将文档的颜色转换到的颜色配置文件。文档将转换为新的配置文件并用此配置文件标记。

(3)引擎:可指定用于将一个色彩空间的色域映射到另一个色彩空间的色域的色彩管理模块。对大多数用户来说,默认的 Adobe(ACE)引擎即可满足所有的转换需求。

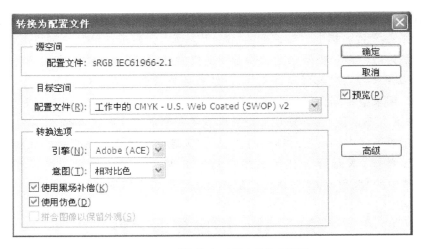

图 2-14-3 "转换为配置文件"对话框

（4）意图：用来指定色彩空间之间转换的渲染方法。渲染方法之间的差别只有当打印文档或转换到不同色彩空间时才表现出来。

（5）使用黑场补偿：确保图像中的阴影详细信息通过模拟输出设备的完整动态范围得以保留。

（6）使用仿色：控制在色彩空间之间转换 8 位/通道的图像时使用仿色。

（7）拼合图像以保留外观：控制在执行转换操作时拼合文档中的所有图层。

第四节　校样颜色和校样设置

在传统的出版工作流程中，在进行最后的打印输出之前，需要打印出文档的印刷校样，以预览该文档在特定输出设备上还原时的外观。在色彩管理工作流程中，可以直接在显示器上使用颜色配置文件的精度来对文档进行电子校样，通过屏幕预览便可以查看文档颜色在特定输出设备上还原时的外观，以便及时发现并修正问题，确保图像以正确的色彩输出。

选择"视图"菜单中的"校样颜色"命令可以打开电子校样显示，使用这项功能可以预览图像打印后或是在各种设备上的显示效果。执行"视图"→"校样设置"命令，可以在下拉菜单中选择一个与想要模拟的输出条件相对应的预设，如图 2-14-4 示。

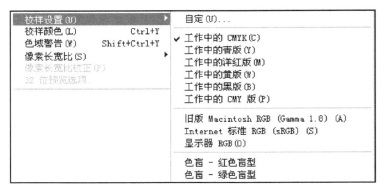

图 2-14-4 "校样设置"对话框

（1）自定：可为特定输出条件创建一个自定校样设置。

（2）工作中的 CMYK/青版/洋红版/黄版/黑版/CMY 版：使用当前 CMYK 工作空间创建特定 CMYK 油墨颜色的电子校样。

（3）旧版 Macintosh RGB：创建颜色的电子校样以模拟 Mac OS 10.5 和更低版本。

（4）Internet 标准 RGB：创建颜色的电子校样以模拟 Windows 以及 Mac OS 10.6 和更高版本。

（5）显示器 RGB：使用当前显示器色彩空间作为校样配置文件空间，为 RGB 文档中的颜色创建电子校样。

（6）色盲：创建电子校样，显示色盲可以看到的颜色。"红色盲"和"绿色盲"电子校样选项非常接近两种最常见色盲的颜色感觉。

第五节 色域警告

在出版系统中，没有哪种设备能够重现人眼可以看见的整个范围的颜色。每种设备都使用特定的色彩空间，此色彩空间可以生成一定范围的颜色，即色域。

显示器的色域要比打印机能够输出的颜色范围广，因此，并不是所有在显示器上显示的颜色都能够被打印出来的，那些不能被打印机输出的颜色被称为溢色。在将 RGB 图像转换为 CMYK 时，Photoshop 会自动将所有颜色置于色域中。如果想在转换为 CMYK 之前识别图像中的溢色，以便进行手动校正，可选择"视图"菜单中的"色域警告"命令，图像中的溢色便会显示为灰色，如图 2-14-5 为原图，如图 2-14-6 为勾选"色域警告"命令后的效果。

图 2-14-5 原图

图 2-14-6 勾选"色域警告"命令后的效果

第六节 像素长宽比校正

计算机显示器上的图像是由方形像素组成的，而视频编码设备则为非方形像素组成的，这就导致在两者之间交换图像时会由于像素的不一致而造成图像扭曲。

执行"视图"→"像素长宽比较正"命令可以按特定的长宽比显示图像，来帮助用户创建在视图中使用的图像。另外，通过这项功能还可以在显示器的屏幕上准确地查看 DV 和 DI 视频格式的文件，就像是在 Premiere 等视频软件中查看文件一样。

在打开文档的状态下，可以在"视图"→"像素长宽比"下拉菜单中选择与将用于 Photoshop 文件的视频格式兼容的像素长宽比，如图 2-14-7 所示。如图 2-14-8 所示为原图，如图 2-14-9 为"变形 2：1"命令后的校正效果。

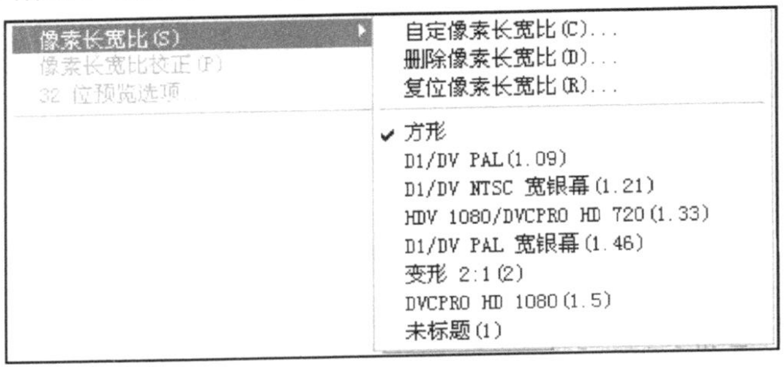

像素长宽比(S)　　　　　　　▶　　自定像素长宽比(C)...
像素长宽比较正(P)　　　　　　　　删除像素长宽比(D)...
32 位预览选项　　　　　　　　　　复位像素长宽比(R)...

　　　　　　　　　　　　　　　　✔ 方形
　　　　　　　　　　　　　　　　D1/DV PAL(1.09)
　　　　　　　　　　　　　　　　D1/DV NTSC 宽银幕(1.21)
　　　　　　　　　　　　　　　　HDV 1080/DVCPRO HD 720(1.33)
　　　　　　　　　　　　　　　　D1/DV PAL 宽银幕(1.46)
　　　　　　　　　　　　　　　　变形 2：1(2)
　　　　　　　　　　　　　　　　DVCPRO HD 1080(1.5)
　　　　　　　　　　　　　　　　未标题(1)

图 2-14-7 "像素长宽比"对话框

图 2-14-8　原图　　　　　　　　　　　图 2-14-9　校正效果

第七节　32 位预览选项

　　HDR 图像的动态范围超出了标准计算机显示器的显示范围,因此,在 Photoshop 中打开的 HDR 图像时,可能会非常暗或出现褪色现象。执行"视图"→"32 位预览选项"命令可以对 HDR 图像的预览进行调整,使显示器显示的 HDR 图像的高光和阴影不会出现以上问题。如图 2-14-10 所示为"32 位预览选项"对话框。

图 2-14-10　"32 位预览选项"对话框

　　有两种方式可以对 HDR 图像的预览进行调整。一是在"方法"选项下拉列表中选择"曝光度和灰度系数",然后拖动"曝光度"和"灰度系数"滑块来调整图像的亮度和对比度,另外一种方法是在"方法"选项下拉列表中选择"高光压缩",Photoshop 会自动压缩 HDR 图像中的高光值,使其位于 8 位/通道或 16 位/通道图像文件的亮度值范围内。如图 2-14-11 为原 HDR 格式图,如图 2-14-12 为"32 位预览选项"调整"曝光度和灰度系数"后的效果。

图 2-14-11　原 HDR 格式图　　　　　　图 2-14-12　调整后的效果

第八节　Adobe PDF 预设

　　Adobe PDF 预设是一个预定义的设置集合,这些设置旨在平衡文件大小和品质。使用它可以创建一致的 Photoshop PDF 文件,并且可以在 Adobe Creative Suite 组件,例如 InDesign,Illustrator. GoLive 和 Acrobat 之间共享。执行"编辑"→"Adobe PDF 预设"命令可以打开"新建 PDF 预设"对话框,如图 2-14-13 所示。在对话框中可以创建自定义的 Adobe PDF 预设文件。

图 2-14-13 "新建 PDF 预设"对话框

(1) 预设:显示了系统中的 Adobe PDF 预设文件。

(2) 预设说明:单击"预设"选项中的一个预设文件,可以在此处显示当前预设文件的相关说明。

(3) 预设设置小结:显示了当前预设文件的详细设置说明。

(4) 新建:单击该按钮,可以打开"编辑 PDF 预设"对话框。在对话框中设置选项后,单击"确定"按钮可以创建一个新的预设文件,该文件会显示在"Adobe PDF 预设"对话框的"预设"选项内。

(5) 编辑:新建了一个 Adobe PDF 预设文件后,在"预设"选项中选择该文件,然后单击"编辑"按钮,可以在打开的"编辑 PDF 预设"对话框中修改预设文件。

(6) 删除:选择创建的自定义 Adobe PDF 预设文件后,单击该按钮可将其删除。

(7) 载入:单击该按钮,可在打开的对话框中载入其他程序的 Adobe PDF 预设文件。

(8) 存储为:单击读按钮,可以在打开的对话框中将创建的自定义的 Adobe PDF 预设文件另存。

第九节　设置首选项

"编辑"→"首选项"下拉菜单中包含了常规显示选项、文件存储选项、性能选项、光标选项,透明度选项、文字选项及用于增效工具和暂存盘的选项设置命令。通过这些命令可以修改光标的显示方式,参考线与网格的颜色等,从而可以定制自己的工作环境。

14.9.1　常规

执行"编辑"→"首选项"→"常规"命令可以打开"首选项"时活框,并进入"常规"设置面板,如图 2-14-14 所示。

(1) 拾色器:可以选择使用 Adobe 的拾色器或是 Windows 的拾色器。Adobe 的拾色器可根据 4 种颜色模型从整个色谱和 PANTONE 等颜色匹配系统中选择颜色,如图 2-14-15 所示。而 Windows 的拾色器仅涉及基本的颜色,并且只允许根据两种色彩模型选择需要的颜色,如图 2-14-16 所示。如果使用的是 Windows 操作系统,则最好采用 Adobe 的拾色器。

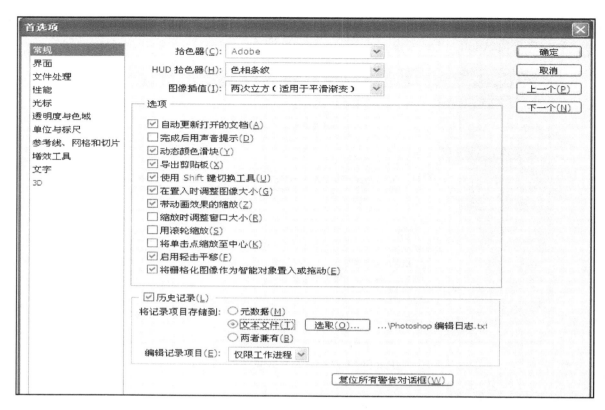

图 2-14-14 "首选项"对话框

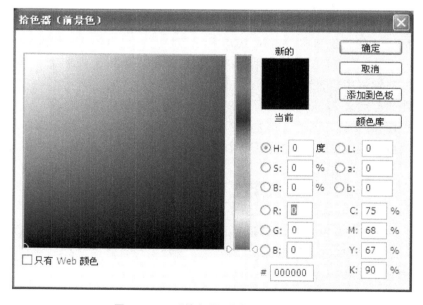

图 2-14-15 "拾色器(前景色)"对话框

（2）HUD 拾色器：HUD 拾色器可让您在文档窗口中绘画时快速选择颜色,其中的图像颜色便于获取相关信息。在"HUD 拾色器"菜单中,选择"色相条纹"可显示垂直拾色器,选择"色相轮"则显示圆形拾色器。

（3）图像差值：在改变图像的大小时,Photoshop 会遵循一定的图像插值方法来增加或删除像素。选择该选项下拉列表中的"邻近",将以一种低精度的方法生成像素,该方法速度最快,但容易产生锯齿;选择"两次线性",会以一种通过平均周围像素颜色值的方法来生成像素,该方法可生成中等品质的图像;如果选择"两次立方",则会以一种将周围像素值分析作为依据的方法生成像素,该方法速度较慢,但精度较高。

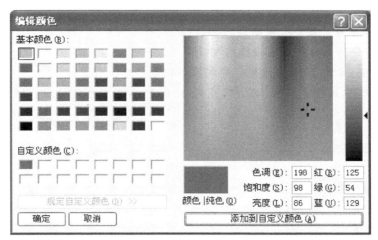

图 2-4-16　"编辑颜色"对话框

（4）选项：编辑不同的选项内容，包括"自动更新打开的文档"、"完成后用声音提示"、"将格式化图像作为智能对象置入或拖动"等 12 项。

（5）历史记录：可以指定将历史记录数据存储在何处，以及历史记录中所包含信息的详细程度。选择"元数据"，可将历史记录存储为嵌入在文件中的元数据；选择"文本文件"，可将历史记录存储为文本文件；选择"两者兼有"，可将历史记录存储为元数据，并存储在文本文件中。在"编辑记录项目"选项中可以指定历史记录中的信息的详细程度。

（6）复位所有警告对话框：在执行一些命令时，会弹出警告对话框，提示用户操作会产生怎样的结果，如果单击对话框中的"不再显示此警告"按钮，下一次执行该命令时便不会显示警告。想要重新显示这些警告，可单击"复位所有警告对话框"按钮。

单击"首选项"对话框中的"上一个"按钮，可以切换到上一个选项的设置面板，单击"下一个"按钮则可切换到下一个选项的设置面板。也可从对话框左侧的菜单中选择相应的首选项进行切换。

14.9.2　界面

执行"编辑"→"首选项"→"界面"命令，可以打开"首选项"对话框，并进入到"界面"设置面板，如图 2-14-14 所示。

（1）常规：用来设置屏幕模式及通道、菜单、工具的显示。

■屏幕模式：分别为"标准屏幕模式"、"全屏（带菜单）"、"全屏"的设置，其中"颜色"选项均为"灰色"、"黑色"、"自定"和"选择自定颜色"；"边界"选项均为"直线"、"投影"、"无"。

■用彩色显示通道：默认状态下，RGB、CMYK 或 Lab 图像的各个通道以灰度显示。勾选该项后，可以用相应的颜色显示各个颜色通道。

■显示菜单颜色：勾选该项后，可以在菜单中使用颜色突出显示某些命令。

■显示工具提示：勾选该项后，将光标移至工具上时，会显示当前工具的提示。

（2）面板和文档：用来设置面板和文档的显示方式。

（3）用户界面文本选项：用来设置界面语言及界面字体大小。

"界面"设置必须在重新启动 Photoshop 时才能有效。

14.9.3　文件处理

执行"编辑"→"首选项"→"文件处理"命令，可以打开"首选项"对话框，并进入到"文件处理"设置面板，如图 2-14-14 所示。

（1）图像预览：可设置存储图像时是否保存图像的缩览图。如果保存缩览图，则在执行"文件"→"打开"命令时，在对话框的底部会显示被选择的图像的缩览图。

（2）文件扩展名：可选择将文件扩展名设置为"大写"或"小写"。

（3）存储至原始文件夹：勾选该项，可使默认存储文件时至原始文件夹。

（4）Camera Raw 首选项：单击该按钮，可以打开 Camera Raw 首选项对话框，进行 Camera Raw 编辑。

（5）对支持的原始数据文件优先使用 Adobe Camera Raw：勾选该项，可对支持的原始数据文件优先使用 Adobe Camera Raw。

（6）忽略 EXIF 配置文件标记：勾选该项后，保存文件时，可忽略关于图像色彩空间的 EXIF 配置文件标记。

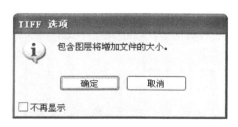

图 2-14-17　"TIFF 选项"对话框

（7）存储分层的 TIFF 文件之前进行询问：勾选该项后，在保存分层的文件时，如果将文件保存为 TIFF 格式会弹出询问对话框，如图 2-14-17 所示。

（8）最大兼容 PSD 和 PSB 文件：用来设置在存储 PSD /PSB 文件时，是否提高文件的兼容性。选择"总是"，可在文件中存储一个带图层图像的复合版本，其他应用程序便能够读取该文件；选择"询问"，在存储时会弹出询问对话框，询问是否最大限度地提高兼容性；选择"总不"，则不在最大程度提高兼容性的情况下存储文档。

（9）启用 Version Cue：勾选该项，可启用 Version Cue 工作组文件管理。

（10）近期文件列表包含：可设置"文件"→"最近打开文件"下拉菜单中能够显示的文件数量。

14.9.4　性能

执行"编辑"→"首选项"→"性能"命令，可以打开"首选项"对话框，并进入到"性能"设置面板，如图 2-14-14 所示。

（1）内存使用情况：显示了计算机内存的使用情况。可拖动滑块或在"让 Photoshop 使用"选项内输入数值，调整分配给 Photoshop 的内存量。修改后，需要重新运行 Photoshop 才能生效。

（2）暂存盘：如果系统没有足够的内存来执行某个操作，则 Photoshop 将使用一种专有的虚拟内存技术（暂存盘技术）。暂存盘是任何具有空闲内存的驱动器或驱动器分区。默认情况下，Photoshop 将安装了操作系统的硬盘驱动器用作主暂存盘。可在该选项中将暂存盘置于虚拟内存的驱动器以外的其他驱动器上，另外，包含暂存盘的驱动器应定期进行碎片整理。

（3）历史记录与高速缓存：用来设置"历史记录"面板中可以保留的历史记录的数量和高速缓存的级别。

（4）GPU 设置：用来设置"启用 OpenGL 绘图"功能及高级设置。

14.9.5　光标

执行"编辑"→"首选项"→"光标"命令，可以打开"首选项"对话框，并进入到"光标"设置面板，如图 2-14-14 所示。

（1）绘画光标：可设置使用绘画工具时，光标在画面中的显示状态。选择某一选项后，可在对话框中预览结果。如果勾选"在画笔笔尖显示十字线"，则光标中心会显示十字线。如图 2-14-18 所示为设置不同选项时光标的显示状态。

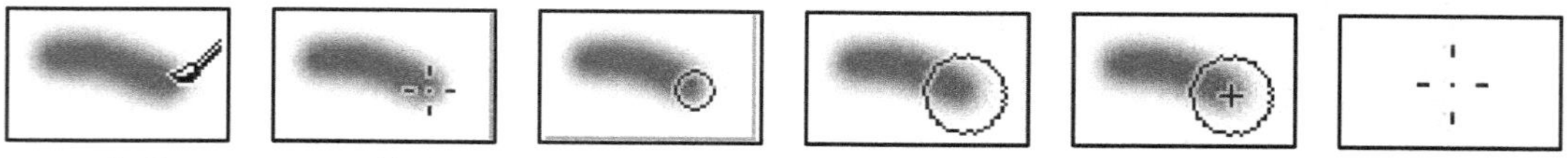

(a) 标准　　(b) 精确　　(c) 正常笔尖　　(d) 全尺寸笔尖　　(e) 笔尖十字线　　(f) 绘画十字线

图 2-14-18　显示状态

（2）其他光标：用来设置使用其他工具时，光标在画面中的显示状态。

（3）画笔预览：通过拾色器设置画笔预览色彩。

14.9.6　透明度与色域

执行"编辑"→"首选项"→"透明度与色域"命令，可以打开"首选项"对话框，并进入到"透明度与色域"设置面板，如图 2-14-14 所示。

（1）网格大小：当图像中的背景为透明区域时，将显示为棋盘格。通过该选项可设置代表透明背景的棋盘格的大小。

（2）网格颜色：可设置代表透明背景的棋盘格的颜色，可以在该选项下拉列表中选择系统预设的颜色，也可以单击选项下面的颜色块，在打开的对话框中设置颜色。

（3）色域警告：选择"视图"菜单中的"色域警告"命令后，图像中的溢色便会显示为灰色。如果不想用灰色代表溢色，可在该选项中设置其他的颜色。在"不透明度"选项中可以调整覆盖溢色区域的颜色的不透明度，降低不透明度值后，可通过警告颜色显示底层的图像。

14.9.7　单位与标尺

执行"编辑"→"首选项"→"单位与标尺"命令，可以打开"首选项"对话框，并进入到"单位与标尺"设置面板，如图 2-14-14 所示。

（1）单位：可设置标尺的单位和文字的单位。文字的单位默认为"点"。

（2）列尺寸：如果要将图像导入到排版程序，并用于打印和装订时，可以在该选项中设置"宽度"和"装订线"的尺寸，用列来指定图像的宽度，使图像正好占据特定数量的列。

（3）新文档预设分辨率：用来设置新建文档的打印分辨率和屏幕分辨率。

（4）点/派卡大小：用来设置如何定义每英寸的点数。选择"PostScript（72 点/英寸）"，设置一个兼容的单位大小，以便打印到 PostScript 设备。选择"传统（72.27 点/英寸）"，则使用 72.27 点/英寸（打印中传统使用的点数）。

14.9.8　参考线、网格和切片

执行"编辑"→"首选项"→"参考线、网格和切片"命令，可以打开"首选项"对话框，并进入到"参考线、网格和切片"设置面板，如图 2-14-14 所示。

（1）参考线：用来设置参考线的颜色和样式。

（2）智能参考线：用来设置智能参考线的颜色。

（3）网格：用来设置网格的颜色和样式。对于"网格线间隔"，可以输入网格间距的值。为"子网格"设置一个值，可以依据该值来细分网格。

（4）切片：用来设置切片边界框的颜色。勾选"显示切片编号"，可以显示切片的编号。

14.9.9　增效工具

执行"编辑"→"首选项"→"增效工具"命令，可以打开"首选项"对话框，并进入到"增效工具"设置面板，如图 2-14-14 所示。

（1）附加的增效工具文件夹：增效工具是由 Adobe 和第三方经销商开发的可在 Photoshop 中应用的外挂滤镜，Photoshop 自带的滤镜保存在 Plug-Ins 文件夹中。如果将插件安装在其他文件内，可勾选该选项，在打开的对话框中选择这一安装插件的文件夹，重新启动 Photoshop 后，安装的外挂滤镜便可以在 Photoshop 中使用。

（2）扩展面板：设置增效工具的扩展。

■允许扩展连接到 Internet：勾选该项则允许 Photoshop 扩展面板连接到 Internet 以获取新内容和更新程序。

■载入扩展面板：勾选该项启动时载入已安装的扩展面板。

■在应用程序栏显示 CS Live 选项：勾选该项可在应用程序栏显示 CS Live 选项，"载入扩展面板"也必须启用才有效。

14.9.10 文字

执行"编辑"→"首选项"→"文字"命令，可以打开"首选项"对话框，并进入到"文字"设置面板，如图 14-14 所示。

（1）使用智能引号：智能引号也称为印刷引号，它会与字体的曲线混淆。勾选该项后，输入文本时可使用弯曲的引号替代直引号。

（2）显示亚洲字体选项：默认情况下，非中文、日文或朝鲜语版本的 Photoshop 将隐藏在"字符"面板和"段落"面板中出现的亚洲文字的选项。勾选该项，可在"字符"和"段落"面板中显示中文、日文和朝鲜语文字的字体选项。

（3）启用丢失字形保护：选择该项后，如果文档使用了系统上未安装的字体，在打开该文档时将出现一条警告信息。Photoshop 会指明缺少哪些字体，并使用可用的匹配字体替换缺少的字体，可以选择文本并应用任何其他可用的字体。如果在选择罗马字体之后输入非罗马文本，则字形保护功能将防止出现不正确的、不可辨认的字符。默认情况下，Photoshop 通过自动选择一种适当的字体来提供字形保护。

（4）以英文显示字体名称：勾选该项，在"字符"面板和文字工具选项栏的字体下拉列表中将以英文显示亚洲字体的名称；取消勾选则以中文显示。

（5）字体预览大小：在"字符"面板和文字工具选项栏的字体下拉列表中可以预览字体，该项可以设置字体预览效果的大小。

14.9.11 3D

执行"编辑"→"首选项"→"3D"命令，可以打开"首选项"对话框，并进入到"3D"设置面板，如图 2-14-14 所示。

第十五章

本章内容

第十五章

网页、动画与视频 <<<

■ **本章内容**

了解切片工具和切片选择工具的使用方法,学习切片的创建与编辑方法,了解图像的优化格式,了解帧模式和时间轴模式状态下的"动画"面板。学习制作动画,了解视频图层,学习编辑视频文件。

第一节　网　页

使用 Photoshop 的 Web 工具,可以轻松构建网页的组件,或者按照预设或自定格式输出完整网页。下面介绍了解 Photoshop 中与网页有关的功能。

15.1.1　切片的类型

在制作网页时,通常要对页面进行分割,即制作切片。通过优化切片可以对分割的图像进行不同程度的压缩,以便减少图像的下载时间。另外,还可以为切片制作动画,链接到 URL 地址,或者使用它们制作翻转按钮。

使用切片工具创建的切片称作用户切片,通过图层创建的切片称作基于图层的切片。创建新的用户切片或基于图层的切片时,将会生成附加的自动切片来占据图像的其余区域,自动切片可填充图像中用户切片或基于图层的切片未定义的空间。每次添加或编辑用户切片或基于图层的切片时,都会重新生成自动切片。用户切片和基于图层的切片由实线定义,而自动切片则由虚线定义,如图 2-15-1 所示。

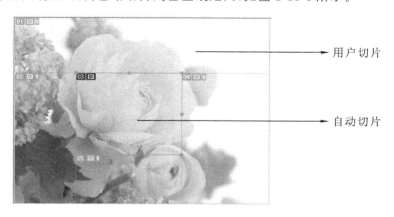

用户切片

自动切片

图 2-15-1　自动切片由虚线定义

15.1.2　用切片工具制作切片

打开一个图像文件,选择切片工具 ![切片工具],在工具选项栏的"样式"下拉列表中选择"正常"选项。在要创建切片的区域上单击鼠标并拖出个矩形框,放开鼠标可创建一个用户切片,用户切片以外的部分将生成自动切片,如图 2-15-1 所示。

在制作切片时,按住 Shift 键拖动鼠标可以创建正方形切片,按住 Alt 键拖动鼠标可从中心向外创建切片,在切片工具选项栏的"样式"下拉列表中可以选择切片的创建方法,包括"正常"、"固定长宽比"和"固定大小",如图 2-15-2 所示。

图 2-15-2 "样式"下拉列表

(1)正常:通过拖动鼠标确定切片的大小。

(2)固定长宽比:可以设置切片的高宽比,创建固定长宽比的切片。例如,若要创建一个宽度是高度两倍的切片,可输入宽度 2 和高度 1。

(3)固定大小:可以指定切片的高度和宽度值,然后在画面单击,可创建指定大小的切片。

15.1.3 基于参考线制作切片

打开一个图像文件,执行"视图"→"标尺"命令,或者按下 Ctrl＋R 快捷键,在画面中显示标尺。将光标移至水平或垂直标尺上,单击并拖曳出一条水平参考线或垂直参考线,同理,根据需要可以拖曳更多的参考线,如图 2-15-3 所示。然后,选择切片工具，点击工具选项栏上的"基于参考线的切片"按钮,可基于参考线创建切片,如图 2-15-4 所示。

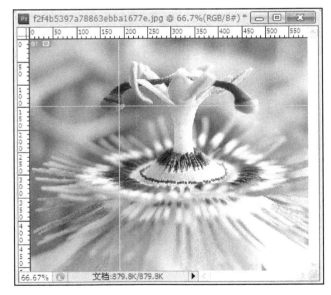

图 2-15-3 参考线

图 2-15-4 创建切片

15.1.4 基于图层制作切片

打开一个图像文件,在"图层"面板中选择可编辑图层,执行"图层"→"新建基于图层的切片"命令,可基于图层创建切片,如图 2-15-5 所示。移动图层或编辑图层内容时,切片区域自动调整,如图 2-15-6 所示。

图 2-15-5　基于图层创建切片

图 2-15-6　切片区域自动调整

15.1.5　选择、移动与调整切片

使用切片选择工具，单击切片，可以选择切片。按住 Shift 键单击则可以添加选择其他切片。选择切片后，拖动鼠标可以移动切片。按住 Shift 键可将移动限制在垂直、水平或 45°对角线的方向上。如果按住 Alt 键拖动，则可以复制切片。

在创建切片后，执行“视图”→“锁定切片”命令，可以锁定所有切片，此时不能使用切片和切片选择工具编辑切片。再次执行该命令可取消锁定。

选择切片后，将光标移至切片定界框的控制点上，单击并拖动鼠标可以调整切片的大小。

运用切片选择工具时，切片选择工具选项栏中包含了该工具的设置选项，如图 2-15-7 所示。

（1）切片堆叠顺序：在创建切片时，最后创建的切片是堆叠顺序中的顶层切片。当切片重叠时，可单击该选项中的按钮，改变切片的堆叠顺序，以便能够选择到底层的切片。单击“置为顶层”按钮，可将选择的切片调整到所有切片之上；单击“前移一层”按钮，可将选择的切片向上层移动一个位置；单击“后移一层”按钮，可将选择的切片向下层移动一个位置；单击“置为底层”按钮，可将选择的切片移动到所有切片之下。

（2）提升：单击该按钮，可转换自动切片或图层切片为用户切片。

（3）划分：单击该按钮，可在打开“划分切片”对话框中对选择的切片进行划分。

（4）对齐与分布切片选项：选择多个切片后，可单击该选项中的按钮来对齐或分布切片。对齐选项中包含“顶对齐、垂直居中对齐、底对齐、左对齐、水平居中对齐、右对齐”；分布选项中包含“按顶分布、垂直居中分布、按底分布、按左分布、水平居中分布、按右分布”。

（5）隐藏自动切片：单击该按钮，可隐藏自动切片。

（6）设置切片选项按钮：单击该按钮，可在打开的“切片选项”对话框中设置切片的名称、类型并指定 URL 地址等。

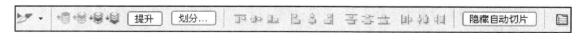

图 2-15-7　设置选项

15.1.6　划分切片

使用切片选择工具选择切片后，单击工具选项栏中的“划分”按钮，可以打开“划分切片”对话框，如图 2-15-8 所示。

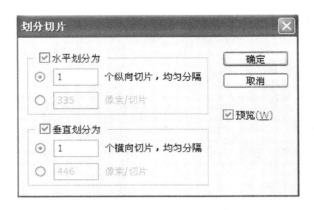

图 2-15-8 "划分切片"对话框

（1）水平划分为：勾选该选项后，可在长度方向划分切片。可以通过两种方法进行划分，选择"个纵向切片，均匀分隔"后，可以在数值栏中输入切片的划分数值；选择"像素/切片"后，可输入一个数值，以便使用指定数目的像素创建切片，如果按该像素数目无法平均地划分切片，则会将剩余部分划分为另一个切片。

（2）垂直划分为：勾选该项后，可在宽度方向上划分切片。它也像以上包含两种划分方法。

（3）预览：勾选该选项，可在画面中预览切片的划分结果。

15.1.7 组合切片与删除切片

使用切片选择工具选择两个或更多的切片后，单击鼠标右键，在打开的下拉菜单中选择"组件切片"命令，可以将选择的切片组合为一个切片，如图 2-15-9 示；选择一个或多个切片后，按下 Delete 键可删除切片。如果要删除所有用户切片和基于图层的切片，可执行"视图"→"清除切片"命令进行删除。

图 2-15-9 组合为一个切片

15.1.8 转换为用户切片

基于图层的切片与图层的像素内容相关联，因此，在对切片进行移动、组合、划分、调整大小和对齐等操作时，唯一的方法是编辑相应的图层。如果想要使用切片工具完成以上操作，则需要将这样的切片转换为用户切片。

图像中的所有自动切片都链接在一起并共享相同的优化设置，如果要为自动切片设置不同的优化设置，也必须将其提升为用户切片。

使用切片选择工具选择一个或多个要转换的切片，单击工具选项栏中的"提升"按钮，可将其转换为用户切片。

15.1.9 设置切片选项

使用切片选择工具双击切片,或者在选择切片后,单击工具选项栏中的"设置切片选项"按钮 ,可以打开 "切片选项"对话框,如图 2-15-10 所示。

图 2-15-10 "切片选项"对话框

(1) 切片类型:在该选项下拉列表中可以选择输出的切片的内容类型,即在与 HTML 文件一起导出时,切片数据在 Web 浏览器中的显示方式。"图像"为默认的内容类型,切片将包含图像数据,选择"无图像"时,可在切片中输入 HTML 文本,但不能导出为图像,并且无法在浏览器中预览,选择"表",切片导出时将作为嵌套表写入到 HTML 文本文件中。

(2) 名称:可输入切片的名称。对于在"切片类型"中选择的"无图像"切片内容,"名称"选项将不可用。

(3) URL:用来设置切片链接的 Web 地址,该选项只可用于"图像"切片。为切片指定 URL 后,在浏览器中单击切片图像,可链接到 URL 选项中设置的网址和目标框架。

(4) 目标:可设置目标框架的名称。

(5) 信息文本:可指定哪些信息出现在浏览器中。这些选项只可用于图像切片,并且只会在导出的 HTML 文件中出现。

(6) Alt 标记:用来指定选定切片的 Alt 标记。Alt 文本在图像下载过程中取代图像,并在一些浏览器中作为工具提示出现。

(7) 尺寸:通过 X 和 Y 选项可以设置切片的位置。通过 W 和 H 选项可以设置切片的大小。

(8) 切片背景类型:可在该选项的下拉列表中选择一种背景色来填充透明区域(适用于"图像"切片)或整个区域(适用于"无图像"切片)。如果选择"其他"选项,则单击"背景色"选项中的颜色块,可打开"拾色器"设置背景的颜色。

15.1.10 存储为 Web 格式

切片制作完成后,需要使用"存储为 Web 和设备所用格式"对话框中的优化功能对其进行优化和输出。执行"文件"→"存储为 Web 和设备所用格式"命令,可以打开如图 2-15-11 所示的对话框。

(1) 原稿:单击该标签,窗口中显示没有优化的图像。

(2) 优化:单击该标签,窗口中显示应用了当前优化设置的图像。

图 2-15-11　对话框

（3）双联：单击该标签，窗口中会并排显示图像的两个版本，优化前和优化后的图像。

（4）四联：单击该标签，窗口中会并排显示图像的四个版本，即一个没有优化的图像和三个优化后的图像。这三个优化后的图像可以进行不同的优化设置，通过对比可以选择出最佳的优化方案。

（5）抓手工具：放大窗口的显示比例后，可使用该工具在窗口内移动查看图像。

（6）切片选择工具：当图像包含多个切片时，可以使用该工具选择窗口中的切片，以便对其进行优化。

（7）缩放工具：单击可放大图像的显示比例，按住 Alt 键单击则缩小图像的显示比例。

（8）吸管工具：使用该工具在图像上单击，可拾取单击点的颜色。

（9）吸管颜色：显示了吸管工具拾取的颜色。

（10）切换切片可视性：用来显示或隐藏切片的定界框。

（11）预设：可优化设置已存储组合及图像的格式、色彩模式及压缩品质。

（12）优化菜单：单击该按钮，可在打开的下拉菜单中选择存储设置、删除设置及优化文件大小等操作。

（13）"颜色表"弹出菜单：单击该按钮，可在打开的下拉菜单中选择新建颜色、删除颜色及对颜色进行排序等操作。

（14）颜色表：将图像优化为 GIF、PNG-8 和 WBMP 格式时，可以在"颜色表"中对图像的颜色进行优化设置。

（15）图像大小：显示"图像大小"设置选项，通过设置选项可以将图像大小调整为指定的像素尺寸或原稿大小的百分比。

（16）状态栏：用来显示光标所在位置图像的颜色信息等属性，如图 2-15-12 所示。

图 2-15-12　属性

（17）在 Adobe Device Central 中测试：单击该按钮，可以切换到 Adobe Device Central 中对优化的图像进行测试。

（18）在浏览器中预留优化的图像：单击该按钮，可在系统上安装的任何 Web 浏览器中预览优化的图像。在预览窗口中可以显示图像的题注，其中列出了图像的文件类型、像素尺寸，文件大小、压缩规格和其他 HTML 信息，如图 2-15-13 所示。

图 2-15-13　信息

15.1.11　优化为 GIF 与 PNG-8 格式

1. 优化为 GIF 格式

GIF 是用于压缩具有单调颜色和清晰细节的图像（如艺术线条、徽标或带文字的插图）的标准格式，它是一种无损的压缩格式。在"存储为 Web 和设备所用格式"对话框中的文格式下拉列表中选择"GIF"选项，可以切换到 GIF 设置面板，如图 2-15-14 所示。

图 2-15-14　GIF 设置面板

■颜色：指定用于生成颜色查找表的方法，以及想要在颜色查找表中使用的颜色数量。如图 2-15-15 所示为两种"颜色"值不同的图像效果。

图 2-15-15　两种图像效果

■仿色:确定应用程序仿色的方法和数量。"仿色"是指模拟计算机的颜色显示系统中未提供的颜色的方法。较高的仿色百分比使图像中出现更多的颜色和更多的细节,但同时也会增大文件大小。为了获得最佳压缩比,可使用可提供所需颜色细节的最低百分比的仿色。若图像所包含的颜色主要是纯色,则在不应用仿色时通常也能正常显示。包含连续色调(尤其是颜色渐变)的图像,可能需要仿色以防止出现颜色条带现象。

■透明度/杂边:确定如何优化图像中的透明像素。要使完全透明的像素透明并将部分透明的像素与一种颜色相混合,应选择"透明度",然后选择一种杂边颜色;要使用一种颜色填充完全透明的像素并将部分透明的像素与同一种颜色相混合,应选择一种杂边颜色,然后取消选择"透明度";要选择杂边颜色,应单击"杂边"色块,然后在"拾色器"中选择一种颜色。或者,也可以从"杂边"菜单中选择一个选项。

■交错:勾选该项后,当完整图像文件正在下载时,在浏览器中显示图像的低分辨率版本。交错可使下载时间更短,并使浏览者确信正在进行下载。但是,也会增加文件的大小。

■Web 靠色:指定将颜色转换为最接近的 Web 面板等效颜色的容差级别(并防止颜色在浏览器中进行仿色)。该值越高,转换的颜色越多。

■损耗:通过有选择地扔掉数据来减小文件大小,可将文件大小减小 5％到 40％。较高的数值会影响图像的品质。通常情况下,应用 5～10 的"损耗"值不会对图像产生太大的影响。

2．优化为 PNG-8 格式

与 GIF 格式一样,PNG-8 格式可有效地压缩纯色区域,同时保留清晰的细节。该格式具备 GIF 支持透明、JPEG 色彩范围广泛的特点,并且可包含所有的 Alpha 通道。在"存储为 Web 和设备所用格式"对话框中的文件格式下拉列表中选择"PNG-8"选项,可切换到 PNG-8 设置面板。它的设置选项与 GIF 格式的优化选项基本相同。

15.1.12　优化为 JPEG 格式

JPEG 是用于压缩连续色调图像(如照片)的标准格式。将图像优化为 JPEG 格式的采用的是有损压缩,它将有选择地扔掉数据。在"存储为 Web 和设备所用格式"对话框中的文件格式下拉列表中选择"JPEG"选项,可切换到 JPEG 设置面板,如图 2-15-16 所示。

(1) 品质:用来设置压缩程度。"品质"设置越高,图像的细节越多,但生成的文件也越大。

(2) 连续:勾选该项,可在 Web 浏览器中以渐进方式显示图像。"连续"选项要求使用优化的 JPEG 格式。

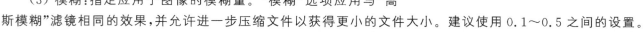

图 2-15-16　JPEG 设置面板

(3) 模糊:指定应用于图像的模糊量。"模糊"选项应用与"高斯模糊"滤镜相同的效果,并允许进一步压缩文件以获得更小的文件大小。建议使用 0.1～0.5 之间的设置。

(4) 优化:可创建文件大小稍小的增强 JPEG。如果要最大限度地压缩文件,建议使用优化的 JPEG 格式。

（17）在 Adobe Device Central 中测试：单击该按钮，可以切换到 Adobe Device Central 中对优化的图像进行测试。

（18）在浏览器中预留优化的图像：单击该按钮，可在系统上安装的任何 Web 浏览器中预览优化的图像。在预览窗口中可以显示图像的题注，其中列出了图像的文件类型、像素尺寸，文件大小、压缩规格和其他 HTML 信息，如图 2-15-13 所示。

图 2-15-13　信息

15.1.11　优化为 GIF 与 PNG-8 格式

1. 优化为 GIF 格式

GIF 是用于压缩具有单调颜色和清晰细节的图像（如艺术线条、徽标或带文字的插图）的标准格式，它是一种无损的压缩格式。在"存储为 Web 和设备所用格式"对话框中的文格式下拉列表中选择"GIF"选项，可以切换到 GIF 设置面板，如图 2-15-14 所示。

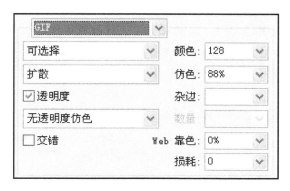

图 2-15-14　GIF 设置面板

■颜色：指定用于生成颜色查找表的方法，以及想要在颜色查找表中使用的颜色数量。如图 2-15-15 所示为两种"颜色"值不同的图像效果。

图 2-15-15 两种图像效果

■仿色：确定应用程序仿色的方法和数量。"仿色"是指模拟计算机的颜色显示系统中未提供的颜色的方法。较高的仿色百分比使图像中出现更多的颜色和更多的细节，但同时也会增大文件大小。为了获得最佳压缩比，可使用可提供所需颜色细节的最低百分比的仿色。若图像所包含的颜色主要是纯色，则在不应用仿色时通常也能正常显示。包含连续色调（尤其是颜色渐变）的图像，可能需要仿色以防止出现颜色条带现象。

■透明度/杂边：确定如何优化图像中的透明像素。要使完全透明的像素透明并将部分透明的像素与一种颜色相混合，应选择"透明度"，然后选择一种杂边颜色；要使用一种颜色填充完全透明的像素并将部分透明的像素与同一种颜色相混合，应选择一种杂边颜色，然后取消选择"透明度"；要选择杂边颜色，应单击"杂边"色块，然后在"拾色器"中选择一种颜色。或者，也可以从"杂边"菜单中选择一个选项。

■交错：勾选该项后，当完整图像文件正在下载时，在浏览器中显示图像的低分辨率版本。交错可使下载时间更短，并使浏览者确信正在进行下载。但是，也会增加文件的大小。

■Web 靠色：指定将颜色转换为最接近的 Web 面板等效颜色的容差级别（并防止颜色在浏览器中进行仿色）。该值越高，转换的颜色越多。

■损耗：通过有选择地扔掉数据来减小文件大小，可将文件大小减小 5％到 40％。较高的数值会影响图像的品质。通常情况下，应用 5～10 的"损耗"值不会对图像产生太大的影响。

2．优化为 PNG-8 格式

与 GIF 格式一样，PNG-8 格式可有效地压缩纯色区域，同时保留清晰的细节。该格式具备 GIF 支持透明、JPEG 色彩范围广泛的特点，并且可包含所有的 Alpha 通道。在"存储为 Web 和设备所用格式"对话框中的文件格式下拉列表中选择"PNG-8"选项，可切换到 PNG-8 设置面板。它的设置选项与 GIF 格式的优化选项基本相同。

15.1.12 优化为 JPEG 格式

JPEG 是用于压缩连续色调图像（如照片）的标准格式。将图像优化为 JPEG 格式的采用的是有损压缩，它将有选择地扔掉数据。在"存储为 Web 和设备所用格式"对话框中的文件格式下拉列表中选择"JPEG"选项，可切换到 JPEG 设置面板，如图 2-15-16 所示。

（1）品质：用来设置压缩程度。"品质"设置越高，图像的细节越多，但生成的文件也越大。

（2）连续：勾选该项，可在 Web 浏览器中以渐进方式显示图像。"连续"选项要求使用优化的 JPEG 格式。

图 2-15-16 JPEG 设置面板

（3）模糊：指定应用于图像的模糊量。"模糊"选项应用与"高斯模糊"滤镜相同的效果，并允许进一步压缩文件以获得更小的文件大小。建议使用 0.1～0.5 之间的设置。

（4）优化：可创建文件大小稍小的增强 JPEG。如果要最大限度地压缩文件，建议使用优化的 JPEG 格式。

但是,某些旧版的浏览器不支持此功能。

(5)杂边:可为原始图像中透明的像素指定一种填充颜色。

(6)嵌入颜色配置文件:随文件一起保留图片的 ICC 配置文件。某些浏览器使用 ICC 配置文件进行色彩校正。只有在随 ICC 配置文件一起存储了图像之后,此选项才可用。

15.1.13　优化为 PNG-24 格式

PNG-24 适合于压缩连续色调图像,但它所生成的文件比 JPEG 格式生成的文件要大得多。使用 PNG-24 的优点在于可在图像中保留多达 256 个透明度级别。在"存储为 Web 和设备所用格式"对话框中的文件格式下拉列表中选择"PNG-24"选项,可切换到 PNG-24 设置面板,如图 2-15-17 所示。该格式的优化选项较少,设置方法可参阅优化 GIF 格式的相应选项。

图 2-15-17　PNG-24 设置面板

15.1.14　优化为 WBMP 格式

图 2-15-18　WBMP 设置面板

WBMP 格式是用于优化移动设备图像的标准格式。WBMP 支持 1 位颜色,也就是说 WBMP 图像只包含黑色和白色像素。在"存储为 Web 和设备所用格式"对话框中的文件格式下拉列表中选择"WBMP"选项,可切换到 WBMP 设置面板,如图 2-15-18 所示。该格式的仿色算法和仿色可参阅优化为 GIF 格式的相应选项。

第二节　动　　画

动画是在一段时间内显示的一系列图像或帧,当每一帧较前一帧都有轻微的变化时,连续、快速地显示这些帧就会产生运动或其他变化的视觉教果。下面介绍如何在 Photoshop 中创建和编辑动画。

15.2.1　帧模式"动画"面板

执行"窗口"→"动画"命令,可以打开"动画"面板,如图 2-15-19 所示。在 Photoshop 中,"动画"面板以帧模式出现,并显示动画中的每个帧的缩览图。使用面板底部的工具可浏览各个帧,设置循环选项,添加和删除帧及预览动画。

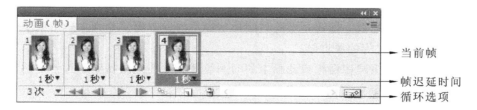

图 2-15-19　"动画"面板

(1)当前帧:当前选择的帧。

(2)帧延迟时间:设置帧在回放过程中的持续时间。

(3)循环选项:设置动画在作为动画 GIF 文件导出时的播放次数。

(4)选择第一帧 ：单击该按钮,可自动选择序列中的第一个帧作为当前帧。

(5)选择上一帧 ：单击该按钮,可选择当前帧的前一帧。

(6)播放动画 ：单击该按钮,可在窗口中播放动画,再次单击可停止播放。

（7）选择下一帧 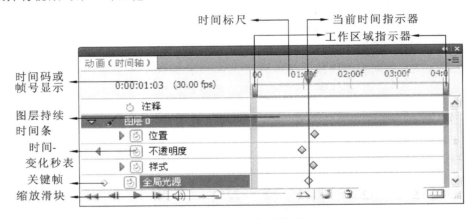：单击该按钮，可选择当前帧的下一帧。

（8）过渡动画帧：单击该按钮，可以打开"过渡"对话框，在对话框中可以在两个现有帧之间添加一系列帧，并让新帧之间的图层属性均匀变化。

（9）复制所选帧：单击该按钮，可向面板中添加帧。

（10）删除所选帧：可删除选择的帧。

15.2.2 时间轴模式"动画"面板

单击"动画"面板中的"转换为时间轴动画"按钮，可以将面板切换为时间轴模式，如图 2-15-20 所示。时间轴模式显示文档图层的帧持续时间和动画属性。使用面板底部的工具可浏览各个帧，放大或缩小时间显示，切换洋葱皮模式，删除关键帧和预览视频。可以使用时间轴上自身的控件调整图层的帧持续时间，设置图层属性的关键帧并将视频的某一部分指定为工作区域。

图 2-15-20　时间轴模式

（1）注释轨道：从"面板"菜单中选择"编辑时间轴注释"，可以在当前时间处插入注释，注释在注释轨道中显示为 形状，并当指针移动到图标上方时作为工具提示出现。

（2）转换为帧动画：使用用于帧动画的关键帧转换时间轴动画。

（3）时间码或帧号显示：显示当前帧的时间码或帧号（取决于面板选项）。

（4）当前时间指示器：拖动当前时间指示器可导航帧或更改当前时间或帧。

（5）全局光源轨道：显示要在其中设置和更改图层效果，例如投影、内阴影及斜面和浮雕的主光照角度的关键帧。

（6）关键帧：轨道标签左侧的箭头按钮将当前时间指示器从当前位置移动到上一个或下一个关键帧。单击中间的按钮可添加或删除当前时间的关键帧。

（7）图层持续时间条：指定图层在视频或动画中的时间位置。要将图层移动到其他时间位置，可拖动该条。要裁切图层（调整图层的持续时间），可拖动该条的任一端。

（8）已改变的视频轨道：对于视频图层，为已改变的每个帧显示一个关键帧图标。要跳转到已改变的帧，应使用轨道标签左侧的关键帧导航器。

（9）时间标尺：根据文档的持续时间和帧速率，水平测量持续时间（或帧计数）（从"面板"菜单 中选择"文档设置"可更改持续时间或帧速率），刻度线和数字沿标尺出现，并且其间距随时间轴的缩放设置的变化而变化。

（10）时间-变化秒表：启用或停用图层属性的关键帧设置。选择此选项可插入关键帧并启用图层属性的关键帧设置。取消选择可移去所有关键帧并停用图层属性的关键帧设置。

（11）工作区域指示器：拖动位于顶部轨道任一端的蓝色标签，可标记要预览或导出的动画或视频的特定部分。

（12）切换洋葱皮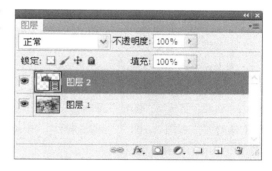：按下该按钮可切换到洋葱皮模式。洋葱皮模式将显示在当前帧上绘制的内容及在周围的帧上绘制的内容。这些附加描边将以指定的不透明度显示，以便与当前帧上的描边区分开。洋葱皮模式对于绘制连帧动画很有用，因为该模式可为我们提供描边位置的参考点。

（13）转换为帧动画██：单击该按钮，可将"动画"面板切换为帧动画模式。

在时间轴模式中，动画面板将显示 Photoshop Exiended 文档中的每个图层（除背景图层之外），并与"图层"面板同步。只要添加、删除、重命名、分组、复制图层或为图层分配颜色，就会在两个面板中更新所做的更改。

第三节　视　　频

Photoshop CS5 的视频图层功能使 Photoshop Extended 可以编辑视频的各个帧和图像序列文件。它可以应用滤镜、蒙版、变换，图层样式和混合模式于视频编辑中。

15.3.1　视频图层

Photoshop Extended 中打开视频文件或图像序列时，帧将包含在视频图层中。在"图层"面板中，用连环缩览幻灯胶片图标█标识视频图层，如图 2-15-21 所示。视频图层可使用画笔工具和图章工具在各个帧上进行绘制和仿制。与使用常规图层类似，可以创建选区或应用蒙版以限定对帧的特定区域进行编辑。使用"动画"面板（"窗口"→"动画"）中的时间轴模式浏览多个帧。

通过调整混合模式、不透明度、位置和图层样式，可以像使用常规图层一样使用视频图层，也可以在"图层"面板中对视频图层进行编辑。调整图层可将颜色和色调调整应用于视频图层，而不会造成任何破坏。

图 2-15-21　标识视频图层

视频图层参考的是原始文件，因此对视频图层进行编辑不会改变原始视频或图像序列文件。要保持原始文件的链接，请确保原始文件与 PSD 文件的相对位置保持不变。有关更多信息。

15.3.2　创建视频图层

在 Photoshop Extended 中，可以通过三种方式打开或创建视频图层。

（1）打开视频文件：执行"文件"→"打开"命令，选择一个视频文件打开，然后单击"打开"按钮，视频将出现在新文档的视频图层上。

（2）导入视频文件：执行"图层"→"视频图层"→"从文件新建视频图层"命令，可以将视频导入到打开的文件中。

（3）新建视频图层：执行"图层"→"视频图层"→"新建空白视频图层"命令，可以新建一个空白的视频图层。

在 Pholoshop Extended 中，可以打开多种 QuickTime 视频格式的文件，包括 MPEG-1、MPEG-4、MOV 和 AVI。如果计算机上安装了 Adobe Flash8，则可支持 QuickTime 的 FLV 格式；如果安装了 MPEG-2 编码器，则可支持 MPEG-2 格式。

15.3.3　导入视频帧到图层

在 Photoshop Extended 中，可以直接打开视频文件或向打开的文档添加视频。导入视频时，将在视频图层中引用图像帧。

　　执行"文件"→"导入"→"视频帧到图层"命令,打开"载入"对话框。选择一个视频文件,单击"载入"按钮,打开"将视频导入图层"对话框,选择"仅限所选范围"选项,然后按住 Shift 键拖动时间滑块,设置导入的帧的范围,单击"确定"按钮,可将指定范围内的视频帧导入为图层。

15.3.4　在视频图层中恢复帧

　　如果要放弃对帧视频图层和空白视频图层所做的编辑。可在"动画"面板中选择视频图层,然后将当前时间指示器移动到特定的视额帧上,执行"图层"→"视频图层"→"恢复帧"命令,可恢复特定的帧。

　　如果要恢复视频图层或空白视频图层中的所有帧,可执行"图层"→"视频图层"→"恢复所有帧"命令。

15.3.5　在视频图层中替换素材

　　Photoshop Extended 会保持源视频文件和视频图层之间的链接,即使在 Photoshop 外部修改或移动视频素材也是如此。如果由于某些原因,导致视频图层和引用的源文件之间的链接损坏,例如移动、重命名或删除视频源文件,将会中断此文件与视频图层之间的链接,并且"图层"面板中的该图层上会出现一个警告图标。出现这种情况时,可在"动画"或"图层"面板中,选择要重新链接到源文件或替换内容的视频图层,执行"图层"→"视频图层"→"替换素材"命令。在"替换素材"对话框中,选择视频或图像序列文件,然后单击"打开"按钮,重新建立视频图层到源文件的链接。

　　"替换素材"命令还可以将视频图层中的视频或图像序列帧替换为不同的视频或图像序列源中的帧。

15.3.6　解释视频素材

　　在"动画"面板或"图层"面板中,选择视频图层后,执行"图层"→"视频图层"→"解释素材"命令,可以打开"解释素材"对话框,如图 2-15-22 所示。在对话框中可以指定 Photoshop Extended 如何解释已打开或导入的视频的 Alpha 通道和帧速率。

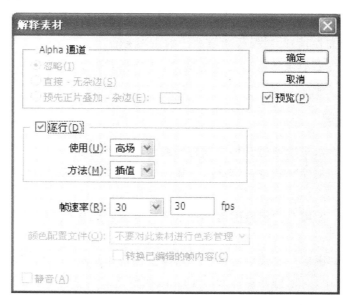

图 2-15-22　"解释素材"对话框

　　(1) Alpha 通道:当视频素材包含 Alpha 通道时,该选项可用。通过该选项可以指定解释视频图层中的Alpha 通道的方式。选择"忽略",表示忽略视频中的 Alpha 通道;选择"直接-无杂边",表示将 Alpha 通道解释为直接 Alpha。如果用于创建视频的应用程序不会对 Alpha 通道预先进行正片叠底,可选择该选项;选择"预先正片叠加-杂边",表示将 Alpha 通道解释为用黑色、白色或彩色预先进行正片叠底。必要时,可单击"解释素材"对话框中的色块,打开"拾色器"以指定杂边颜色。

（2）帧速率:可输入帧速率,以指定每秒播放的视频帧数。

（3）颜色配置文件:在该选项的下拉列表中可以选择一个配置文件,以对视频图层中的帧或图像进行色彩管理。

15.3.7 保存视频文件

编辑视频图层之后,可以将文档存储为 PSD 文件。该文件可以在其他 Adobe 应用程序中播放,或在其他应用程序中作为静态文件访问。也可以将文档作为 QuickTime 影片或图像序列进行渲染。

15.3.8 导出视频预览

如果将显示设备通过 FireWire 连接到计算机,可打开一个文档,然后执行"文件"→"导出"→"视频预览"命令,在打开的"视频预览"对话框中设置选项,将文档导出到设备显示,从而在视频显示器上预览文档。

15.3.9 渲染视频

执行"文件"→"导出"→"渲染视频"命令,可以将视频导出为 QuickTime 影片。在 Photoshop Extended 中还可以将时间轴动画与视频图层一起导出。

15.3.10 将视频预览发送到设备

如果想要在视频设备上查看文档,但不想设置输出选项,可执行"文件"→"导出"→"将视频预览发送到设备"进行操作。

第十六章

打印与输出 《《《

▌本章内容▏

了解"页面设置"命令,了解"打印"对话框中各个选项的设置方法,了解"打印一份"命令,了解陷印的作用。

第一节 关于打印

无论是要将图像发送到桌面打印机,还是要将图像发送到印前设备,了解一些有关打印的基础知识都会使打印作业更顺利,并有助于确保完成的图像达到预期的效果。

(1) 打印类型:对于多数 Photoshop 用户而言,打印文件意味着将图像发送到喷墨打印机。Photoshop 可以将图像发送到多种设备,以便直接在纸上打印图像或将图像转换为胶片上的正片或负片图像。在后一种情况中,可使用胶片创建主印版,以便通过机械印刷机印刷。

(2) 图像类型:最简单的图像(如艺术线条)在一个灰阶中只使用一种颜色。较复杂的图像(如照片)则具有不同的色调。这类图像称为连续色调图像。

(3) 分色:打算用于商业再生产并包含多种颜色的图片必须在单独的主印版上打印,一种颜色一个印版。此过程(称为分色)通常要求使用青色、黄色、洋红和黑色(CMYK)油墨。在 Photoshop 中,您可以调整生成各种印版的方式。

(4) 细节品质:打印图像中的细节取决于图像分辨率(每英寸的像素数)和打印机分辨率(每英寸的点数)。多数 PostScript 激光打印机的分辨率为 600 dpi,而 PostScript 激光照排机的分辨率为 1 200 dpi 或更高。喷墨打印机所产生的实际上不是点而是细小的油墨喷雾,可产生在 300~720 dpi 之间的分辨率。

第二节 桌面打印

计算机显示器使用光显示图像,而桌面打印机则使用油墨、染料或颜料重现图像。出于此原因,桌面打印机无法重现显示器上显示的所有颜色。但是,可以在工作流程中采用某些过程(例如色彩管理系统),这样,在将图像打印到桌面打印机时就可以实现预期效果。在处理想要打印的图像时,请谨记以下注意事项。

(1) 如果图像是 RGB 模式的,则在打印到桌面打印机时不要将文档转换为 CMYK 模式。请始终在 RGB 模式下工作。通常,桌面打印机被配置为接受 RGB 数据,并使用内部软件转换为 CMYK。如果发送 CMYK 数据,大多数桌面打印机还是会应用转换,从而导致不可预料的结果。

(2) 在打印到任何有配置文件的设备时,如果要预览图像,请使用"校样颜色"令。

(3) 打印出的页面上精确地重现屏幕颜色,必须在工作流程中结合色彩管理过程。使用经过校准并确定其特性的显示器。理想情况下,尽管随打印机一起提供的配置文件可以产生可接受的结果,但您还是应该专门为打印机和用于打印的纸张创建自定的配置文件。

第三节　打印图像

Photoshop 提供了下列打印命令："打印"→显示"打印"对话框,可以在该对话框中预览打印和设置选项;"打印一份"→打印一份文件而不会显示对话框。

16.3.1　设置 Photoshop 打印选项并打印

执行"文件"→"打印"命令,可以打开"打印"对话框,如图 2-16-1 所示。在对话框中可以预览打印作业并选择打印机、打印份数、输出选项和色彩管理选项。

图 2-16-1　"打印"对话框

（1）打印机:在该选项的下拉列表中可选择打印机。

（2）分数:用来设置打印的份数。

（3）打印设置:单击该按钮,可以打开一个对话框。在"布局"选项面板中可以设置纸张的方向、页面的打印顺序和打印的页数。如果切换到"XPS 文档"设置面板,则可以设置文档或图像另存为 XPS 文档,并可以设置用 XPS 查看器打开 XPS 文档。

（4）位置:如果勾选"图像居中"选项,可以使图像位于可打印区域的中心。取消勾选,则可在"顶"和"左"选项中输入数值,用数字定位图像。也可在预览区域中移动图像,从而在纸上重新定位图像。

（5）缩放后的打印尺寸:如果勾选"缩放以适合介质"选项,可自动缩放图像至适合所选纸张的可打印区域;取消勾选,则可以在"缩放"选项中输入图像的缩放比例,或者在"高度"和"宽度"的选项中设置图像的尺寸。

（6）定界框:勾选"定界框",预览区域的图像上便会显示定界框。通过调整定界框可以移动图像,或者调整图像的缩放比例。"单位"选项可以供您选择不同的度量单位。

（7）匹配打印颜色：在需要 Photoshop 管理颜色时启用此选项，可以在预览区域中查看图像颜色的实际打印效果。

（8）色域警告：选择的颜色超过色域模式。该情况可以印刷，但是会出现比较大的色差，最好改成专色印刷。

（9）显示纸张白：勾选该项，可以显示打印时的纸张白度。

16.3.2 指定色彩管理和校样选项

在"打印"对话框中选择"色彩管理"选项，可以切换到色彩管理设置面板，如图 2-16-2 所示。在面板中可以设置如何调整色彩管理设置以便获得尽可能最好的打印效果。如果有针对特定打印机、油墨和纸张组合的自定颜色配置文件，与让打印机管理颜色相比，让 Photoshop 管理颜色可能会得到更好的效果。

（1）文档：勾选该项，可打印当前的文档。

（2）校样：勾选该项，可打印印刷校样。印刷校样用来模拟前文档在印刷机上的输出效果。

（3）颜色处理：用来确定是否使用色彩管理，如果使用，则须要确定将其在应用程序中，还是打印设备中。

（4）打印机配置文件：可选择适用于打印机和将要使用的纸张类型的配置文件。配置文件必须已安装在正确的位置中才会显示出来。

（5）渲染方法：用来指定 Photoshop 如何将颜色转换为打印机颜色空间。对大多数照片而言，"可感知"或"相对比色"是适合的选项。

（6）黑场补偿：通过模拟输出设备的全部动态范围来保留图像中的阴影细节。

图 2-16-2 设置面板

（7）校样设置：如果勾选了"校样"选项，则可在该选项的下拉列表中选择以本地方式存在于硬盘驱动器上的任何自定校样。

（8）模拟纸张颜色：可模拟颜色在模拟设备的纸张上的显示效果，以便生成最准确的校样，但它并不适用于所有配置文件。

（9）模拟黑色油墨：对模拟设备的深色的亮度进行模拟，以便可生成更准确的深色校样，但它并不适用于所有配置文件。

16.3.3 指定印前输出选项

如果要准备图像以便直接从 Photoshop 中进行商业印刷，可以在"打印"对话框中选择"输出"选项，切换到输出选项设置面板，如图 2-16-3 所示。在面板中可以选择和预览各种页面标记和其他输出选项。通常，这些输出选项应该由印前专业人员或对商业印刷过程非常精通的人员来指定。

（1）打印标记：勾选"打印标记"中的次级选项，可以在图像周围添加各种标记，如图 2-16-4 所示。

（2）函数：单击"函数"选项中的各个按钮即可打开相应的对话框，在对话框中可以设置选项内容。"插值"用于通过在打印时自动重新取样，从而减少低分辨率图像的锯齿状外观；"包含矢量数据"，如果图像包含矢量图形，例如形状和文字，则勾选该项，Photoshop 可以将矢量数据发送到 PostScript 打印机；"背景"用于选择要在页面上的图像区域外打印的背景色；"边界"用于在图像周围打印一圈黑色边框；"出血"用于在图像内而不是在图像外打印裁切标记。

图 2-16-3 输出选项设置面板

图 2-16-4 添加各种标记

第四节 打 印 一 份

如果要使用当前的打印选项打印一份文件,可执行"文件"→"打印一份"命令来操作,此命令无对话框。

第五节 陷   印

在叠印套色版时,如果套印不准,相邻的纯色之间没有对齐,便会出现小的缝隙。为了避免产生这样的情况,通常采用一种叠印技术,即陷印来处理。图像是否需要陷印一般由印刷商确定,如果需要陷印,印刷商会告知用户须在"陷印"对话框中输入的数值。

执行"图像"→"陷印"命令,可以打开"陷印"对话框,如图 2-16-5 所示。"宽度"选项代表了印刷时颜色向外扩张的距离;"陷印单位"给出"像素"、"点"、"毫米"供选择。该命令仅用于 CMYK 模式的图像。

图 2-16-5 "陷印"对话框

第三篇
实战篇

PHOTOSHOP CS5 ZHONG

PWENBAN
PINGMIANSHEJI
BIAOZHUN SHIXUN JIAOCHENG

◀ ◀ ◀ ◀

◀ ◀ ◀ ◀

第十七章

特效字体设计 ≪≪≪

本章内容

Photoshop 各种丰富的笔刷、图层样式、效果滤镜等制作特殊效果提供了很大的方便。无论是单独使用某种工具还是综合运用各种技巧，Photoshop 都能帮助创造神奇精彩的特殊效果。

第一节　3D 文字的设计

17.1.1　创建文字

（1）执行"文件"→"新建"命令，或者按下"Ctrl＋N"组合键，新建一个文档，名称为"3D 文字"，"背景内容"为背景色黑色，如图 3-17-1 所示。

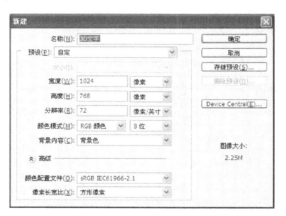

图 3-17-1　"背景内容"为背景色黑色

（2）选择横排文字工具在文档中输入文字"3D 文字"，选择如图 3-17-2 所示字体及文字大小，前景设为白色。

图 3-17-2　字体及文字大小

（3）选中字体，将颜色改为＃E59710，如图3-17-3所示。

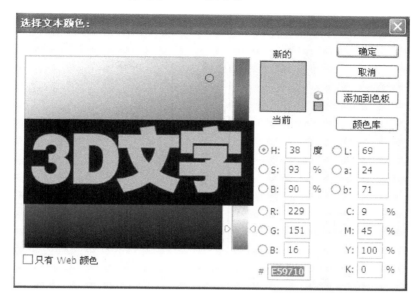

图 3-17-3　将颜色改为＃E59710

17.1.2　设置图层样式

（1）删格化文字：选中文字图层，执行"图层"→"栅格化"→"文字"命令，或者鼠标右击文字图层，在打开的菜单中选择"栅格化文字"命令，可以栅格化文字。

（2）设置"内阴影"图层样式：选中文字图层，执行"图层"→"图层样式"→"内阴影"命令，打开图层样式对话框，如图3-17-4所示。设置"内阴影"各项，得出如图3-17-5所示效果。

图 3-17-4　"内阴影"对话框

图 3-17-5　效果 1

（3）设置"内发光"图层样式：选中文字图层，执行"图层"→"图层样式"→"内发光"命令，打开图层样式对话框，如图3-17-6所示，设置"内发光"各项。

（4）设置"斜面和浮雕"图层样式：选中文字图层，执行"图层"→"图层样式"→"斜面和浮雕"命令，打开图层样式对话框，如图3-17-7所示。设置"斜面和浮雕"各项，得出如图3-17-8所示效果。

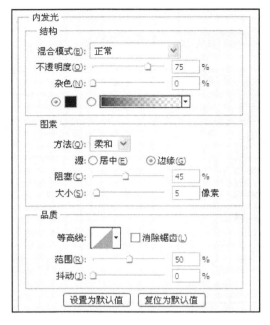

图 3-17-6 "内发光"对话框

图 3-17-7 "斜面和浮雕"对话框

（5）设置"渐变叠加"图层样式：选中文字图层，执行"图层"→"图层样式"→"渐变叠加"命令，打开图层样式对话框，如图 3-17-9 所示。设置"渐变叠加"各项，得到如图 3-17-10 所示效果。

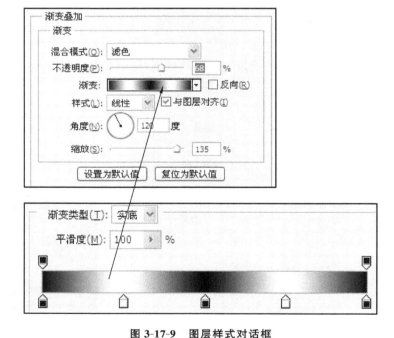

图 3-17-8 效果 2

图 3-17-9 图层样式对话框

图 3-17-10 效果 3

17.1.3 文字 3D 透视设置

(1)"透视"文字:选择文字图层,执行"编辑"→"变换"→"透视"命令,然后用鼠标拖动文字右侧的节点,编辑透视效果,如图 3-17-11 所示。

(2)复制文字图层:用鼠标拖动文字图层到"创建新图层"按钮 ⓐ 上,连续复制两个新的文字图层,分别为"3D 文字副本 1"和"3D 文字副本 2",如图 3-17-12 所示。

图 3-17-11　透视效果　　　　　　　　　　　图 3-17-12　两个新的文字图层

(3)用键盘上的箭头移动文字时,文字 3D 效果更明显;新建一个组,将这三层文字拖到组里,如图 3-17-13 所示。

(4)选择"3D 文字副本 1"文字层,将图层填充度改为 0%,并改变渐变叠加,设置如图 3-17-14 和图 3-17-15 所示。

(5)新建图层,置于"3D 文字副本 2"图层之上,按住 Ctrl 键载入"3D 文字副本 2"图层的选区,选择渐变工具,选择"透明彩虹渐变",从左上至右下拉出渐变,取消选区,并将渐变图层模式改为"柔光"。最后效果如图 3-17-16 所示。

图 3-17-13　将文字拖到组里　　　　　　　　　图 3-17-14　"渐变叠加"对话框

图 3-17-15　设置　　　　　　　　　　　　　图 3-17-16　最后效果图

（6）新建图层，放于文字组之上（如果在文字组里，应将它拖出来），填充黑色，执行"滤镜"→"渲染"→"镜头光晕"，选 105 mm 聚焦，亮度 100%，如图 3-17-17 所示。改变图层混合模式为"柔光"，将它放在须突出高光的位置；复制一层，变换位置，放到放到另外想要突出高光的位置；添加蒙版，用黑色画笔将其他被遮暗的地方擦掉；将这两层光归到一个组里，如图 3-17-18 和图 3-17-19 所示。

（7）设置文字的倒影：将文字组复制一份，选择复制图层，执行"编辑"→"变换"→"垂直翻转"命令，将复制图层垂直翻转并按要求拖下来，再执行"编辑"→"变换"→"透视"命令，点住右边中间的节点往上推。给组添加蒙版，按 D 键恢复默认颜色，选择渐变工具 ▨，选第"黑/白渐变"，在蒙版上拉出渐变。效果如图 3-17-20 所示。

图 3-17-17 "镜头光晕"对话框

图 3-17-18 "图层"对话框

图 3-17-19 文字

图 3-17-20 效果 4

（8）新建图层，置"组 2"与"组 1 副本"之间，填充黑色，执行"滤镜"→"渲染"→"镜头光晕"，选电影镜头，亮度为 100%，点光晕上的十字拖动位置，最后把图层模式改为"线性减淡"，如图 3-17-21 所示。至此，一组绚丽的"3D 文字"编辑完成，如图 3-17-22 所示。

图 3-17-21 镜头光晕→电影镜头

图 3-17-22 编辑完成

第二节　金属文字设计

17.2.1　创建文字

（1）执行"文件"→"新建"命令，或者按下"Ctrl＋N"组合键，新建一个文档，名称为"金属文字"，"背景内容"为背景色深红色（＃EB0404），如图 3-17-23 所示。

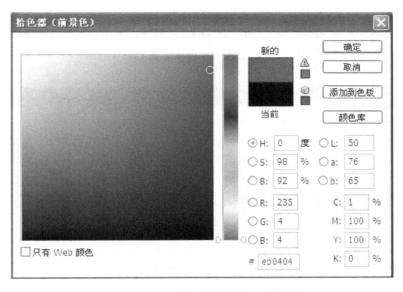

图 3-17-23　"拾色器（前景色）"编辑器

（2）选择横排文字工具在文档中输入文字"金属文字"，在字符面板中设置参数，图像效果如图 3-17-24 所示。

（3）选中字体，执行"编辑"→"自由变换"命令，显示自由变换编辑框，按下 Ctrl 键拖动鼠标进行变形处理，图像效果如图 3-17-25 所示。

图 3-17-24　图像效果 1

图 3-17-25　图像效果 2

17.2.2　设置文字图层样式

（1）按住 Ctrl 键的同时单击文字图层缩览图，将文字载入选区。执行"选择"→"修改"→"扩展"命令，在弹出的对话框中设置扩展量为 10 像素，图像效果如图 3-17-26 所示。

（2）设置前景色为白色，执行"图层"→"新建"→"图层"命令，或者单击图层面板下的"创建新图层"按钮，新建图层 1，按下"Alt＋Delete"键对选区填充白色，图像效果如图 3-17-27 所示。

图 3-17-26　图像效果 3

图 3-17-27　图像效果 4

（3）执行"图层"→"图层样式"命令，或者双击图层 1 空白处，在弹出的图层样式对话框中选择"投影"、"渐变叠加"样式，分别如图 3-17-28 和图 3-17-29 所示设置，得到图像效果如图 3-17-30 所示的效果。

图 3-17-28　"投影"对话框

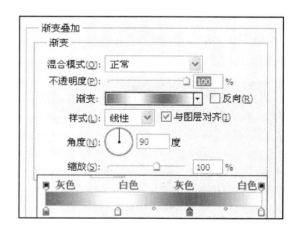

图 3-17-29　"渐变叠加"对话框

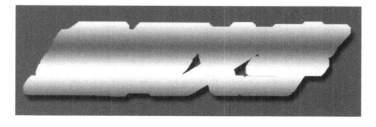

图 3-17-30　图像效果 5

（4）按住 Ctrl 键的同时单击图层 1 前的缩览图，将文字载入选区。执行"选择"→"修改"→"收缩"命令，在弹出的对话框中设置收缩量为 6，图像效果如图 3-17-31 所示。

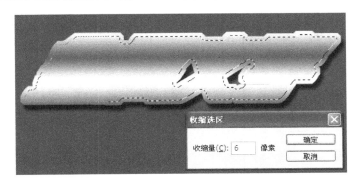

图 3-17-31　图像效果 6

（5）设置前景色为白色，新建图层 2，按下"Alt＋Delete"键对选区填充白色，图像效果如图 3-17-32 所示。

图 3-17-32　图像效果 7

（6）双击图层 2，在弹出的图层样式对话框中选择"外发光"、"斜面和浮雕"、"渐变叠加"样式，其中设置外发光的颜色为黑色，在渐变叠加面板中的渐变编辑器中设置色标依次为黄色 RGB 分别为 170、160、60，浅黄色 RGB255、245、150，黄色 RGB210、140、0，浅黄色 RGB255、245、150，黄色 RGB210、140、0，如图 3-17-33 至图 3-17-35 所示，图像效果如图 3-17-36 所示。

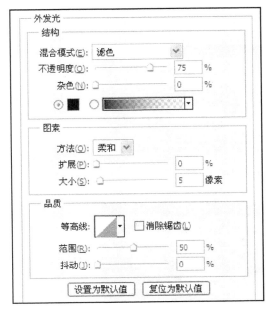

图 3-17-33　设置色标 1

图 3-17-34　设置色标 2

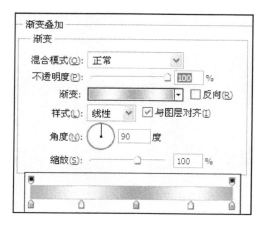

图 3-17-35　设置色标 3

图 3-17-36　图像效果 8

17.2.3　镂空文字

（1）按住 Ctrl 键的同时单击文字图层缩览图，将文字载入选区。单击文字图层前的眼睛图标，隐藏文字层，执行"选择"→"修改"→"扩展"命令，在弹出的对话框中设置扩展量为 3 像素，图像效果如图 3-17-37 所示。

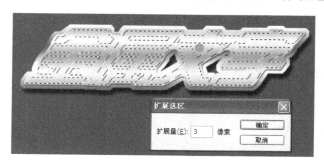

图 3-17-37　图像效果 9

（2）选择图层 2，按 Delete 键删除图像，图像效果如图 3-17-38 所示。选择图层 1，按 Delete 键删除图像，图像效果如图 3-17-39 所示。

图 3-17-38　图像效果 10

图 3-17-39　图像效果 11

17.2.4　后期处理

（1）选择背景图层，执行"滤镜"→"纹理"→"马赛克拼贴"命令，在弹出的对话框中设置参数如图 3-17-40 所示，图像效果如图 3-17-41 所示。

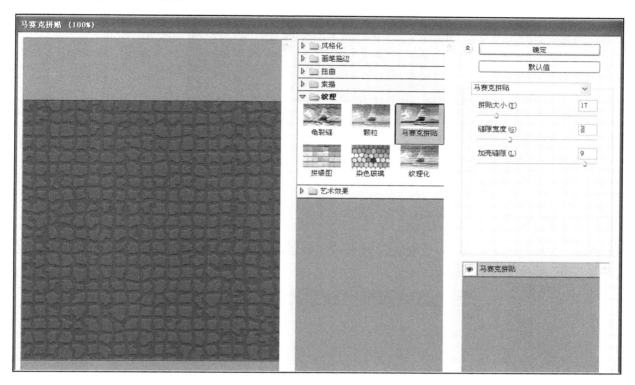

图 3-17-40　设置参数 1

图 3-17-41　图像效果 12

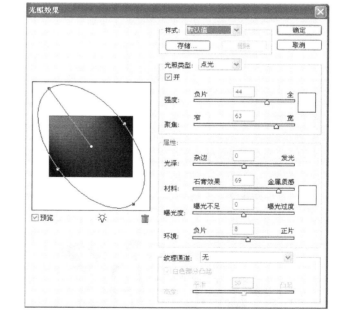

图 3-17-42　设置参数 2

（2）选择背景图层，执行"滤镜"→"渲染"→"光照效果"命令，在弹出的对话框中设置参数如图 3-17-42 所示。

（3）一幅"金属文字"图像制作完成，如图 3-17-43 所示。

图 3-17-43 "金属文字"图像制作完成

第三节 水质文字制作

17.3.1 创建文字

（1）执行"文件"→"新建"命令，或者按下"Ctrl＋N"组合键，创建一个文件，命名"水质文字"，背景色设为白色，如图 3-17-44 所示。

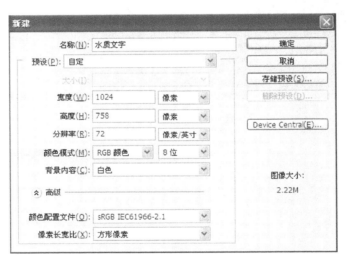

图 3-17-44 "新建"对话框

（2）选择工具箱中的"横排文字工具"，设置字体为一种行草，颜色为黑色，在图像中输入"水波"两字，完成后对文字图层单击鼠标右键，在弹出的菜单栏中选择"栅格化文字"命令，将文字转换为普通层，效果如图 3-17-45 所示。

（3）选择工具箱中的"画笔工具"，在图像中绘制出水滴，效果如图 3-17-46 所示。

图 3-17-45 水波

图 3-17-46 "水波"效果

（4）按下 Ctrl 键单击文字图前的缩览图，载入文字层选区，打开通道面板，单击面板下方的"将选区存储为通道"按钮🔲，建立通道 Alpha 1，然后，取消选区，图像效果如图 3-17-47 所示。

图 3-17-47　图像效果 1

（5）选择通道 Alpha 1，执行"滤镜"→"模糊"→"高斯模糊"命令，在弹出的"高斯模糊"对话框中设置半径为 8 如图 3-17-48 所示，单击确定按钮后，选区内的图像效果如图 3-17-49 所示。

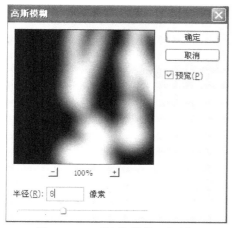

图 3-17-48　"高斯模糊"对话框

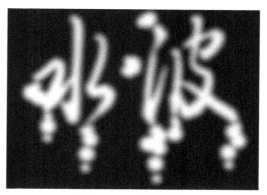

图 3-17-49　图像效果 2

（6）执行"图像"→"调整"→"色阶"命令，或者按"Ctrl＋L"组合键，在弹出的色阶对话框中，设置参数如图 3-17-50 所示，确定后效果如图 3-17-51 所示。

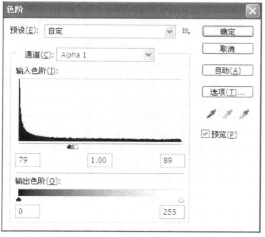

图 3-17-50　"色阶"对话框 1

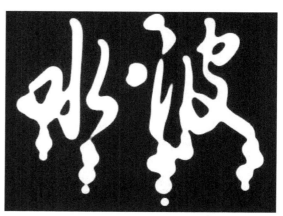

图 3-17-51　确定后效果

17.3.2 创建背景图层

（1）新建宽度和高度都是 200 像素的文件，并在中心位置添加参考线，设置前景色为深蓝色，背景色为浅蓝色，然后使用前景色填充背景层，效果如图 3-17-52 所示。

（2）选择工具箱中的"矩形选框"工具 🔲，在图像中贴参考线在左下方和右上方建立正方形选区，接着填充背景色，完成后取消选区，效果如图 3-17-53 所示。

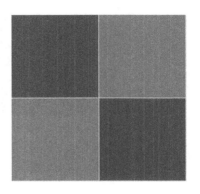

图 3-17-52　效果 3　　　　　　　　　　　　　　图 3-17-53　　效果 4

（3）执行"编辑"→"定义图案"命令，打开定义图案对话框，将图像定义为图案，如图 3-17-54 所示。

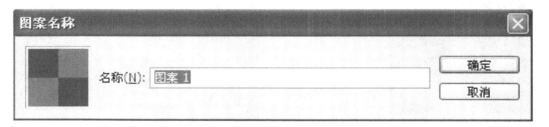

图 3-17-54　"图案名称"对话框

（4）回到刚才的文件中，将文字层隐藏，选择背景图层，执行"编辑"→"填充"命令，在弹出的对话框中，设置图案为刚才定义的图案，如图 3-17-55 所示进行填充，效果如图 3-17-56 所示。

图 3-17-55　"填充"对话框　　　　　　　　　　　图 3-17-56　　效果 5

（5）选择背景层，执行"滤镜"→"渲染"→"光照效果"命令，设置参数如图 3-17-57 所示，图像效果如图 3-17-58 所示。

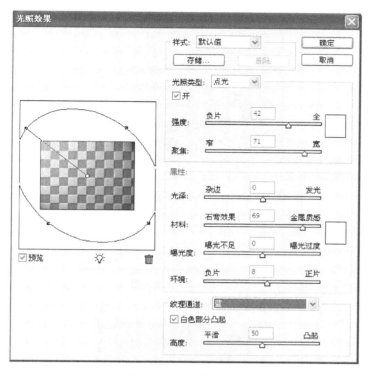

图 3-17-57　设置参数 1

图 3-17-58　图像效果 6

17.3.3　文字编辑

（1）新建图层 1，使用白色对图层进行填充，然后载入通道 Alaha 1 的选区，在选区内填充黑色，取消选区效果如图 3-17-59 所示。

（2）选择图层 1，执行"滤镜"→"模糊"→"高斯模糊"命令，设置参数如图 3-17-60 所示，图像效果如图 3-17-61 所示。

图 3-17-59　取消选区效果

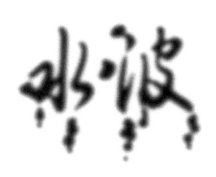

图 3-17-60　图像效果 7

（3）执行"滤镜"→"风格化"→"浮雕效果"命令，设置参数如图 3-17-62 所示，图像效果如图 3-17-63 所示。

（4）再次载入通道 Alpha 1 的选区，然后反选选区，执行"选择"→"修改"→"羽化"命令，在弹出的羽化选区对话框中设置羽化半径为 5 像素，效果如图 3-17-64 所示。

（5）执行"编辑"→"填充"命令，在弹出的对话框中，设置如图 3-17-65 所示，对选区进行填充，效果如图 3-17-66 所示。按"Shift＋Ctrl＋F"组合键，执行渐隐命令，在弹出的渐隐对话框中，设置不透明度为 50%，取消选区，如图 3-17-67 所示，效果如图 3-17-68 所示。

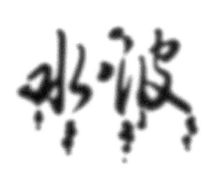

图 3-17-61　图像效果 8

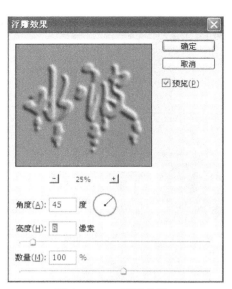

图 3-17-62　设置参数 2

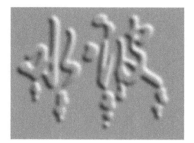

图 3-17-63　图像效果 9

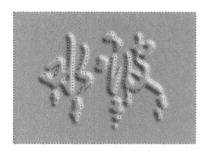

图 3-17-64　图像效果 10

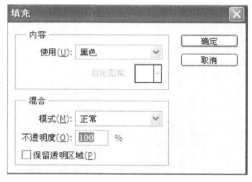

图 3-17-65　"填充"对话框

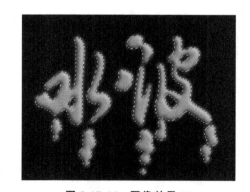

图 3-17-66　图像效果 11

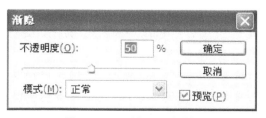

图 3-17-67　"渐隐"对话框

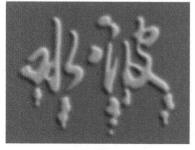

图 3-17-68　图像效果 12

（6）按"Ctrl＋M"组合键，打开曲线对话框，设置如图 3-17-69 所示，图像效果如图 3-17-70 所示。

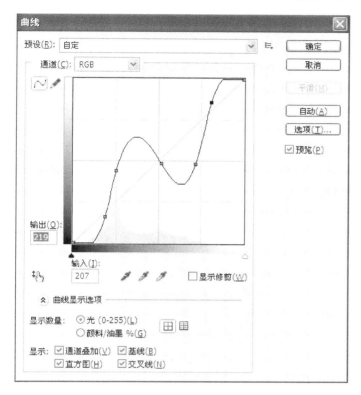

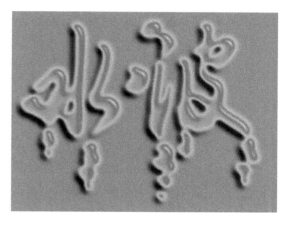

图 3-17-69　"曲线"对话框　　　　　　　　　　　　　　图 3-17-70　图像效果 13

（7）执行"滤镜"→"艺术效果"→"塑料包装"命令，设置参数如图 3-17-71 所示，图像效果如图 3-17-72 所示，接着打开消隐命令，设置不透明度为 25％，图像效果如图 3-17-73 所示。

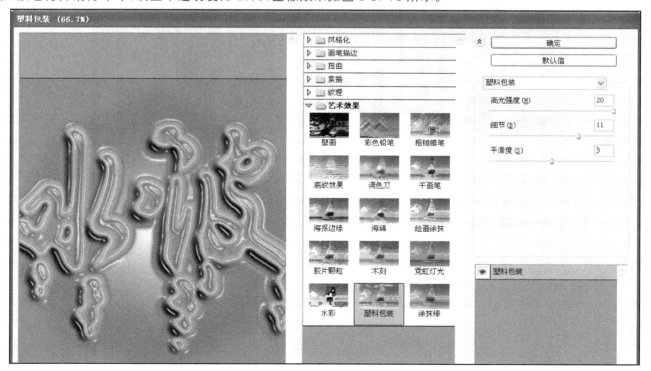

图 3-17-71　设置参数 3

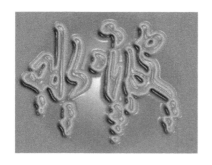

图 3-17-72　图像效果 14

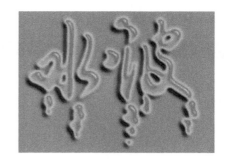

图 3-17-73　图像效果 15

（8）载入 Alpha 1 通道的选区，然后反选选区，在图层 1 中删除选区中的图像，接着取消选区，效果如图 3-17-74 所示，更改图层 1 的混合模式为强光，图像效果如图 3-17-75 所示。

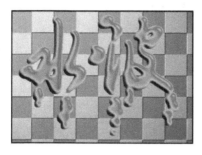

图 3-17-74　图像效果 16

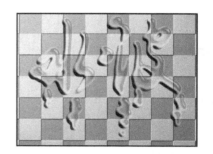

图 3-17-75　图像效果 17

（9）切换到通道面板，选择通道 Alpha 1，然后按下"Ctrl＋A"组合键全选通道图像，再按"Ctrl＋C"组合键拷贝图像，在新建一个同等大的文件，按"Ctrl＋V"组合键进行粘贴，将通道粘贴到新建图像中，并与背景层合并，如图 3-17-76 所示。

（10）执行高斯模糊，设置模糊半径为 8，图像效果如图 3-17-77 所示。将图像存储为 PSD 格式。

图 3-17-76　与背景合并

图 3-17-77　图像效果 18

（11）回到开始的文件，取消选区，复制背景层，然后在背景副本上执行"滤镜"→"扭曲"→"置换"命令，在弹出的对话框中，设置参数如图 3-17-78 所示，确定后，在弹出的对话框中选择 PSD 文件，图像效果如图 3-17-79 所示。

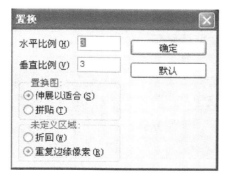

图 3-17-78　"置换"对话框

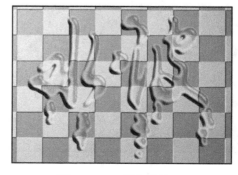

图 3-17-79　图像效果 19

（12）载入通道 1 的选区，反选选区，在背景副本中删除选区内的图像，取消选区效果如图 3-17-80 所示。合并背景层和背景副本层。

（13）复制图层 1，更改图层 1 副本的混合模式为强光，把图层 1 和图层 1 副本进行合并，图像效果如图3-17-81 所示。

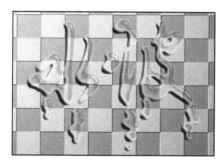

图 3-17-80　取消选区

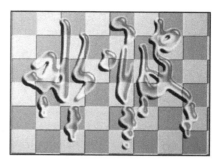

图 3-17-81　图像效果 20

（14）双击图层 1，打开图层样式对话框，选择"投影"和"内发光"，设置参数如图 3-17-82 和图 3-17-83 所示，图像效果如图 3-17-84 所示。

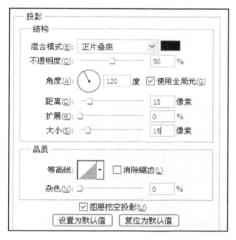

图 3-17-82　设置参数 4

图 3-17-83　设置参数 5

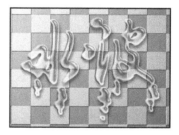

图 3-17-84　图像效果 21

（15）打开通道面板，复制通道 1 为通道 1 副本，然后对通道副本执行两次模糊滤镜，半径为 4，接着按"Ctrl＋L"组合键，设置参数如图 3-17-85 所示，图像效果如图 3-17-86 所示。

图 3-17-85　"色阶"对话框 2

图 3-17-86　图像效果 22

(16) 在通道 1 副本上执行"滤镜"→"风格化"→"浮雕效果"命令,在弹出的浮雕效果对话框中,设置参数如图 3-17-87 所示,图像效果如图 3-17-88 所示。

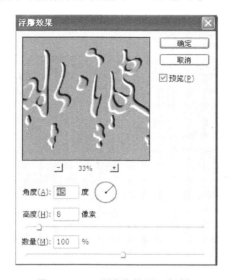

图 3-17-87 "浮雕效果"对话框

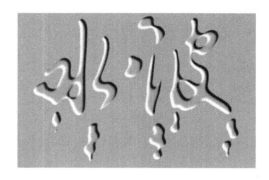

图 3-17-88 图像效果 23

(17) 接着执行色阶命令,设置参数如图 3-17-89 所示,效果如图 3-17-90 所示。

图 3-17-89 "色阶"对话框 3

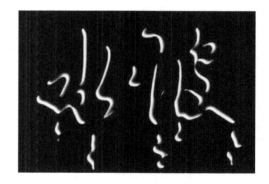

图 3-17-90 图像效果 24

(18) 再次执行高斯模糊滤镜,半径为 3,接着调整色阶,设置如图 3-17-91 所示,图像效果如图 3-17-92 所示。

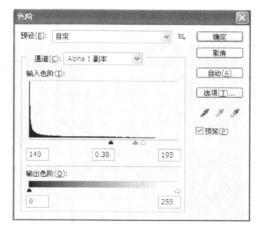

图 3-17-91 设置

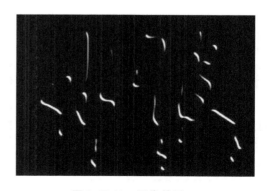

图 3-17-92 图像效果 25

（19）回到图层面板,在图层 1 上新建图层 2,载入通道 1 副本选区,并填充白色,效果如图 3-17-93 所示。

（20）最后调整背景图层的明暗关系,如图 3-17-94 所示。

图 3-17-93　填充白色效果

图 3-17-94　明暗关系

第十八章

图 像 处 理 <<<<

■本章内容■

通过合理编排、有效组织,通过大量的 Photoshop 基础知识的运用,并配合详细的操作步骤进行讲解。读者在学习 Photoshop CS5 的基础知识后,通过典型实例可以进一步掌握图像处理的基本方法和技巧,巩固所学知识。

第一节 抠 图

"抠图"是图像处理中最常做的操作之一。将图像中需要的部分从画面中精确地提取出来,就称为抠图。抠图是后续图像处理的重要基础。

18.1.1 删除背景

(1) 打开图像素材"图像 1",如图 3-18-1 所示。

(2) 用鼠标按住图层面板上的"背景"图层,拖向面板下方的"创建新图层"按钮■,复制"背景副本"图层,如图 3-18-2 所示。

图 3-18-1 图像 1

图 3-18-2 复制"背景副本"图层

(3) 在工具栏中选择"魔棒工具"，并如图 3-18-3 所示设置魔棒工具选项栏,然后在"背景副本"层背景上点击,选择背景。如果选择不理想,可以按下 Shift 键或 Alt 键用鼠标进行加选或减选(也可以用"快速选择工具"进行选择,注意勾选选项栏上的"自动增强"选项)效果如图 3-18-4 所示。

图 3-18-3 设置

(4) 执行"选择"→"反选",将飞鹰选取。然后点击图层面板下方的"添加图层蒙版"按钮，为"背景副本"层添加一个蒙版。蒙版中黑色是被遮挡的部分,白色是要显示的部分,如图 3-18-5 所示。关闭"背景"层前的眼睛，看到人物已从背景中分离出来了,如图 3-18-6 所示。

图 3-18-4 效果 1

图 3-18-5 图层

图 3-18-6 效果 2

18.1.2 置入新的背景

（1）新打开一幅背景图像"图像 2"，如图 3-18-7 所示。

（2）切换到飞鹰图，在背景副本层上单击右键，选择"复制图层"命令。在弹出的对话框中，"目标"处选择打开的风景背景图，这样抠出的飞鹰图就放置到风景图中去了，如图 3-18-8 至图 3-18-10 所示。

图 3-18-7 图像 2

图 3-18-8 图像 3

图 3-18-9 "复制图层"对话框

图 3-18-10 图像 4

（3）切换到新背景图中，看到飞鹰图已经复制过来了。用移动工具把人物放置到合适位置，用自由变换命令适当调飞鹰大小，如图 3-18-11 所示。

图 3-18-11　调飞鹰大小

18.1.3　调整边缘

调整边缘是利用"调整边缘"命令对没有精确选择抠图的图像进行边缘精确处理的修整。

（1）在背景副本层蒙版上，按住 Ctrl 键，单击鼠标，载入飞鹰选区。执行"选择"→"调整边缘"命令。就会弹出"调整边缘"对话框出来。在这里，可以对抠出的图像进行详细设置，以达到我们需要的效果，如图 3-18-12 所示。

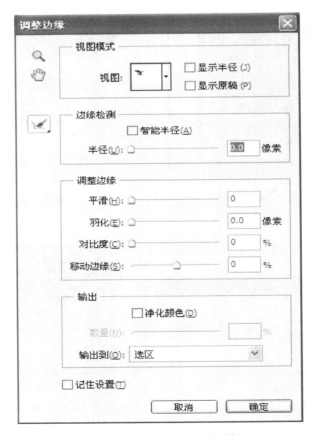

图 3-18-12　"调整边缘"对话框

（2）首先设置"视图模式"。点击"视图"选项处三角▼符号，可以选择各种视图模式。选择"背景图层"模式来查看抠出图，如图 3-18-13 所示。

（3）"边缘检测"设置，在这里可以设置"智能混合"的半径，半径数值越大，边缘透明度越小，可以边看图边拖动滑块来调整，如图 3-18-14 所示。

图 3-18-13　视图模式

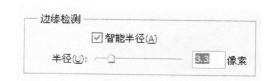

图 3-18-14　边缘检测

（4）用鼠标按住"调整半径工具"按钮，会出现两个工具，另一个是"涂抹调整工具"。"调整半径工具"可以用来添加被抠掉的部分和删除多余的杂色。"涂抹调整工具"用来擦除抠出图中多余的部分。根据抠图的需要，可以选择不同的工具进行修改。

（5）"调整边缘"设置。如果抠出对象边缘不平整，可以增加"平滑"度和"羽化"值，如果希望边缘更实一些可以增加"对比度"，虚一些可减少"对比度"。如果原来的选区比原图小，可以增加"收缩/扩展"值，如果出现了杂边，可以减小该值，如图 3-18-15 所示。

（6）"输出"设置。如果希望抠出图的色彩与背景整合得更好，可以勾选"净化颜色"复选框，并且可以调节数量。这对那些有杂色的图像尤其有用，如图 3-18-16 所示。

图 3-18-15　"调整边缘"对话框

图 3-18-16　"输出"对话框

（7）"输出到"设置。"输出到"是用来选择输出方式的，可以选择输出到一个新的图层，输出到一个带蒙版的图层，一个组，一个带蒙版的组等。一般选择输出到一个带蒙版的图层为好。

设置好后，点"确定"按钮，一张完美的图就抠好了，如图 3-18-17 所示。

图 3-18-17　效果图

第二节　图 像 合 成

所谓图像合成，大致的意思就是将两张或两张以上的处于不同环境不同光照等各种不同条件下的两张或多张图片组合成一张新的图片,当然也可以是各张图片中的某个部分的组合。在此过程中要注意的是,使合成后的图片的色调协调和所处环境与光感及光照位置的协调。使其在合成后看上去仍然是个自然、和谐的整体。

图 3-18-18 汽车

18.2.1 建立合成选区

(1)打开素材图片"汽车",如图 3-18-18 所示。

(2)选择磁性套索工具 ,工具选项栏设置如图 3-18-19 所示。然后鼠标沿着汽车的边沿,创建汽车车身的选区,如图 3-18-20 所示。

(3)选择多边形套索工具 ,按着 Shift 键或 Alt 键可以增选或减选选区。这样把玻璃、车灯等部位从选区中去除,如图 3-18-21 所示。

图 3-18-19 工具选项栏设置

图 3-18-20 汽车车身选区

图 3-18-21 去除部分

18.2.2 填充颜色

为了使合成的图像与车身能统一完整的结合一块,最好给需要合成的部分填充与合成图像颜色相似的色彩。

(1)打开素材图像"豹子 1"、"豹子 2",如图 3-18-22 和图 3-18-23 所示。

图 3-18-22 素材图像 1

图 3-18-23 素材图像 2

(2)创建一个新图层"图层 1",然后在新图层的选区中使用渐变工具 ,前景色设置为♯fdecd2,背景色设置为♯be9a76(根据素材图像"豹子 1"、"豹子 2"的色彩设置),填充一个线性渐变效果,设置图层的混合模式为"正片叠底",如图 3-18-24 所示所示。最后得到效果如图 3-18-25 所示。

图 3-18-24　图层

图 3-18-25　效果 1

（3）选择"背景"图层，拖至图层面板下方的"创建新图层"按钮 🔲 上，复制背景图层"背景副本"，然后把"背景副本"图层移到图层 1 的上面，并设置图层混合模式为"叠加"，如图 3-18-26 所示。这样汽车车身的金属眩光就回来了，如图 3-18-27 所示。

图 3-18-26　"叠加"

图 3-18-27　效果 2

18.2.3　贴图

（1）回到素材图像"豹子 1"，执行"选择"→"全部"命令，或按下"Ctrl＋A"键全选图像，再执行"编辑"→"拷贝"命令，或者按下"Ctrl＋C"组合键拷贝图像到剪贴板。然后回到制作的汽车图像，执行"编辑"→"粘贴"命令，或者按下"Ctrl＋V"组合键粘贴图像。

（2）选择刚粘贴的图层，执行"编辑"→"变换"→"扭曲"命令，调整粘贴图层与汽车引擎盖的位置，如图 3-18-28所示。

（3）接着在执行"编辑"→"变换"→"变形"命令，调整贴图与引擎盖的曲面弧度，如图 3-18-29 所示。

图 3-18-28　粘贴图层

图 3-18-29　调整贴图

（4）参照素材图像"豹子 1"的粘贴方法将素材图像"豹子 2"粘贴到车身的一侧，效果如图 3-18-30 所示。

图 3-18-30　效果 3

18.2.4　后期处理

（1）选择橡皮擦工具 ，工具选项栏设置如图 3-18-31 所示。设置柔角画笔，柔角参数为 0，如图 3-18-32 所示。

（2）分别选择两个粘贴的图层，用设置的柔角橡皮工具进行擦除修整，最后得出效果如图 3-18-33 所示。

图 3-18-31　工具选项栏设置

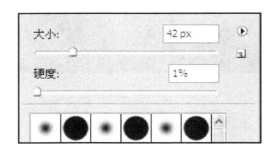

图 3-18-32　参数　　　　　　　　　　　图 3-18-33　效果 4

（3）按下 Ctrl 键，在图层面板上同时选择粘贴的两个图层，执行"图层"→"合并图层"命令。

（4）或在图层上单击右键，在弹出的菜单中选择"合并图层"命令，合并为一个图层，图层模式改为"叠加"，如图 3-18-34 所示。

（5）右键单击图层面板上的图层，在弹出的菜单中选择"合并可见图层"命令，将所有的图层合并。如果想增强眩光的氛围，可以为图像加上"镜头光晕"的渲染滤镜，最后得出的效果如图 3-18-35 所示。

图 3-18-34　"叠加"　　　　　　　　　　图 3-18-35　效果 5

第三节 效果图后期处理

18.3.1 添加通道和建筑图层

（1）打开素材图像"大厦.tif"，如图 3-18-36 所示。

（2）执行"选择"→"载入选区"命令，打开"载入选区"对话框，"通道"选择"Alpha 1"，单击"确定"即可，如图 3-18-37 和图 3-18-38 所示。

（3）按下"Ctrl＋C"组合键复制，然后按下"Ctrl＋V"组合键将选择区域的图像粘贴到新图层，改名为"建筑"，如图 3-18-39 所示。

图 3-18-36　素材图像

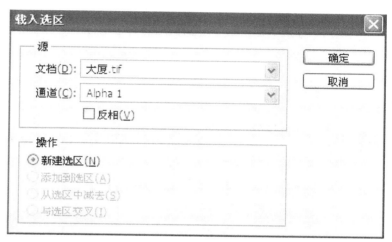

图 3-18-37　"载入选区"对话框

图 3-18-38　效果

图 3-18-39　命令

（4）按下"Ctrl＋S"组合键，将文件保存为"大厦.psd"，这时打开的图像文件自然就转换为"psd"格式，如图 3-18-40 所示。

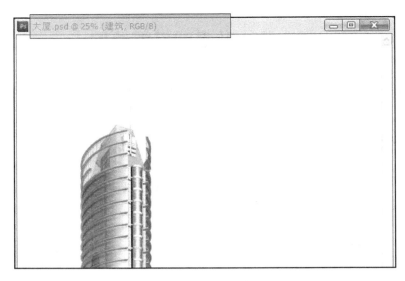

图 3-18-40　"psd"格式

18.3.2　添加配景

（1）添加天空：打开素材图像"天空. psd"，将其移到"大厦. psd"中，按下"Ctrl＋["组合键，再将其移到"建筑"图层下面，按下"Ctrl＋T"键，改变天空的大小，直至构图合适为止，如图 3-18-41 和图 3-18-42 所示。

（2）添加远楼群：打开素材图像"楼群. psd"，用以上同样的方法把其放入"大厦. psd"中，调整大小，并将该图层"不透明度"调为 50％，做出远景的空间感，如图 3-18-43 所示。

图 3-18-41　设置　　　　　　　图 3-18-42　图像 1　　　　　　　图 3-18-43　图像 2

（3）添加树群：打开素材图像"树群. psd"，同样的方法将其放入"大厦. psd"中，调整大小及不透明度，如图 3-18-44 所示。

（4）添加草地：打开素材图像"草地. psd"，同样的方法将其放入"大厦. psd"中，调整大小，如图 3-18-45 所示。

（5）添加人物、汽车及其他配景：用同样的方法，添加人物、汽车等其他配景，经过调整后得到如图 3-18-46 所示效果。

图 3-18-44　添加树群　　　　　图 3-18-45　添加草地　　　　　图 3-18-46　添加人物、汽车及其他配景

18.3.3　画面整体调整

1. 增加天空的褪晕

由于天空上方缺少明暗的变化,可以用增加渐变丰富天空。

■在天空图层上方新建图层,命名为"渐变",按"D"键,将前景色设置为黑色。选择渐变工具 ▨ ,在工具选项栏中设置"渐变拾色器"中选项为"前景色到透明渐变"选项,如图 3-18-47 所示。

■在渐变层上面,由上向下做出渐变效果,如图 3-18-48 所示。

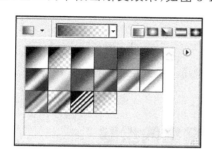

图 3-18-47　"前景色到透明渐变"选项

图 3-18-48　渐变效果

2. 色彩调整

■选择"树群"图层,执行"图像"→"调整"→"色相/饱和度"命令,设置图层饱和度,如图 3-18-49 所示。

■选择"树群"图层,执行"图像"→"调整"→"亮度/对比度"命令,设置图层对比度度,如图 3-18-50 所示。

■选择"草坪"图层,同样采取上两个步骤,调整草坪的饱和度和对比度。最后合并图层,完成最终效果,如图 3-18-51 所示。

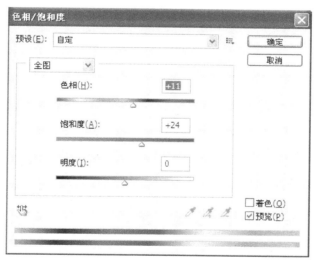

图 3-18-49　"色相/饱和度"对话框

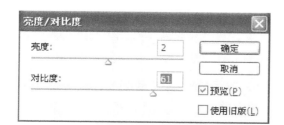

图 3-18-50　"亮度/对比度"对话框

图 3-18-51　最终效果

第十九章

终 极 手 绘 ◀◀◀

■ 本章内容 ■

利用 Photoshop 相关手绘工具,按照扫描草图绘制创作的图形,并运用所学 Photoshop 相关色彩知识赋以色彩,创造逼真的画面效果。

第一节　彩色壁纸的绘制

本书的重点是人物部分的制作。在制作人物部分要多分层制作,才能保证人物各部分的层次及色彩自由的设置;其次是心形的制作,心形的制作可以用路径绘制的方法,也可以直接用自定形状工具绘制的方法;再者就是花儿的绘制,细心的朋友很快就会发现花朵其实是对称图形,由很多花瓣组成。制作的时候做好一片花瓣,然后按照一定规律复制即可。为了让花瓣看上去更美观,可以适当改变花瓣的透明度。

19.1.1　人物的绘制

(1)执行"文件"→"新建"命令,新建一个文档,设置如图 3-19-1 所示。

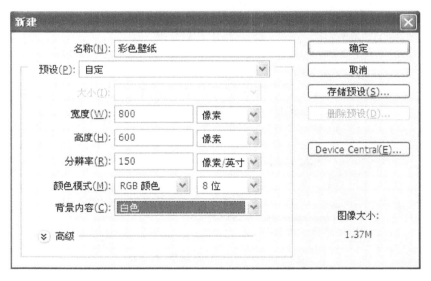

图 3-19-1　"新建"对话框

(2)单击图层面板下的"创建新组" 按钮,新建一个"人物组"图层组,如图 3-19-2 所示。

(3)创建头部组,在图层组中分层绘制人物头部。

■新建图层,用钢笔勾出人物头发轮廓,转换为选区。按下"D"键,设置前景色为黑色,在路径面板上右键单击路径,在弹出的菜单中选择"填充路径"命令,打开"填充路径"对话框进行填充设置,填充后删除路径,如图 3-19-3 和图 3-19-4 所示。

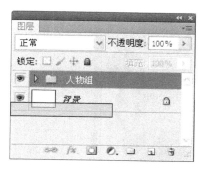

图 3-19-2　图层组

图 3-19-3　设置

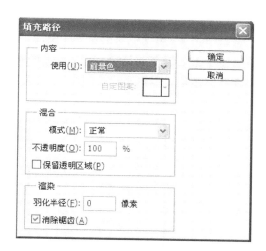

图 3-19-4　"填充路径"对话框

■新建图层,钢笔工具绘制头发高光区,填充颜色"♯9d9485",如图 3-19-5 所示。

■新建图层,同样方法绘制人物脸部,填充颜色"♯ffa88d",并且移动该图层到头发图层的下面,如图 3-19-6 所示。

■新建图层,同样的方法绘制五官,填充相应的颜色,如图 3-19-7 所示(眼睛填充黑色、白色、♯b14d4f、♯543312;鼻子填充♯a94e3b;嘴巴填充白色、♯f06675、♯912b26)。

■头发、脸部进一步处理,效果如图 3-19-8 所示。

图 3-19-5　新建图层 1

图 3-19-6　新建图层 2

图 3-19-7　新建图层 3

图 3-19-8　效果 1

(4) 创建身体组,在图层组中分层绘制人物身体。

■新建图层,用钢笔勾出人体右臂轮廓,转换为选区,填充颜色♯f6a68d。设置前景色为♯a44c33,笔刷大小为 2,在路径面板上右键单击路径,在弹出的菜单中选择"描边路径"命令,打开"描边路径"对话框进行描边设置,描边后删除路径,如图 3-19-9 所示。

■新建图层,同样方法绘制暗部,填充颜色♯c96e53,如图 3-19-10 所示。

图 3-19-9　"描边路径"对话框

图 3-19-10　新建图层

■同样的方法绘制人体其他部分,填充相应的颜色,合理分布图层,最后人体绘制完成,如图 3-19-11 所示。

（5）创建服饰组，在图层组中分层绘制人物服饰。

■新建图层，用钢笔勾出裙子轮廓，转换为选区，填充颜色♯a60a0b。设置前景色为♯810405，笔刷大小为2，在路径面板上右键单击路径，在弹出的菜单中选择"描边路径"命令，进行描边设置，描边后删除路径。

■新建图层，同样方法绘制鞋子及其配饰，填充相应的颜色，最后调整图层的层次关系，最后效果如图3-19-12所示。

图 3-19-11　人体绘制完成

图 3-19-12　最后效果图 1

19.1.2　心形的绘制

（1）隐藏人物组所有图层。新建图层，用钢笔勾出心形轮廓，转换为选区，填充颜色♯db0100。

（2）执行"选择"→"修改"→"收缩"命令，打开"收缩"对话框，设置选区收缩，如图3-19-13和图3-19-14所示。

图 3-19-13　"修改"对话框　　　　　　　图 3-19-14　"收缩选区"对话框

（3）设置前景色为♯9d0909，填充选区。然后进行锯齿选区设置，按下Delete键，删除选区内容，如图3-19-15所示。

（4）新建图层，设置前景色为♯c11a22，绘制包装彩带，调整各部分图层顺序，点开人物组所有图层，效果如图3-19-16所示。

图 3-19-15　删除选区

图 3-19-16　效果 2

（5）新建图层，设置前景色为♯debcbb，单击"自定形状工具"，在工具选项栏按下"填充像素"按钮，在打开的"形状"选框中选择图案，进行绘制，如图3-19-17所示。

（6）同样的方法，运用颜色♯c90402绘制心形，并且用"减淡工具"做出立体效果，最后点上高光，进行放大缩小复制排列,效果如图 3-19-18 所示。

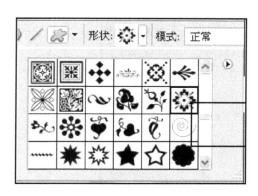

图 3-19-17 选择因素

图 3-19-18 效果 3

19.1.3 背景制作

(1) 选择背景图层,设置前景色为♯ffcada,按下“Alt＋Delete”组合键进行填充。

(2) 新建图层,设置前景色为白色,单击“自定形状工具” ，在工具选项栏按下“填充像素” 按钮,在打开的“形状”选框中选择雪花图案,进行绘制。

(3) 对所有操作进行调整,合并所有图层,最后效果如图 3-19-19 所示。

图 3-19-19 最后效果 2

第二节 时尚牛仔裙绘制

19.2.1 素材准备

(1) 执行“文件”→“新建”命令,打开新建对话框,新建一个文件,设置如图 3-19-20 所示。

(2) 执行“图层”→“新建图层”命令,或者单击图层面板下的“创建新图层” 按钮,新建一图层,设置前景色为♯436475,按下“Alt＋Delete”组合键进行填充。

(3) 选择新建图层,执行“滤镜”→“纹理”→“纹理化”命令,对图层进行滤镜处理。设置如图 3-19-21 所示。

(4) 执行“滤镜”→“锐化”→“USM 锐化”命令,设置如图 3-19-22 所示。

图 3-19-20 "新建"对话框

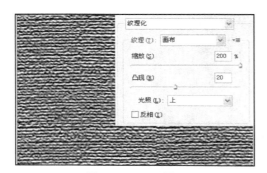

图 3-19-21 设置 1

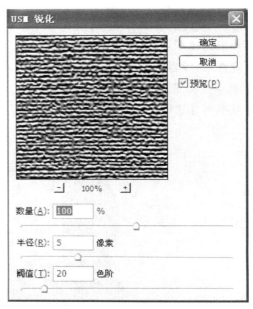

图 3-19-22 "USM 锐化"对话框

（5）新建文档,选择"画笔工具" ，画笔的大小设置为 3,前景色设置为#1a193e,沿对角线绘制,如图 3-19-23
所示。

图 3-19-23 新建文档

（6）执行"编辑"→"定义图案"命令，定义图案，如图 3-19-24 所示。

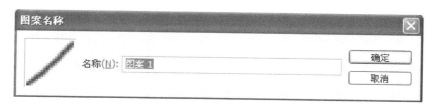

图 3-19-24　"图案名称"对话框

（7）回到布纹文档，新建图层，执行"编辑"→"填充"命令，打开填充对话框，在"自定图案"后面选择刚才的定义图案，单击"确定"，进行图案填充。设置及填充效果如图 3-19-25 和图 3-19-26 所示。

（8）选择图案填充图层，在图层面板上"图层模式"下选择"线性加深"特效模式，效果如图 3-19-27 所示。

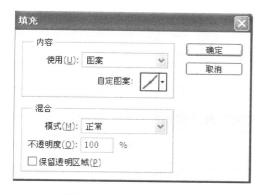
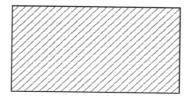
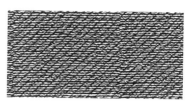

图 3-19-25　"填充"对话框　　　　图 3-19-26　填充效果　　　　图 3-19-27　效果 1

（9）执行"滤镜"→"扭曲"→"玻璃"和"滤镜"→"艺术效果"→"涂抹棒"滤镜命令，设置如图 3-19-28 和图 3-19-29所示，合并两图层，最后布纹效果如图 3-19-30 所示。

图 3-19-28　设置 2　　　　　　　图 3-19-29　设置 3

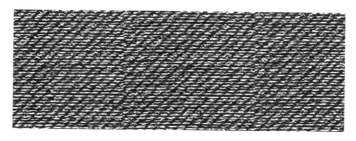

图 3-19-30　布纹效果

（10）新建文档，并用"钢笔工具" 绘制路径，并填充黑色，设置及效果如图 3-19-31 所示。

图 3-19-31　设置及效果

（11）执行"编辑"→"定义画笔预设"命令，打开画笔定义对话框，进行画笔预设，如图 3-19-32 所示。至此绘制牛仔裙的素材准备完毕。

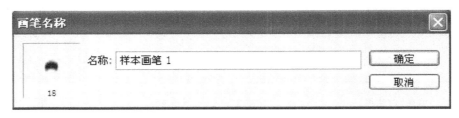

图 3-19-32　画笔预设

19.2.2　裁剪

（1）新建图层，命名为"裁剪"，并隐藏布纹图层。然后再新建图层上用钢笔工具绘制牛仔裙草图，如图 3-19-33所示。

（2）用"钢笔工具"绘制一布纹走向相同的部分，并转换为选区，如图 3-19-34 所示。

图 3-19-33　牛仔裙草图

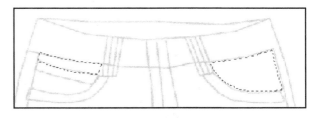

图 3-19-34　选区

（3）复制"布纹"图层，然后隐藏"布纹"图层，选择"布纹副本"图层，并进行合适的方向旋转。执行"选择"→"反选"命令，使选区反选，按下 Delete 键，删除不需要的布纹部分，效果如图 3-19-35 所示。

（4）用同样的方法，把其他的布纹组件进行填充。为了区分不同的组件，方便后面的处理，适当调整明度，如图 3-19-36 所示。

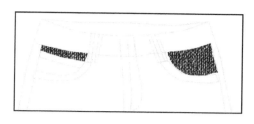

图 3-19-35 效果 2

图 3-19-36 调整明度

9.2.3 调整调子

（1）在相应的布纹图层上分别新建图层,设置前景色为较深的蓝色,选择"画笔工具" ,调整合适的画笔大小、软硬度及不透明度,在相应的布纹组件图层上的新建图层进行涂抹,加深布纹的暗部效果,如图 3-19-37 所示。

（2）分别选择"加深工具" 和"减淡工具" ,在工具选项栏中分别设置合适的画笔大小、软硬及曝光度,对布纹组件的深浅进行涂抹,表现出一种磨损明暗的变化,效果如图 3-19-38 所示。

图 3-19-37 暗部效果

图 3-19-38 效果 3

（3）合并各布纹组件和其上面的图层,选择"涂抹工具" ,在工具选项栏中分别设置合适的画笔大小、软硬及强度,对布纹组件的边缘进行涂抹,表现出毛边的效果,如图 3-19-39 所示。

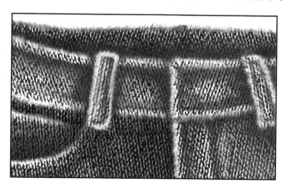

图 3-19-39 毛边效果

19.2.4 缝线的制作

（1）在各个布纹组件图层的上方再建新图层,选择一个图层,用"钢笔工具" 绘制路径。

（2）设置前景色为♯4799c5,当前的画笔设置为先前自定义的画笔,大小适中。

（3）执行"窗口"→"画笔"命令,打开画笔设置面板,"画笔笔尖形状"及"形状动态"设置分别如图 3-19-40 和图 3-19-41 所示。

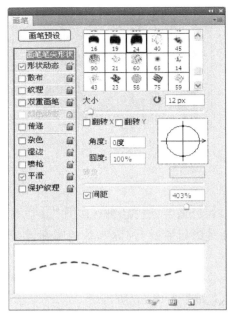

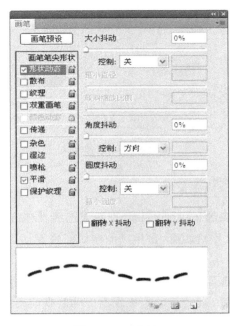

图 3-19-40 设置 4 　　　　　　　　　　　　图 3-9-41 设置 5

（4）激活刚才绘制的路径，鼠标单击路径面板下面的"用画笔描边路径"按钮 ⃝ ，进行路径描边，然后删除路径。

（5）执行"图层"→"图层样式"→"投影"命令，打开图层样式对话框，对描边图层进行"投影"与"斜面和浮雕"的设置。效果如图 3-19-42 所示。

（6）同样的方法对其他的布纹组件进行绘制处理，效果如图 3-19-43 所示。

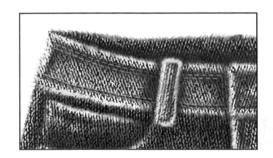

图 3-19-42 效果 4 　　　　　　　　　　　　图 3-19-43 效果 5

（7）最后进行整体处理，得出最终效果如图 3-19-44 所示。

图 3-19-44 最终效果

第三节　写实汽车的绘制

19.3.1　车身的绘制

（1）执行"文件"→"新建"命令，打开新建文档对话框，设置如图 3-19-45 所示，新建一文档。

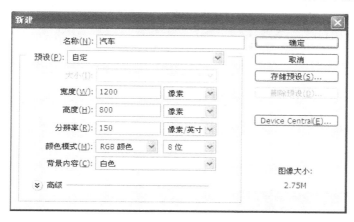

图 3-19-45　"新建"对话框

（2）在背景层上新建一个层，用钢笔工具 ![pen] 将汽车的轮廓画出，如图 3-19-46 所示。

（3）设置前景色为♯e13c02，右键单击路径面当前路径，在弹出的菜单中选择"填充路径"命令，填充前景色。设置如图 3-19-47 和图 3-19-48 所示；取消路径，效果如图 3-19-49 所示。

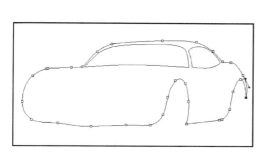

图 3-19-46　轮廓

图 3-19-47　设置 1

图 3-19-48　设置 2

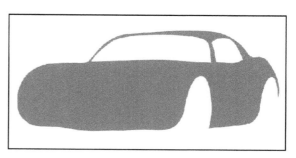

图 3-19-49　效果 1

（4）设置前景色为♯fb976b，在车身上用钢笔工具描绘，填充前景色，如图 3-19-50 所示。

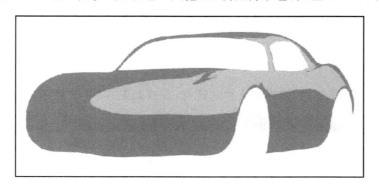

图 3-19-50　填充前景色

（5）设置前景色为白色及♯861002，右键单击路径面当前路径，在弹出的菜单中选择"建立选区"命令，设置如图 3-19-51 所示，建立选区，用画笔工具 ✎对车身的高光及暗部进行绘制，同时绘制车窗效果，如图 3-19-52 所示。

图 3-19-51　设置 3

图 3-19-52　车窗效果

19.3.2　汽车前脸的绘制

（1）背景色设置为黑色，执行"文件"→"新建"命令，打开"新建"文档对话框，设置如图 3-19-53 所示。

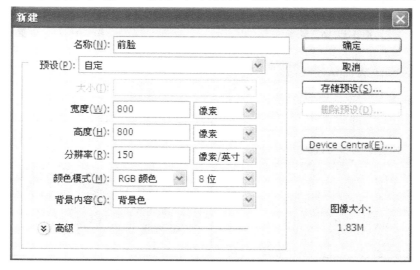

图 3-19-53　打开"新建"文档对话框

（2）在背景层创建图层,选择"多边形工具" ⬡,工具选项栏设置如图 3-19-54 所示,然后在新建文档上绘制如图 3-19-55 所示。

图 3-19-54　工具选项栏设置

（3）在如图 3-19-55 的六边形中绘制较小的同样六边形选区,删除选区内容,如图 3-19-56 所示。

（4）通过重复的复制、粘贴,调整各个图层位置,最后合并图像图层,效果如图 3-19-57 所示。

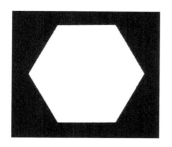
图 3-19-55　绘制图

图 3-19-56　删除选区内容

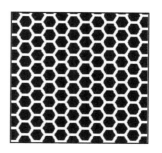
图 3-19-57　效果 2

（5）执行"图层"→"图层样式"→"斜面和浮雕"命令,打开图层样式对话框,设置图样图层的"斜面和浮雕"和"内阴影"效果,设置如图 3-19-58 和图 3-19-59 所示。效果如图 3-19-60 所示。

图 3-19-58　设置 4

图 3-19-59　设置 5

（6）用钢笔工具在车头位置绘制路径,新建图层,运用不同的颜色进行路径描边,做出立体效果,如图 3-19-61 所示。

（7）把路径转换为选区,选择"前脸"图像图层,按下"Ctrl＋A"组合键,全选图层,然后按下"Ctrl＋C"键进行拷贝,执行"编辑"→"选择性粘贴"→"贴入"命令,把拷贝的图像贴入到选区内,如图 3-19-62 所示。

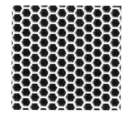
图 3-19-60　效果 3

图 3-19-61　立体效果

图 3-19-62　把图像贴入到选区内

（8）执行"编辑"→"变换"→"变形"命令，根据汽车前脸的曲面进行变形，如图 3-19-63 所示。

（9）同样的方法，制作另外一部分，并按照汽车的光线明暗用"加深工具"进行明暗处理，效果如图 3-19-64 所示。

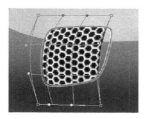
图 3-19-63　变形

图 3-19-64　效果 4

19.3.3　车轮的绘制

（1）新建图层，命名"车轮"，并把其放置于汽车图层下方，用钢笔工具绘制出轮胎的大致的方向及透视，关闭其他所有图层，如图 3-19-65 所示。然后填充路径为黑色，如图 3-19-66 所示。

（2）新建图层，在轮胎上绘制高光区域路径，转换为选区，羽化值设为 4，如图 3-19-67 所示。

然后图层白色，运用橡皮擦工具及图层的不透明度的调整，调整高光的效果，如图 3-19-68 所示。

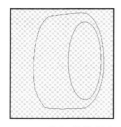
图 3-19-65　关闭其他所有图层

图 3-19-66　填充路径为黑色

图 3-19-67　转换为选区

图 3-19-68　调整高光的效果

（3）新建图层，用钢笔工具绘制车轮钢圈路径，转换为选区，并图层灰色，如图 3-19-69 所示。

（4）绘制选区，用"减淡工具"和"加深工具"分别对亮部及暗部进行处理，效果如图 3-19-70 所示。

（5）同理，绘制钢圈上的螺丝孔，如图 3-19-71 所示。

图 3-19-69　图层灰色

图 3-19-70　效果 5

图 3-19-71　螺丝孔

（6）用相同的方法，绘制其他几个轮胎，激活车身图层，如图 3-19-72 所示。

图 3-19-72　车身图层

19.3.4　车灯、标志及后视镜的绘制

1. 车灯的绘制

■新建图层,在汽车引擎盖一车灯的位置,用钢笔工具绘制大灯的轮廓,进行分层两次描边,一明一暗,表现立体效果,然后填充路径为白色,如图 3-19-73 所示。

■同理,用钢笔工具绘制路径转换为选区,用减淡工具和加深工具分别处理大灯的明暗关系和反光效果,如图 3-19-74 所示。

图 3-19-73　车灯

图 3-19-74　反光效果

■用同样的方法,绘制出其他车灯,如图 3-19-75 所示。

■进行车灯的明暗处理,效果如图 3-19-76 所示。

图 3-19-75　绘制其他车灯

图 3-19-76　效果 6

2. 标志的绘制

这里选择大家最熟悉的"大众"汽车标志进行绘制。

■新建透明文档,命名为"标志",设置前景色为♯fcbd92(汽车亮部颜色)。用钢笔工具绘制大众汽车标志轮廓,转换为选区,填充前景色,如图 3-19-77 所示。

■运用图层样式进行标志的设置(运用前面讲过的制作金属字体的方法制作,制作过程中注意汽车本身颜色对标志的影响),然后将其放在合适的位置,调整其大小及透视关系,效果如图 3-19-78 所示。

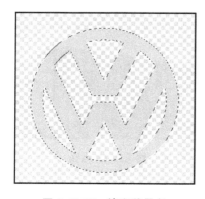
图 3-19-77　填充前景色

图 3-19-78　效果 7

3. 后视镜的绘制

■在车身图层的下方创建新图层，命名"后视镜"，设置前景色为＃8f0f06。在合适的位置绘制汽车后视镜轮廓，填充前景色，如图 3-19-79 所示。

■绘制后视镜的暗部及高光部分，如图 3-19-80 所示。

■同样的方法绘制另外一个后视镜，并绘制其在车身上的投影，效果如图 3-19-81 所示。

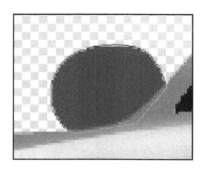  

图 3-19-79　填充前景色　　　　图 3-19-80　绘制　　　　图 3-19-81　效果 8

■通过调整，最后整体效果如图 3-19-82 所示。

图 3-19-82　最后整体效果

19.3.5 其他配饰的绘制

（1）车门的绘制：新建图层，运用钢笔工具，绘制门缝路径，然后进行明暗描边，效果如图 3-19-83 所示。

（2）把手的绘制：运用钢笔工具绘制路径，转换路径为选区，用减淡工具和加深工具，绘制车门把手，效果如图 3-19-84 所示。

图 3-19-83　效果 9　　　　　　　图 3-19-84　效果 10

（3）车内配饰的绘制：新建图层，运用钢笔工具绘制路径，进行填充路径，然后运用加深和减淡工具进行立体效果显示，调整图层透明度，绘制出车内配饰，如图 3-19-85 所示。

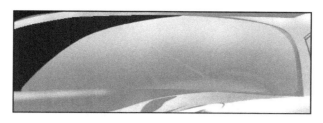

图 3-19-85　车内配饰

（4）调整各个部分的关系，效果如图 3-19-86 所示。

图 3-19-86　效果 11

为了加强视觉效果，在背景图层上绘制处理出路面、投影、背景等效果，最终效果如图 3-19-87 所示。至此，一幅完整的汽车图像绘制完成。

图 3-19-87　最终效果

第二十章

平 面 设 计 《《《

从 Photoshop CS5 的基本工具的用法入手,然后延伸至平面设计的基础知识,介绍了报纸广告、台历广告和包装设计等实际工作中常见的案例。每个案例都有详细的制作流程详解,图文并茂、一目了然。

第一节　报纸广告-MOTO 智能手机

报纸广告是现在平面广告中一种比较常见的一种形式。本实例设计的是一款摩托罗拉智能手机的报纸广告。

20.1.1　广告背景的制作

(1)执行"文件"→"新建"命令或按下"Ctrl+N"组合键,打开"新建"对话框,设置如图 3-20-1 所示,新建名为"智能手机"的文档。

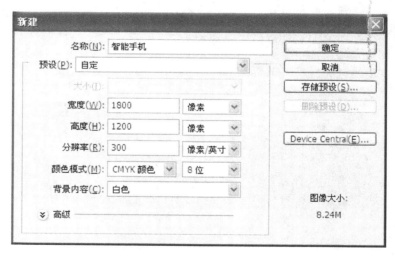

图 3-20-1　设置 1

(2)执行"图层"→"新建"→"图层"命令,或者单击图层面板下的"创建新图层"按钮,创建名称为"背景"的图层,如图 3-20-2 所示。

(3)单击工具箱中的"渐变工具",在其工具选项栏中单击"线性渐变"按钮,然后打开渐变拾色器,选择第一个渐变模式"前景色到背景色渐变",如图 3-20-3 所示。

(4)设置前景色 CMYK 值分别为 99%、89%、43%、48%,背景色 CMYK 值分别为 97%、81%、16%、3%。按下 Shift 键,在"广告背景"图层画面中由左向右填充渐变颜色,如图 3-20-4 所示。

(5)新建图层,设置前景色为黑色,即 CMYK 值都为 100%。在工具箱上单击"矩形选框工具",在画面上方拉出一长方形选框,按下"Alt+Delete"组合键,填充黑色,如图 3-20-5 所示。

(6)新建图层,设置前景色为白色,即 CMYK 值都为 0%。在工具箱上单击"钢笔工具" ,在黑色矩形下方绘制直线路径,如图 3-20-6 所示。

(7)设置画笔大小为 2,硬度为 100%,不透明度为 100%。单击路径面板下的"用画笔描边路径"按钮 ,给路径白色描边,删除路径,效果如图 3-20-7 所示。

图 3-20-2　图层

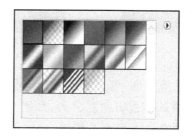

图 3-20-3　渐变

图 3-20-4　填充渐变颜色

图 3-20-5　填充黑色

图 3-20-6　绘制直线路径

图 3-20-7　效果 1

20.1.2　广告主体图像处理

(1)执行"文件"→"打开"命令,或者按下"Ctrl+O"组合键,在打开的目标文件夹中找到手机素材图像,双击打开,如图 3-20-8 所示。

(2)单击工具箱中的"魔棒工具" ,容差设置为 30,在图像上白色背景上单击,创建如图 3-20-9 所示的选区。

图 3-20-8　手机

图 3-20-9　创建选区

(3)执行"选择"→"反向"命令,或者按下"Ctrl+Shift+I"组合键,反选选区;单击"移动工具" ,用鼠标拖动选区内的图像至"智能手机"图像窗口中,如图 3-20-10 所示。

(4)执行"编辑"→"变换"→"缩放"命令,或按下"Ctrl+T"组合键进行手机图像变换,调整其大小,放置合适位置,如图 3-20-11 所示。

图 3-20-10 图像窗口   图 3-20-11 缩放

（5）在图层面板上，用鼠标按住手机图层拖向"创建新图层"按钮 ，复制手机副本图层，将其放置于手机图层下方，并对其进行大小、角度变换，调整其不透明度为 50％，如图 3-20-12 和图 3-20-13 所示。

（6）用同样的方法，复制手机副本图层为手机副本 2 图层，分别变换大小、角度，调整不透明度为 30％，并且把其放置于手机副本图层下方，效果如图 3-20-14 所示。

图 3-20-12 设置 2   图 3-20-13 图像   图 3-20-14 效果 2

（7）用鼠标单击手机副本图层前的图层缩览图，建立手机副本图像选区；选择手机副本 2 图层，按下 Delete 键，删除手机副本 2 图像被手机副本图像遮掩的部分，如图 3-20-15 和图 3-20-16 所示。

（8）在图层面板上选择手机副本图层，按下"Ctrl＋E"组合键，合并手机副本与手机副本 2 图层为手机副本图层；再对手机副本进行复制为手机副本 2，执行"编辑"→"变换"→"水平翻转"命令，调整其位置，如图 3-20-17 所示。

（9）合并手机图层、手机副本图层和手机副本 2 图层为手机图层，再复制手机图层为手机副本图层，执行"编辑"→"变换"→"垂直翻转"命令，垂直翻转手机副本图像，如图 3-20-18 所示。

图 3-20-15 处理 1   图 3-20-16 处理 2   图 3-20-17 处理 3   图 3-20-18 处理 4

（10）按下 D 键，默认前景色为黑色，背景色为白色；选择手机副本图层，单击图层面板下的"添加矢量蒙版"按钮 ，为图层添加矢量蒙版，如图 3-20-19 所示。

（11）单击工具箱中的"渐变工具"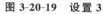，设置渐变模式为"前景色到背景色渐变"，用鼠标在手机副本图像上由上向下拖曳，如图 3-20-20 所示。

（12）运用相同的方法，在广告图像左下角制作出其他的手机素材，效果如图 3-20-21 所示。

图 3-20-19　设置 3

图 3-20-20　处理 5

图 3-20-21　效果 3

20.1.3　标志和文字的制作

（1）打开素材"摩托罗拉标志"，如图 3-20-22 示。

（2）在工具箱中单击魔棒工具，容差设置为 30，按下 Shift 键，然后在打开的素材图像上点击白色区域，再反选标志图像，把其移到手机广告图像上，调整大小及位置，如图 3-20-23 示。

（3）按下 Ctrl 键，在图层面板中单击标志图层，建立图层图像选区，如图 3-20-24 示。

图 3-20-22　标志

图 3-20-23　调整

图 3-20-24　设置 4

（4）设置前景色为白色，按下"Alt＋Delete"组合键，填充前景色，如图 3-20-25 所示。

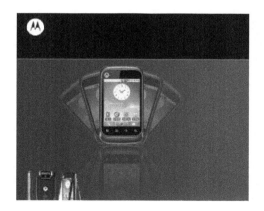

图 3-20-25　效果 4

（5）单击工具箱上的"横排文字工具"T，字体设置为"方正大黑简体"，字体大小为"14 点"，字体颜色为白色，文字工具选项栏如图 3-20-26 所示。

图 3-20-26　文字工具选项栏

（6）执行"窗口"→"字符"命令，或者单击文字工具选项栏上的"切换字符和段落面板"按钮📋，打开字符面板，设置文字为"仿粗体"和"仿斜体"，如图 3-20-27 所示。按下 Esc 键，效果如图 3-20-28 所示。

图 3-20-27　"字符"对话框

图 3-20-28　效果 5

（7）用同样的方法，输入其他的文字，并设置文字的大小、字体等，设置好位置，如图 3-20-29 和图 3-20-30 所示。

图 3-20-29　处理文字

图 3-20-30　设置位置

（8）输入说明性文字，调整好大小、位置，最后对整个图像画面进行调整，合并全部图层，效果如图 3-20-31 所示。

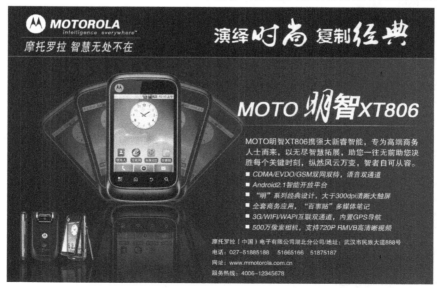

图 3-20-31　效果 6

第二节　台历广告制作

20.2.1　广告背景制作

（1）设置前景色 CMYK 值分别为 20％、100％、100％、10％。执行"文件"→"新建"命令，或者按下"Ctrl＋N"键，打开"新建"对话框，设置如图 3-30-32 所示，单击"确定"，新建"台历广告"文件，如图 3-20-33 所示。

图 3-20-32　设置 1

图 3-20-33　台历广告

（2）同理，新建白色图像文件，设置如图 3-20-34 所示。

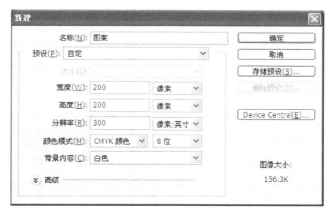

图 3-20-34　"新建"对话框

（3）打开素材"安尚秀标志"图像，如图 3-20-35 所示。将其移到白色图像中，调整其大小及位置，如图 3-20-36 所示。

图 3-20-35　标志

图 3-20-36　调整 1

（4）执行"编辑"→"定义图案"命令，打开"图案名称"对话框，如图 3-20-37 所示。单击"确定"按钮，定义图案。

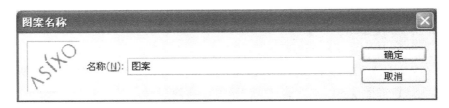

图 3-20-37　"图案名称"对话框

（5）回到"台历广告"图像文件，新建图层，并执行"编辑"→"填充"命令，打开"填充"对话框，如图 3-20-38 所示。选择自定义的图案，单击"确定"按钮，进行填充，如图 3-20-39 所示。

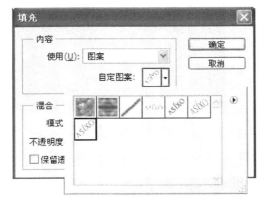

图 3-20-38　"填充"对话框

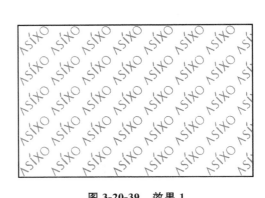

图 3-20-39　效果 1

（6）选择填充图层，设置图层模式为"划分"，不透明度为 50%，如图 3-20-40 所示。最后效果如图 3-20-41 所示。

图 3-20-40　设置 2

图 3-20-41　最后效果

20.2.2　广告主体制作

（1）在"台历广告"图像文档上新建"广告主体"图层。单击工具箱中的"钢笔工具" ，工具选项栏设置如图 3-20-42 所示。

图 3-20-42　工具选项栏设置

（2）在"广告主体"图层上绘制路径，经过调整如图 3-20-43 所示。

（3）设置前景色 CMKY 值分别为 65%、0%、90%、0%，选择画笔工具，设置画笔大小为 2px，不透明度为 100%，硬度为 100%；单击路径面板下的"用画笔描边路径"按钮 ◯，进行路径描边，效果如图 3-20-44 所示。

（4）打开人物素材，并将其移到"台历广告"图像文件中的"广告主体"图层图像上，调整大小，如图 3-20-45 所示。

（5）单击工具箱上的"橡皮工具" ✐，设置合适的大小、硬度及不透明度，对人物图层进行擦除，如图 3-20-46 所示。

图 3-20-43 调整 2 　　图 3-20-44 效果 2 　　图 3-20-45 调整大小 　　图 3-20-46 处理

（6）同样方法，把化妆品包装放入台历广告图像中，运用前面讲过的方法，做出倒影，效果如图 3-20-47 所示。

（7）打开标志素材，并将其移入图像；设置前景色 CMYK 值全部为 0%（白色），按下 Ctrl 键，单击标志图层前的缩览图，形成标志选区，再按下"Alt＋Delete"组合键填充白色，调整大小及位置，如图 3-20-48 所示。

（8）用钢笔工具绘制配饰，输入广告文字，设置其大小、颜色等，最后调整效果如图 3-20-49 所示。

图 3-20-47 效果 3

图 3-20-48 调整大小

图 3-20-49 最后调整效果

20.2.3　日历主体制作

（1）新建图层，在工具箱中单击"横排文字工具"T，字体设置为"方正粗宋简体"，大小为"16 点"，字符栏中设置字体为"仿斜体"，输入"2011"，如图 3-20-50 所示。

（2）按下 Ctrl 键，单击"2011"图层前的图层缩览图，建立文字选区，如图 3-20-51 所示。

图 3-20-50　文字

图 3-20-51　建立文字选区

（3）在工具箱中选择"渐变工具" ，单击"按点可编辑渐变"按钮 ，打开"渐变编辑器"，设置四色渐变，如图 3-20-52 所示。

（4）执行"图层"→"栅格化"→"文字"命令，或者鼠标右键单击"2011"文字图层，在弹出的菜单中，单击"栅格化文字"命令，栅格化文字。用渐变工具在选区文字上由上而下拉曳，渐变填充选区，按下"Ctrl＋D"组合键，取消选区，如图 3-20-53 所示。

（5）用同样的方法输入月份、公历、农历时间，调整字体大小、颜色，设置好位置，如图 3-20-54 所示。

图 3-20-52　设置四色渐变

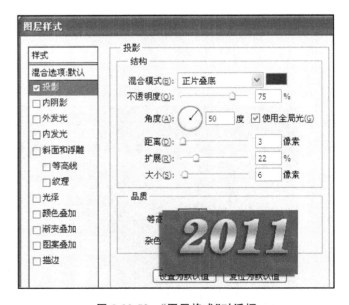

图 3-20-53　"图层格式"对话框

（6）运用前面讲过的知识，制作其他的配饰及文字，最后整体调整，合并所有图层为"台历广告"图层，最后效果如图 3-20-55 所示。

（7）结合前面的知识，做台历的立体效果，如图 3-20-56 所示。

图 3-20-54　设置好位置

图 3-20-55　最后效果

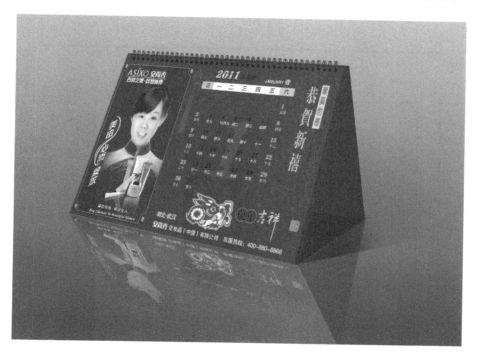

图 3-20-56　台历的立体效果

第三节　包装装潢设计

20.3.1　烟盒平面设计制作

（1）执行"文件"→"新建"命令，或者按下"Ctrl＋N"组合键，打开"新建"对话框，设置如图 3-20-57 所示，新建名称为"香烟包装"图像文件。

（2）打开素材"烟盒包装结构"图，并将其移到"香烟包装"图像文件中，如图 3-20-58 所示。

（3）在工具箱中选择"多边形套索工具" ，沿着结构图的边线绘制选区，如图 3-20-59 所示。

（4）设置前景色 CMYK 值分别为 30％、100％、100％、30％，按下"Alt＋Delete"组合键，用前景色填充选区，如图 3-20-60 所示。

（5）执行"窗口"→"标尺"命令，或者按下"Ctrl＋R"组合键，显示图像标尺；用鼠标在标尺处按下拖拽，按照烟盒平面结构，设置参考线，然后填充包装上的遮盖部分，如图 3-20-61 所示。

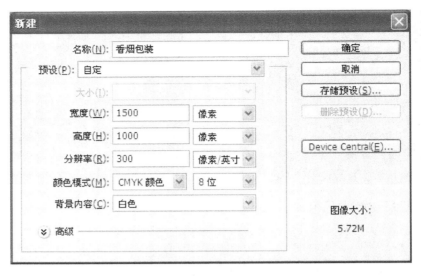

图 3-20-57　"新建"对话框

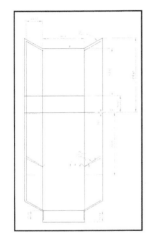

图 3-20-58　图像文件

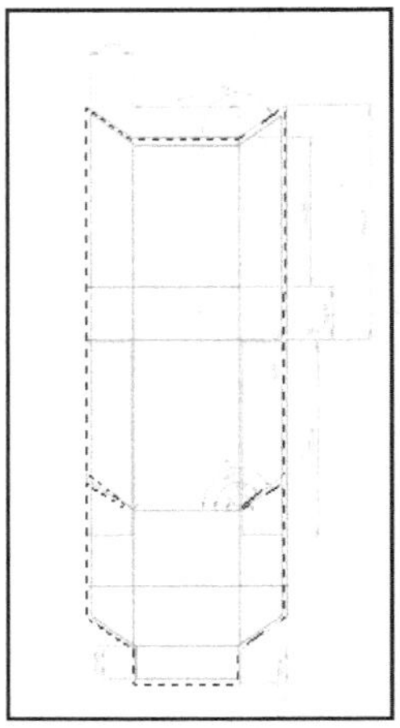

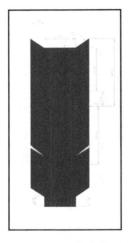

图 3-20-59　绘制选区

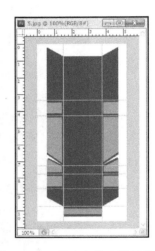

图 3-20-60　填充选区

图 3-20-61　填充包装上的遮盖部分

（6）云烟标志的制作。

■选择钢笔工具，在"香烟包装"图像上绘制路径，并运用"转换点工具" ，调整路径的平滑度，如图 3-20-62 所示。

■单击路径面板上的空白处，隐藏路径，新建图层，然后在路径面板上单击路径，激活路径。设置前景色 CMYK 值都为 0%（即白色），调整画笔大小，执行用画笔描边路径，效果如图 3-20-63 所示。

■用同样的方法，绘制其他的路径，效果如图 3-20-64 所示。

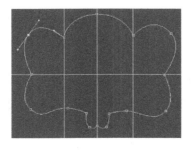

图 3-20-62　调整路径的平滑度

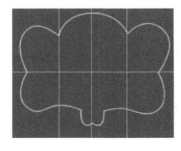

图 3-20-63　效果 1

图 3-20-64　效果 2

■打开一幅图像素材,并将其移到刚才填充的路径图层位置上,点击图层前面的眼睛图标 👁 ,隐藏该图层,如图 3-20-65 和图 3-20-66 所示。

■选择填充路径图层,用魔棒工具,单击图像中间部分,建立选区,如图 3-20-67 所示。

图 3-20-65　图层 1

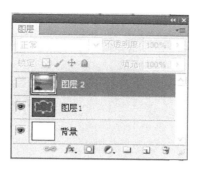

图 3-20-66　图层 2

图 3-20-67　建立选区

■再单击图像素材图层前的眼睛,激活该图层,效果如图 3-20-68 所示。

■执行"选择"→"反向"命令,或者按下"Shift+Ctrl+I"组合键,进行选区反选,再按下 Delete 键,将选区内的图像内容删除,如图 3-20-69 所示。

■在工具箱中选择"横排文字工具" T ,字体颜色设置为白色,输入"云烟"两字,如图 3-20-70 所示。

■栅格化文字,执行"编辑"→"描边"命令,为文字描边,效果如图 3-20-71 所示。

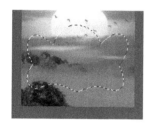

图 3-20-68　效果 3

图 3-20-69　内容删除

图 3-20-70　输入文字

图 3-20-71　效果 4

(7)用同样的方法,设置其他的平面装潢组合部分,最后效果如图 3-20-72 所示。

图 3-20-72　最后效果

20.3.2　烟盒立体效果制作

(1)新建"立体效果"图像文件,如图 3-20-73 所示。

(2)设置前景色 CMYK 值均为 70%,背景色 CMYK 值 40%、35%、30%、0%;选择"渐变工具" ▣ ,设置"按点可编辑渐变"为"从前景色到背景色渐变",对新建文件进行渐变填充,效果如图 3-20-74 所示。

(3)回到"香烟包装"图像文件,合并除了背景图层的所有图层;选择"矩形选框工具" ⬚ ,框选烟盒正面下半部分,并将其移到"立体效果"图像文件中去,调整其大小,如图 3-20-75 和图 3-20-76 所示。

图 3-20-73　"新建"对话框

图 3-20-74　效果 5

图 3-20-75　效果 6

图 3-20-76　效果 7

（4）同理将上半部移到"立体效果"图像文件中，调整好位置，并将刚移过的两个图层合并为图层 1，如图 3-20-77 所示。

（5）在图层面板上选择"图层 1"图层，执行"编辑"→"变换"→"透视"命令，调整图层 1 的透视效果，如图 3-20-78 所示。

（6）同理制作烟盒一侧面效果为图层 2，并根据受光规律，调整其为暗面，效果如图 3-20-79 所示。

图 3-20-77　图层 3

图 3-20-78　透视效果

图 3-20-79　效果 8

（7）在图层面板上选择图层 1，将其拖至"创建新图层"按钮 ，复制图层为"图层 1 副本"，如图 3-20-80 所示。

（8）选择"图层 1 副本"图层，执行"编辑"→"变换"→"垂直翻转"命令，再执行"编辑"→"变换"→"扭曲"命令，调整其为"图层 1"的倒影，如图 3-20-81 所示。

图 3-20-80　图层 4　　　　　　　　　图 3-20-81　倒影

（9）选择"图层 1 副本"图层，单击图层面板下的"添加图层蒙版"按钮 ，为图层 1 副本添加蒙版；按下 D 键，默认前景色与背景色，选择"渐变工具" ，对图层 1 副本进行前景色到背景色的垂直填充，效果如图 3-20-82 所示。

（10）用同样的方法，对图层 2 进行复制编辑，效果如图 3-20-83 所示。这样，完整的烟盒立体效果制作完成。

图 3-20-82　效果 8　　　　　　　　　图 3-20-83　效果 9

（11）用以上同样的方法，制作不同的烟盒立体效果，合并所有图层，效果如图 3-20-84 所示。

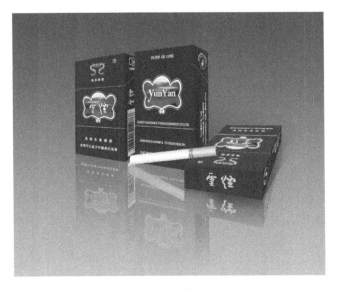

图 3-20-84　效果 10

文参
献考

CANKAO WENXIAN

［1］ 杨乐. Photoshop 中级技能实训教程［M］. 武汉：华中科技大学出版社，2011.

［2］ 全国计算机信息高新技术考试教材编写委员会. Photoshop 中文版职业技能培训教程
［M］. 北京：科学出版社，2007.